Die besten

Facebook Marketing Tipps

Inga Palme

2. überarbeitete Auflage

DATA BECKER

Folgen Sie uns auf Facebook und Twitter:

www.facebook.com/databecker
www.twitter.com/data_becker

Besuchen Sie unseren Internetauftritt:

www.databecker.de

Copyright	© by DATA BECKER GmbH & Co. KG Merowingerstr. 30 40223 Düsseldorf
Produktmanagement und Lektorat	Peter Meisner
Umschlaggestaltung	David Haberkamp
Textverarbeitung und Gestaltung	SatzWERK, Siegen (www.satz-werk.com)
Produktionsleitung	Claudia Lötschert
Druck	Beltz Druckpartner GmbH & Co. KG

ISBN 978-3-8158-3079-6

Vorwort

Liebe Leserin, lieber Leser,

mit diesem Buch lade ich Sie ein auf eine spannende Reise in eines der faszinierendsten sozialen Netzwerke der heutigen Zeit. Mit seinen rund 900 Millionen Benutzern weltweit ist Facebook ein einzigartiger Schauplatz für den Austausch und das Verbreiten von Informationen. Immer mehr Menschen nutzen Facebook täglich und informieren sich darüber, was in Ihrem Freundeskreis passiert.

Viele Unternehmen haben längst erkannt, dass die Zeiten einseitiger Bewerbung ihrer Produkte und Dienstleistungen passé sind, und stellen sich erfolgreich der Herausforderung, öffentlich mit ihren Kunden und denen, die es werden sollen, in den Dialog zu treten. Dieses Buch vermittelt Ihnen einen Einblick in die Chancen und Möglichkeiten. Möglichkeiten, die allen gleichermaßen zur Verfügung stehen, egal ob es sich dabei um einen internationalen Konzern oder ein Kleinunternehmen handelt. Vorbei die Zeiten, in denen große Reichweiten nur denjenigen mit dem dicksten Portemonnaie vorbehalten waren. Denn spätestes mit Einzug von Social Media in die Köpfe der Menschen wurden die Karten neu gemischt.

Ein buntes Panoptikum an Beispielen und Tipps

Sie werden in diesem Buch auf zahlreiche praktische Beispiele treffen, die Ihnen helfen, die Mechanismen im Umgang mit Facebook zu verstehen. Dabei habe ich bei der Auswahl der Beispiele bewusst darauf geachtet, dass sie nachvollziehbar und in Teilen sogar auf die eigene Unternehmung übertragbar sind. Denn in der Einfachheit liegt bekanntlich das Geniale.

Und genau darum geht es in diesem Buch: das vermeintlich Komplexe im Umgang mit Facebook auf leicht verständliche Formeln herunterzubrechen.

Dieses Buch richtet sich an Selbstständige, Unternehmen sowie Non-Profits und zeigt die Optionen auf, die Sie haben, um sich und Ihre Unternehmung bestmöglich auf diesem Schauplatz der Möglichkeiten zu präsentieren. Mit zahlreichen Tipps und Tricks erhalten Sie das Rüstzeug für erfolgreiches Marketing auf Facebook.

Lesen Sie einfach, was Sie wollen

Dabei können Sie das Buch von vorn bis hinten oder auch umgekehrt lesen. Die einzelnen Kapitel sind so konzipiert, dass sie in sich eine Einheit bilden. Lernen Sie Strategien kennen, die Sie Ihrem Ziel näher bringen. Setzen Sie besondere Aktionen und Gewinnspiele gekonnt ein und treten Sie mit Ihren Fans in dauerhafte Interaktion. Bewerben Sie Ihre Produkte zielgruppengenau und setzen Sie Ihren Spendenmarathon ins rechte Licht.

Doch kann dieses Buch bei Weitem nicht alle Facetten von Facebook wiedergeben. Denn Facebook als lebendiges Medium verändert sich ständig.

So kann es passieren, dass der eine oder andere in diesem Buch angegebene Link nicht mehr vorhanden ist und auch einzelne Funktionalitäten nach Redaktionsschluss verändert wurden.

Auch kann es sein, dass einzelne in diesem Buch beschriebene Themen, zum Beispiel die neuen Statistiken, noch nicht bei allen Benutzern angezeigt werden.

Derlei Änderungen werden nach und nach für alle Seitenbetreiber auf Facebook freigeschaltet. In vielen Fällen hilft es auch, sein Profil kurzfristig auf Englisch zu setzen, um neue Funktionen bereits vorab zu aktivieren.

Mein Service für Sie

Auf meiner Webseite unter *http://www.inga-palme.de* informiere ich laufend über Änderungen, die sich auf das Buch beziehen.

Ganz herzlich lade ich Sie auf meine Facebook-Seite ein unter *http://www.facebook.com/modern.communication*. Hier finden Sie alle Links aus diesem Buch, jeweils nach Kapiteln sortiert. Auch informiere ich laufend über neue Erkenntnisse, Studien und auch Anwendungen zum erfolgreichen Marketing rund um Facebook.

Und haben Sie weitere Fragen, erreichen Sie mich per E-Mail unter *mailto:post@inga-palme.de*. Oder wenn Sie gerade auf meiner Facebook-Seite sind, stellen Sie gern Ihre Fragen unter dem Reiter *Support*. Ich freue mich auf einen regen Austausch mit Ihnen.

Ich wünsche Ihnen viel Spaß beim Lesen des Buchs und viel Erfolg mit Ihrer Unternehmung.

Herzlichst, Ihre Inga Palme

Über die Autorin

Inga Palme, geboren 1962 in Düsseldorf, betreibt seit 2005 die Unternehmung Inga Palme | modern communication. Als Agentur für die moderne Webseite und ihre Kommunikation entwickelt sie im Kundenauftrag bedarfsgerechte Strategien und Konzepte. Zu ihren Kunden gehört die gesamte Bandbreite von KMU (**K**lein- und **m**ittelständische **U**nternehmen) bis hin zu international aufgestellten Unternehmen.

Fotografin: Sarah Hardenberg.

Inhalt

8. Wie interagiere ich am besten mit meinen Fans?

9. Gewinnspiele in der Praxis

1. Bevor es richtig losgeht: meine Facebook-Erfolgsstrategie entwerfen

Die Kommunikation. Unendliche Weiten. Wir schreiben das Jahr 2012. Dies sind die Abenteuer des sozialen Netzwerks Facebook, das mit seinen rund 900 Millionen Benutzern unterwegs ist, um neue Welten zu erforschen, neue Kommunikations- und Interaktionsformen. Viele Benutzerzahlen von anderen Netzwerken entfernt, dringt Facebook in Verhaltensweisen vor, die nie ein Mensch zuvor für möglich gehalten hat.

Mit diesem bekannten Trailer aus der Kultserie Raumschiff Enterprise aus den 60er-Jahren oder ähnlich lässt sich Facebook beschreiben. Facebook, das ist ein Markplatz der Möglichkeiten, aber nicht die Eier legende Wollmilchsau, die stagnierende oder gar sinkende Umsätze im Handumdrehen in mehrstellige Umsatzsteigerungen verwandelt. Facebook als Marktplatz, verglichen mit dem Wochenmarkt, ist ein Platz, an dem sich Menschen begegnen. Was an sich nicht neu ist, denn von jeher treffen Menschen an einem Ort zusammen, um sich auszutauschen, um Neues zu erfahren. Für pfiffige Kaufleute schon damals ein idealer Tummelplatz, ihre Waren genau an diesen Orten feilzubieten.

Teilen ist ein Grundbedürfnis der Menschen

Diese Aussage traf Mark Zuckerberg in seinem Gespräch mit Maurice Lévy beim EG8 Forum am 25. Mai in Paris. Und daran hat sich laut seiner Auffassung in der Entwicklung der Menschheit nichts geändert. Genau auf dieses Grundbedürfnis ist Facebook ausgerichtet, um optimale Nutzererlebnisse zu ermöglichen. Facebook setzt den Benutzer in den Mittelpunkt des Geschehens.

Mark Zuckerberg beim EG8 Forum 2011.

Facebook, der digitale Dorfplatz für Ihre Unternehmung

Wenn also in der realen Welt der Friseur, die Kneipe um die Ecke, der Schützenverein, die Disco als zentraler Dreh- und Angelpunkt für das menschliche Austausch- und Kommunikationsbedürfnis fungieren, dann ist es Facebook in der digitalen Welt. Betrachten Sie Facebook als ruhig als Dorfplatz. Ein Dorfplatz mit den vielfältigsten Optionen, von Menschen gemacht und für Menschen gedacht.

1.1 Am Anfang Ihrer Strategie steht das Ziel!

Laut der Studie „Social Media 2011" (*http://tinyurl.com/3f2n3wn*) von DTO Consulting, in der Topentscheider von 35 deutschen Unternehmen aus den Branchen Dienstleistungen, Industrie/Pharma und Konsumgüter befragt wurden, nutzen viele der befragten Unternehmen Social Media noch nicht zielgerichtet. Meist fehlt es an klaren Strukturen und einer einheitlichen Strategie mit fest definierten Richtlinien. Um im Social Web und somit auch auf Facebook erfolgreich zu sein, ist es jedoch wichtig, die Strategie auf eine breite Basis zu stellen und vor allem eine möglichst hohe Akzeptanz bei den eigenen Mitarbeitern zu erlangen.

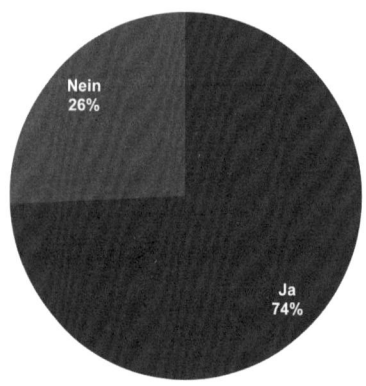

Nutzen Sie Social Media im Unternehmen? (n=35)

Nein 26%

Ja 74%

- International agierende Konzerne nutzen Social Media in der Regel eher als regional bezogene Unternehmen
- Auch wenn bereits ¾ der befragten Unternehmen Social Media nutzen, ist das Wissen und Verständnis in Bezug auf das Thema Social Media noch als eher verhalten zu beschreiben.
- „Social Media besitzt heute noch nicht den Stellenwert in Unternehmen, den es eigentlich haben sollte." (Geschäftsführer eines Dienstleistungsunternehmen)

Gut ein Viertel der befragten Unternehmen nutzt Social Media aktuell nicht.

Auch wird Marktforschung im Bereich Social Media eher sporadisch betrieben, da Marketing- und Marktforschungsentscheider bislang eher an altbewährten Methoden festhalten. So ist festzustellen, dass viele Marketingaktivitäten vor einer entsprechenden Recherche der passenden Netzwerke und der Erstellung einer einheitlichen Strategie starten, während andere sich nicht trauen überhaupt aktiv zu werden.

Viele Unternehmen sind noch unentschlossen.

So schätzt rund ein Drittel der befragten Unternehmen die Nutzung von Social Media als wichtiges Instrument für den Unternehmenserfolg ein, wobei der Anteil im B2B-Geschäft (Business to Business) mit 31 % lediglich um fünf Prozentpunkte niedriger liegt als im B2C-Geschäft (Business to Customer). Knapp 40 % halten Social Media insgesamt für unwichtig oder sind derzeit unentschlossen.

Die Gretchenfrage: Wie stehe ich Facebook gegenüber?

Bitte gehen Sie Ihre Präsenz auf Facebook nicht halbherzig an. Prüfen Sie vorab Ihre innere Einstellung zu Facebook auf Herz und Nieren. Denn wie überall im Leben gilt auch für Facebook die Regel, dass nur derjenige, der wirklich dahintersteht, auf Dauer auch Erfolg haben wird. Ihr Umfeld bemerkt Halbherzigkeit schnell.

Sie haben sich also jetzt für eine Präsenz auf Facebook entschieden. Prima! Aber was wollen Sie damit erreichen? Sind Sie einfach nur so da, weil es alle anderen auch tun, oder verfolgen Sie unternehmenseigene Ziele?

Nur wer seine Ziele kennt, kann später auch Erfolge messen

Klar, das eigentliche Ziel ist natürlich, Umsatzraten zu steigern, doch bis dahin ist es bekanntlich meist ein langer Weg. Und es stellt sich grundsätzlich die Frage, inwiefern Facebook für sich allein betrachtet diesem Ziel überhaupt gerecht werden kann. Derzeit beschränkt sich die messbare Erfolgsquote in Absatzquoten auch eher auf Ausnahmefälle, was aber im Umkehrschluss nicht automatisch bedeutet, gänzlich auf eine Präsenz auf Facebook verzichten zu können. Wie immer im Marketing kommt es auch hier auf die gesunde Mischung aller Maßnahmen an.

Mit relevanten Inhalten für Mehrwert sorgen

Da es sich auf Facebook um Kommunikation und Interaktion mit Ihren Fans im engeren Sinn handelt, dreht sich letztendlich jede einzelne Marketingstrategie um die Entwicklung und Aufbereitung von Inhalten. Machen Sie sich im Vorfeld bewusst, dass dies kein einmaliger, sondern ein dauerhafter Prozess ist, den es kontinuierlich zu pflegen gilt.

Fragen führen Sie zu Ihrem Ziel

Bevor Sie mit der eigentlichen Planung beginnen, lohnt es sich, erst einmal zu hinterfragen, wie das definierte Ziel überhaupt erreicht werden kann.

Seien Sie mutig!

Übertreiben Sie in Gedanken ruhig mit Ihren Zielen, denn das erweitert den Horizont und beflügelt Ihre Gedanken. Denken Sie in großen Dimensionen und schreiben Sie sich alles auf. Auch wenn sich manche Ziele zum aktuellen Zeitpunkt jenseits des Machbaren herausstellen, so sind es doch Ziele, die sich zu einem späteren Zeitpunkt vielleicht doch realisieren lassen. Freuen Sie sich jetzt schon auf den Tag, an dem Sie diese Ziele verwirklichen können!

Da das ganz große Ziel, nämlich Umsatzraten durch eine Facebook-Präsenz, nicht mal eben so, wenn überhaupt, bewerkstelligt werden kann, begnügen wir uns zunächst mit kleineren Teilzielen. Hierzu einige Beispiele für mögliche Ziele und Fragestellungen:

Beispiele für einzelne Ziele

➢ Ziel eins: 4 Einträge pro Woche

➢ Ziel zwei: 1.000 Fans

➢ Ziel drei: 10 neue Stammkunden

➢ Ziel vier: Verbesserung der Kundenzufriedenheit

➢ Ziel fünf: Aktiver Zielgruppendialog

➢ Ziel sechs: ...

Nehmen wir die angeführten Beispiele einmal genauer unter die Lupe und stellen wir dazu einzelne Fragen:

Ziel eins: 4 Einträge pro Woche

Angenommen, Sie betreiben ein lokales Geschäft, das Fair-Trade-Produkte anbietet. Ihr Geschäft befindet sich außerhalb der Laufzone, und Sie wollen Facebook nutzen, um mehr Aufmerksamkeit zu erlangen. Stellen Sie sich beispielsweise folgende Fragen:

➢ **Worüber soll berichtet werden?** Infos über die Herkunft der Produkte, welche Unternehmen dahinterstecken, Beschreibung dieser Unternehmen. Eine Reihe mit Neuvorstellungen unter dem Motto „Gerade eingetroffen!". Auch könnte man über Dialoge mit Kunden auf der Seite berichten.

➢ **Wann soll berichtet werden?** Es lohnt sich, feste Termine im Kalender einzutragen.

➢ **Wie können einzelne Einträge vorbereitet werden?** Themen können im Vorfeld gesammelt und im Laufe der Zeit um weitere Hauptthemen ergänzt werden. Als Notiz lassen sich neue Einträge als Entwurf auf Facebook vorbereiten und zum geplanten Erscheinungsdatum veröffentlichen.

➢ **Welche anderen Kanäle sollen genutzt werden?** Neue Inhalte können auf der Unternehmens-Website publiziert und auf der Facebook-Seite mittels Link verknüpft werden. Auch eignen sich Plattformen wie Xing, Twitter und LinkedIn.

➢ **Welches Bildmaterial wird verwendet?** Da wir Menschen alles zunächst einmal visuell wahrnehmen, ist aussagekräftiges Bildmaterial auf jeden Fall zu empfehlen. Fotos des Geschäftsinhabers und der Mitarbeiter schaffen zusätzliches Vertrauen.

Sie werden sicherlich bemerken, dass sich die Fragen auch auf andere Branchen übertragen lassen. Ob Sie nun landläufig ausgedrückt Bäcker, Metzger oder Wirt sind: Setzen Sie sich einfach mal in Ihren Laden und schauen Sie sich Ihre Produkte an. Sie werden erstaunt sein, was Ihnen alles einfällt, worüber es sich zu berichten lohnt.

Ziel zwei: 1.000 Fans auf der Facebook-Seite

Stellen Sie sich vor, Sie kommen aus dem Dienstleistungssektor und bieten Versicherungen speziell für Tiere an. Sie verfügen über opulentes Fachwissen und möchten dies gern vielen Interessenten mitteilen. Stellen Sie nun Ihre Frage:

Mit welchen Maßnahmen werden 1.000 Fans auf der Facebook-Seite erzielt?

➢ Darüber sprechen, dass es die Seite gibt!

➢ Kunden, Freunden und Bekannten über die Existenz der Seite erzählen und sie bitten, Fan zu werden.

➢ In Gesprächen Informationen dazu liefern, welchen Mehrwert Ihr Angebot auf Facebook bietet.

➢ Kunden bitten, eine Referenz auf der Facebook-Seite zu verfassen, am besten mit einem Bild des versicherten Tieres.

➢ Regelmäßig relevante Inhalte zum Thema auf Facebook publizieren.

➢ Nach Tierseiten recherchieren und dort (vorsichtig) auf das eigene Angebot aufmerksam machen.

➢ Anzeigen schalten auf Facebook.

➤ Ein Gewinnspiel anbieten.

➤ Und vieles mehr.

Auch hier lässt sich das Beispiel leicht auf andere Branchen übertragen. Doch was zusätzlich auffällt, ist die Tatsache, dass die Beantwortung der Frage, mit welchen Maßnahmen 1.000 Fans auf der Facebook-Seite erzielt werden, nahezu unerschöpflich ist. Auch wenn es schwerfällt, ist es sicherlich leichter, dies nicht als eigentliches Ziel zu definieren, sondern eher als positiven Nebeneffekt, weil die verschiedenen Maßnahmen aus Ihrer Strategie greifen.

Die Anzahl der Fans nicht als wichtigste Leistungskennzahl definieren

Der Linksharing-Provider visibli (*http://visibli.com*) untersuchte das Fanverhalten auf Seiten mit mehr als 100.000 Fans. Er kam zu dem Ergebnis, dass sich mit steigender Fanzahl die Interaktionen auf der Seite, also die Likes und Kommentare, verringern. Die Anzahl Fans auf einer Seite sollte also nicht der einzige KPI (**K**ey **P**erformance **I**ndicator) sein.

Dabei sind die Interaktionen auf Seiten von Marken um einiges geringer als von Künstlern und Media-Agenturen.

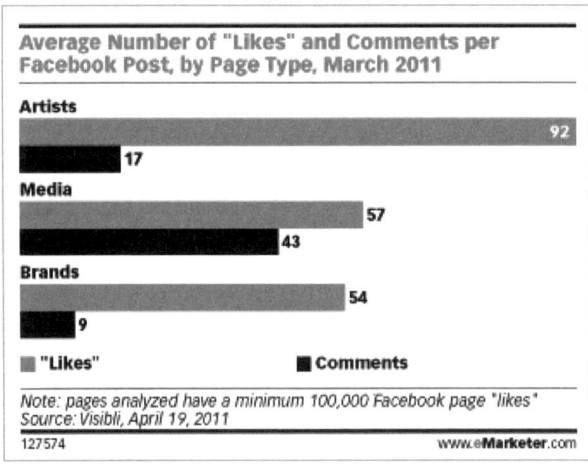

*Die Anzahl der Interaktionen ist auf Künstlerseiten am höchsten
(Quelle: http://www.emarketer.com/Article.aspx?R=1008377).*

Ein paar goldene Regeln zur Fokussierung

➤ Legen Sie Ihr Hauptaugenmerk nicht auf die Anzahl der Fans auf Ihrer Seite.

➤ Schielen Sie nicht auf andere im Hinblick auf Fans, sondern hinterfragen Sie, ob dort auch wirklich Interaktion stattfindet.

➢ Konzentrieren Sie sich auf das, was Sie Ihren Fans mitteilen wollen.

➢ Bleiben Sie konsistent in der Kommunikation.

➢ Bleiben Sie sich treu.

➢ Bewahren Sie Ruhe!

Ziel drei: 10 neue Dauerkunden

Bei diesem Ziel stellen wir uns ein Friseurgeschäft vor, das seine ausgefeilten Frisur Kreationen einem breiteren Publikum vorstellen möchte. Das Geschäft existiert seit längerer Zeit und verfügt bereits über eine eigene Seite auf Facebook.

➢ **Welche Kundschaft soll angelockt werden?** In der Regel ist das Angebot bei einem Friseur breit gefächert und reicht vom einfachen Haarschnitt über Dauerwelle und Strähnchen bis hin zu kunstvollen Hochsteckfrisuren.

➢ **Wie kann im Vorfeld Vertrauen aufgebaut werden?** Neue Kunden möchten im Vorfeld gern wissen, was sie erwartet. Fotos von glücklichen Kunden mit fertiger Frisur, die der Veröffentlichung zugestimmt haben, sorgen für Vertrauen.

➢ **Welche Inhalte auf der Facebook-Seite können womöglich neue Kundschaft anlocken?** Hier eignen sich Bildmaterial über das Geschäft sowie Beschreibungen der Mitarbeiter und deren Qualifikationen – auch um Beispiel wie lange sich Mitarbeiter im Unternehmen befinden. Außerdem Spezialangebote für Neukunden, Sonderservice für die Braut etc.

➢ **Mit welchen Optionen können Angebote auf Facebook beworben werden?** Mit zielgruppengenauen Anzeigen und Einträgen zu den Angeboten auf der Pinnwand Ihrer Facebook-Seite, zum Beispiel das klassische Angebot der Woche.

➢ **Welche Möglichkeit bietet sich sonst noch, um Aufmerksamkeit zu erzielen?** Die Teilnahme an Veranstaltungen, zum Beispiel Hochzeitsmessen, Straßenfesten etc., und Nachberichte auf Facebook mit vielen Fotos.

Bei Beantwortung dieser Fragen dreht sich alles um das Produkt, die Frisur. So liegt der Fokus auf dem Kerngeschäft, das ja letztendlich auch kommuniziert werden soll. Übertragen Sie die Überlegungen zu mehr Dauerkunden auf Ihr eigenes Unternehmen und stellen Sie die dazu passenden Fragen.

Friseur Masson kann mehr als waschen, schneiden, föhnen

Ganz und gar nicht angestaubt kommt der Auftritt der Friseurkette Masson (*http://www.facebook.com/FriseurMasson*) auf Facebook daher. Das Unternehmen, das als Erstes zur AG im Bereich Friseurdienstleistung umstellte, betreibt derzeit 55 Filialen in 21 Städten. Auf der Facebook-Seite werden die Fans laufend über aktuelle Neuigkeiten informiert ...

Die Friseur Masson AG nimmt am Erfurter Unternehmenslauf 2011 teil.

... so unter anderem über die Hochzeitsmesse oder die Teilnahme am Erfurter Unternehmenslauf 2011. Die Seite wird belohnt mit vielen Einträgen und Lobreden der Fans. Und das sind gerade mal knapp 650 an der Zahl. Hier zeigt sich, dass ein Friseur eben nicht nur ein Friseur ist, sondern auch positives Lebensgefühl vermittelt.

Ziel vier: Verbesserung der Kundenzufriedenheit über Facebook

Glückliche Kunden, und das zu 100 %, sind für Unternehmen wertvolle Markenbotschafter. Stellen wir uns in diesem Beispiel die Servicehotline eines Mobilfunkanbieters vor, der seinen Service zusätzlich auf Facebook anbieten möchte.

➢ **Welcher Service soll auf Facebook angeboten werden?** Beratung und Hilfestellung zu technischen Problemen, die mit Geräten, Verträgen etc. auftreten können.

➤ **Wer wird die Fragen der Fans beantworten?** Entweder wird dafür jemand neu eingestellt, oder ein Mitarbeiter aus dem Bereich Telefonservice übernimmt diese Aufgabe, je nach Art und Umfang der Kundenanfragen auf der Seite.

➤ **An welche Eckdaten soll der Kundenservice ausgerichtet sein?** Zum Beispiel feste Servicezeiten, zu denen Fragen beantwortet werden. Vorstellung der Servicemitarbeiter, um Nähe zu schaffen. Umgang mit kritischen Aussagen und Einhaltung der Netiquette.

➤ **Wie kann die Kundenzufriedenheit durch Facebook verbessert werden?** Auf Fragen und Kommentare von den Fans der Seite eingehen durch Einhaltung kurzer Reaktionszeiten. Bestenfalls die Lösung des Problems herbeiführen.

Gerade das Thema Kundenservice bietet oftmals Angriffsfläche, sodass sich in diesem Bereich bislang nur einige wenige Anbieter befinden. Doch der Vorteil eines öffentlichen Kundenservice auf Facebook zur Steigerung der Kundenzufriedenheit liegt klar auf der Hand. Zum einen dürfen sich Seitenbetreiber über zahlreiche Einträge ihrer Fans aus der Natur der Sache heraus freuen. Zum anderen bekommen andere mit, dass und wie sich gekümmert wird bzw. dass Anfragen und auch Beschwerden wahrgenommen werden.

Ein weiterer möglicher Effekt: Meinungen über das Unternehmen und seine Produkte werden konzentriert auf der eigenen Plattform publiziert und verteilen sich in geringerem Maße auf anderen Plattformen und Blogs.

Ziel fünf: Aktiver Zielgruppendialog

Hier versetzen wir uns in einen Hersteller für Reinigungsmittel. Die Produkte werden über den Einzelhandel verkauft.

➤ **Über welche Inhalte soll auf der Seite kommuniziert werden?** Am besten über die Produkte selbst, zum Beispiel über deren Wirkung, sowie Tipps und Tricks bei speziellen Flecken o. Ä.

➤ **Mit welchen Maßnahmen soll ein Dialog angeregt werden?** Über Gewinnspiele, bei denen die Produkte selbst als Gewinn ausgelost werden. Kleine Geschenke als Anerkennung, Umfragen zu bestimmten Produkten oder auch wie man was reinigt.

➤ **Wer kümmert sich um die Beiträge auf der Seite?** Eine Entscheidung, die je nach Fragestellung unterschiedlich ausfällt. Handelt es sich zum Beispiel um Fachfragen zu Inhaltsstoffen, können durchaus auch Mitarbeiter aus dem Labor antworten.

➤ **In welchem Zeitfenster soll die Seite moderiert werden?** Eine Angabe auf der Seite, zu welchen Zeiten sie geöffnet ist, bietet zusätzlichen Service.

Auch dieses Beispiel zeigt den Bezug zum Kerngeschäft beim Aufbau der Interaktion mit Fans auf. Bei Gewinnspielen sieht das teils wieder etwas anders aus, weil diese in vielen Fällen erst einmal dahin gehend ausgerichtet sind, möglichst viele Fans zu generieren. Auf verschiedene Gewinnspielarten wird in Kapitel 9 eingegangen.

Behalten Sie Ihre Ziele im Auge!

Seien Sie kritisch und formulieren Sie Ihre Ziele gegebenenfalls wieder neu, falls Sie zu dem Entschluss kommen, dass Ihr definiertes Ziel vielleicht doch nicht das Richtige für Sie ist. Denn bei all Ihren Aktivitäten sind die Ziele Ihre zentralen Haltepunkte, auf die Sie hinsteuern.

Definieren Sie unterschiedliche Ziele und geben Sie ihnen Prioritäten. Sortieren Sie Ihre Ziele in kurz-, mittel- und langfristige Ziele. Benutzen Sie Techniken wie Mind-Mapping, um eine erste Ordnung in Ihre Gedanken zu bringen.

Info: Mind-Mapping

Eine Mind-Map (englisch: mind map; auch: Gedanken[land]karte, Gedächtnis[land]karte) beschreibt eine besonders von Tony Buzan geprägte kognitive Technik, die z. B. zur Erschließung und visuellen Darstellung eines Themengebiets, zur Planung oder für Mitschriften genutzt werden kann. Hierbei soll das Prinzip der Assoziation helfen, Gedanken frei zu entfalten und die Fähigkeiten des Gehirns zu nutzen. Die Mind-Map wird nach bestimmten Regeln erstellt und gelesen. Den Prozess bzw. das Themengebiet bzw. die Technik bezeichnet man als Mind-Mapping (Quelle: Wikipedia).

FreeMind ist eine von vielen kostenlosen Mind-Mapping-Anwendungen, die einfach zu bedienen ist. Auf chip.de können Sie sich das Tool herunterladen (*http://www.chip.de/downloads/FreeMind_30513656.html*). Ein herkömmliches Blatt Papier und Bleistift tun es aber in der Regel auch.

1.2 Ihr Plan als Wegbegleiter zu Ihrem Ziel!

Okay, Sie haben jetzt ein großes Ziel, irgendwo da hinten und weit weg am Horizont. Nachdem Sie sich über Ihre Ziele im Klaren geworden sind, geht es nun darum, diese vernünftig zu planen und später auch umzusetzen. Aus den beispielhaft genannten Zielen ergibt sich teilweise schon eine Planung, die Sie nun in Ihre Strategie mit einfließen lassen können.

Drum prüfe, wer sich ewig bindet

Gemäß Definition ist die Marketingstrategie ein langfristig ausgerichtetes, planvolles Vorgehen zur Realisierung der Marketingziele im Rahmen eines Marketingplans. Laut Costas Markides besteht eine erfolgreiche Marketingstrategie aus fünf bis sechs kreativen Ideen, um sich zielführend dem Wettbewerb zu stellen (Quelle: Wikipedia). Bei Betrachtung der vier Marketingmix-Instrumente Produkt-, Preis-, Distributions- und Kommunikationspolitik wird einem schnell bewusst, dass mit einem Werkzeug wie Facebook viele Möglichkeiten in der Umsetzung moderner Kommunikationspolitik ausgeschöpft werden können. Zusammengefasst bedeutet das:

➤ Betrachten Sie Facebook als ein Werkzeug, das Sie langfristig in Ihre Gesamtstrategie einbinden.

➤ Entwickeln Sie einen individuellen Plan für Ihr Unternehmen.

➤ Definieren Sie Ziele, an denen Sie Ihre Aktivitäten auf Facebook messen können.

➤ Richten Sie den Fokus auf Ihr Kerngeschäft.

➤ Stellen Sie Mitarbeiterressourcen zur Verfügung.

➤ Informieren Sie Ihre Mitarbeiter über Ihre Präsenz und Aktivitäten auf Facebook und schulen Sie sie im richtigen Umgang.

Denken Sie sich aktiv in Ihre Fans hinein

Haben Sie eigentlich schon einmal direkt bei Ihren Kunden nachgefragt, was diese wirklich wollen, was ihre Bedürfnisse sind? Denn das, was Sie für wichtig und interessant halten, muss noch lange nicht für Ihr Umfeld gelten. Auch wenn sich Ihre Kunden auf Facebook aufhalten, heißt das noch lange nicht, dass sie auch automatisch Fan von Ihrer Seite werden.

Das wollen Benutzer in erster Linie auf Facebook:

➤ Neuigkeiten mit ihren Freunden teilen.

➤ Spaß haben und unterhalten werden.

➤ Möglichem Ärger Luft machen.

➤ Nachschauen, was in der Welt der Freunde so los ist.

Es gilt also, die Lücke zu schließen zwischen dem, was die Benutzer auf Facebook erwarten, und dem, was Sie eigentlich wollen: Verkaufen!

Was haben Benutzer davon, wenn sie Ihre Seite besuchen?

Stellen Sie sich bei aller Planung immer wieder die Frage, was die Benutzer auf Facebook davon haben, den *Gefällt mir*-Button ausgerechnet auf Ihrer Seite zu drücken. Ist das erklärte Ziel, 1.000 Fans in drei Monaten erreichen zu wollen, überhaupt realistisch bzw. sinnvoll? Welchen Mehrwert liefern Sie anderen? Ist also das, worüber Sie schreiben, für andere wirklich interessant? Bei der Beantwortung dieser Fragen werden Sie sicherlich schnell zu dem Ergebnis kommen, dass dies die zentrale Herausforderung überhaupt ist, die es zu bewältigen gilt.

Nicht nur für große Einrichtungen: Entwickeln Sie Ihre individuelle Inhalts-Strategie

Gerade kleinere Unternehmungen tun sich oftmals schwer, eine wirkliche Strategie zu entwickeln. Doch auch für sie ist es durchaus hilfreich, sich im Vorfeld darüber Gedanken zu machen, welche Inhalte wann kommuniziert werden sollen. Anhand von Eckdaten wie Jubiläum, Erreichung bestimmter Verkaufszahlen, Teilnahme an Veranstaltungen etc. lässt sich zunächst grob eine erste Inhalts-Strategie entwickeln. Berücksichtigen Sie auch die jeweilige Vorlaufzeit für die Kommunikation von besonderen Ereignissen. In größeren Einrichtungen können Sie sicherlich auf einen Kampagnenplan zugreifen, um so ein erstes Gerüst zu erstellen. Nichts ist schlimmer, als zu kurzfristig auf Ihre Maßnahmen hinzuweisen. Verschießen Sie nicht wertvolles Potenzial.

Monday	Tuesday	Wednesday	Thursday	Friday	Saturday	Sunday
		01	02	03	04	05
		Tipps & Tricks: Werbung			Live-Blogging: FB-Seminar	
				Twitter: #ff		
06	07	08	09	10	11	12
Rechtliches: Impressumspflicht			Showcase: Virales Marketing		Gewinnspiel: Facebook Ankündigung	
				Twitter: #ff		
13	14	15	16	17	18	19
Artikel: Einfluss von Social Media auf Jugendliche	Gewinnspiel: Twitter Promo		Start Gewinnspiel			
				Twitter: #ff		
20	21	22	23	24	25	26
	Zwischenstand Gewinnspiel		Ende Gewinnspiel		Bekanntgabe der Gewinner	Verabschiedung -> Urlaub!
				Twitter: #ff		
27	28	29	30			
U	R	L	A	U	B	!

June 201

Grafik: Malte Möser.

Machen Sie es sich bequem mit einem ausgeklügelten Redaktionsplan

Über die Inhalts-Strategie definieren Sie neben der Ansprache der Fans die Themenbereiche und das richtige Mischungsverhältnis. Auf Basis Ihrer Strategie entwickeln Sie Ihren Redaktionsplan. Hier können Sie Einträge auf Ihrer Facebook-Präsenz im Vorfeld planen und festlegen, welches Thema in Ihrer Inhalts-Strategie Sie wie kommunizieren und aufbereiten wollen. Hierzu helfen Ihnen auch die Fragen, die Sie im Rahmen Ihrer Zieldefinition bereits gestellt haben.

> **Beziehen Sie möglichst viele im Unternehmen in Ihren Redaktionsplan mit ein**
>
> Grundsätzlich ist es unerlässlich, sich mit den jeweils Verantwortlichen über die Aktivitäten abzustimmen um mögliche Fehler in der Außenkommunikation zu vermeiden. Je besser die linke Hand über das Handeln der rechten informiert ist, umso weniger brauchen Sie sich darüber Sorgen zu machen, ob alle Kommunikationskanäle auch zum richtigen Zeitpunkt eingesetzt werden. Außerdem erhalten Sie auf diese Weise wertvolle Informationen aus anderen Blickwinkeln, die Sie in Ihre Kommunikation auf Facebook mit einbauen können.

Berücksichtigen Sie hierbei die unterschiedlichen Szenarien. Der Aufbau eines Spannungsfelds muss anders kommuniziert werden als das Streuen von diversen Inhalten, um die Fangemeinde bei Laune zu halten. Stellen Sie sich auch hier wieder Fragen:

➢ Worüber will ich schreiben?

➢ Wie will ich schreiben?

➢ Wann will ich schreiben?

➢ Wie oft will ich schreiben?

➢ Wer kümmert sich um das Beantworten von Kommentaren?

Inhalts-Strategie- und Redaktionspläne sind alles andere als mal eben so entwickelt. Sie erfordern viel strategisches Geschick und vor allem später die Konsequenz in der Durchführung. Dabei ist es ratsam, auch Spielraum zu lassen und nicht alles in einem Redaktionsplan festzurren zu wollen.

Wann lohnt es sich eigentlich, Beiträge zu publizieren?

Eine Umfrage von SocialBench in Zusammenarbeit mit 27social kam zu dem erstaunlichen Ergebnis, dass Seite und Fans zu unterschiedlichen Zeiten aktiv sind. Beobachtet wurden 2.500 deutsche Facebook-Seiten mit mehr als 500 Fans. Demnach werden die höchsten Beitragsraten auf Seiten um die Mittagszeit verzeichnet, während Fans eher in den Abendstunden aktiv sind. Auch an den Wochenenden gehen die Zahlen auseinander. Während Fans in diesen Zeiträumen fleißig posten, sind Unternehmen nur in wenigen Fällen aktiv. Die aufschlussreichen Ergebnisse mit anschaulichen Grafiken können Sie unter *http://www.socialbench.de/infografik* abrufen.

Drehen Sie sich mal um!

Auch spannend: Schauen Sie einmal im Jahr mal nach hinten und veranstalten Sie einen -Strategie-Rückblick. Analysieren Sie die Ergebnisse und bauen Sie darauf Ihre bevorstehende Strategie auf. Die Agentur Razorfish widmet sich dem Thema Inhalts-Strategie äußerst kreativ über ihr Blog scatter/gather – ideas + opinions from content strategists (*http://scatter gather.razorfish.com*).

Noch mal zusammengefasst:

➢ Definieren Sie Ihre Ziele.

➢ Tragen Sie terminliche Eckdaten in Ihren Kalender ein.

➢ Kalkulieren Sie Vorlaufzeiten mit ein.

➢ Entwickeln Sie einen Redaktionsplan.

➢ Teilen Sie Ihren Kollegen, auch übergreifend, im Unternehmen mit, wann Sie was vorhaben.

Exkurs: Wer sorgt eigentlich für das Einpflegen der Inhalte auf Ihrer Seite?

Bei Einzelunternehmen ergibt sich die Frage von selbst. Und selbst Dreimannbetriebe werden wohl eher selten einen Social-Media-Beauftragten einstellen. Auf jeden Fall gilt: Überlegen Sie sich genau, wer im Unternehmen auf Dauer die Pflege der Seite übernimmt. Sollten Sie das Glück haben, dass sich Mitarbeiter von sich aus anbieten, freuen Sie sich. Sollte dies nicht der Fall sein, stellen Sie lieber jemanden dafür ein.

Mit Mitarbeiterressourcen sorgsam umgehen

Sollte keiner in Ihrem Unternehmen mit Begeisterung an Ihrer Präsenz auf Facebook mitwirken wollen, stellen Sie lieber einen Social-Media-Experten oder alternativ einen Journalisten ein. Unterschätzen Sie nicht den zeitlichen Aufwand zur richtigen Pflege Ihrer Kommunikation auf Facebook. Schonen Sie Mitarbeiter, die oftmals zu Genüge mit anderen Aufgaben betraut sind. Man wird es Ihnen sicherlich danken.

Externe Dienstleister für die Pflege der Inhalte auf Ihrer Facebook-Seite zu beauftragen, wird spätestens dann problematisch, wenn es um die Beantwortung von kritischen Kommentaren geht. Jedes Unternehmen hat seine eigene, sagen wir mal, Aura. Ein Außenstehender wird schnell als solcher erkannt, weil er nicht wirklich mental in die Strukturen eines Unternehmens eingebunden sein kann.

Überlegen Sie also gut, was Sie gegebenenfalls outsourcen können. Holen Sie sich ruhig Hilfe für Zieldefinition, Recherche und Planung sowie die Entwicklung von Kampagnen. Die laufende Kommunikation auf Ihrer Seite sollten Sie aus den genannten Gründen nicht aus der Hand geben.

Der Community-Manager: ein Muss für größere Unternehmen, Marken und Vereine

Die rasante Entwicklung von Facebook hat dazu beigetragen, das Berufsbild des Community-Managers neu zu definieren. Während früher die Hauptaufgaben eines Community-Managers darin bestanden, Foren- und Kommunikationssysteme zu programmieren, liegen sie spätestens seit Einzug der Facebook-Ära im inhaltlichen und vor allem strategischen Bereich. So sollte der Community-Manager nicht nur über strategisches Potenzial und Führungsqualifikationen, sondern auch über herausragende soziale Kompetenzen verfügen.

> **Whitepaper zum Thema Community-Manager**
>
> Britta Heer und Jasper Jog von Edelmann Digital haben ein Whitepaper zu diesem anspruchsvollen Thema verfasst. Das vollständige Whitepaper können Sie bei allfacebook.de lesen: *http://allfacebook.de/allgemeines/whitepaper-facebook-definiert-das-berufsbild-des-community-managers-neu*

Dies stellt vor allem größere Unternehmen vor eine echte Herausforderung. Denn der erfolgreiche Einsatz eines Community-Managements hängt vor allem davon ab, wie gut es in allen Bereichen eines Unternehmens verankert und strategisch in die Kommunikations- und Unternehmensziele eingebunden wird. Erfolgreiches Community-Management erfolgt also im besten Fall entlang der gesamten Wertschöpfungskette in einem Unternehmen.

1.3 Lassen Sie sich auch mal von außen inspirieren!

Auch das gehört in die Planung. Denn der Blick von außen ist hilfreicher, als man denkt. Kochen Sie also nicht Ihr eigenes Süppchen, sondern lassen Sie es durch andere ruhig um die eine oder Zutat verfeinern. Bedenken Sie die Chance der Reflexion durch andere, zumal das Feedback meist sehr inspirierend sein kann und völlig neue Ideen und Ansätze entstehen lässt.

Der Medici-Effekt, Zentrum für Innovation

Frans Johansson beschreibt in seinem Buch „THE MEDICI EFFECT – What you can learn from Elephants and Epidemics" (erschienen 2006 bei Mcgraw-Hill Professional) die Tatsache, dass das Potenzial für unkonventionelle Ideen umso höher ist, je mehr Personen aus komplett unterschiedlichen Bereichen zusammentreffen und eine sogenannte kognitive Diversität entsteht. Die systematische Suche nach Innovationen beschreibt Frans Johansson in seinem Buch in einer sehr außergewöhnlichen Weise. Angelehnt an die Familie Medici in Florenz, die im 15. und 16. Jahrhundert die unterschiedlichsten Künste und Wissenschaften zusammenbrachten, erfährt der Leser, wie durch das Zusammentreffen unterschiedlichster Disziplinen an deren Kreuzungspunkten völlig neue Konzepte, Ideen, Dienstleistungen und Produkte entstehen können.

Dieses überaus empfehlenswerte Buch gibt es in verschiedenen Sprachen, in Deutsch liegt es aktuell nicht vor (*http://www.themedicieffect.com*).

Den Medici-Effekt auch als Einzelunternehmen nutzen!

Machen Sie es wie die Medici-Familie! Veranstalten Sie Treffen mit Gleichgesinnten, die sich auch auf Facebook etablieren oder ihre bereits bestehende Präsenz optimieren möchten. Plaudern Sie in gemütlicher Runde und geben Sie sich gegenseitig Tipps. Tauschen Sie Ihre Erfahrungen aus. Sie werden erstaunt sein, welch wertvollen Input Sie von anderen erhalten und welchen Input Sie anderen geben können. Wichtig: keine Bewertung für vorgebrachte Ideen, vor allem keine negativen. Aus allen Aussagen das Positive rausziehen.

Holen Sie für neue Ideen ein ordentlich großes Paket Inspiration von außen und manifestieren Sie daraus Ihre Ziele, die Sie auf Facebook verwirklichen wollen. Vermeiden Sie es, im stillen Kämmerlein vor sich hin zu brüten.

Veranstalten Sie BarCamps in Ihrem Unternehmen

Wissen Sie, was ein BarCamp ist? Falls nicht: BarCamps sind offene Tagungen zu einem Hauptthema, bei denen der Ablauf und die Inhalte von den Teilnehmern selbst bestimmt werden. Jeder Teilnehmer kann selbst entscheiden, ob er eine Session übernehmen möchte, und sein Thema vortragen. Jede Session besteht aus Vorträgen und Diskussionsrunden, wobei in der Regel der Übergang von den Vorträgen in die Diskussionsrunden schnell und vor allem nahtlos verläuft.

BarCamps als Form von Großgruppenmoderation gehen in Richtung Open-Space-Veranstaltungen, sind aber vom Ablauf her lockerer gehalten. Ein erfolgreiches BarCamp kann durchaus auch in kleineren Gruppen von ca. zehn Teilnehmern durchgeführt werden.

Teilnehmer eines BarCamps in Orlando, Florida. Es wird gleichzeitig diskutiert, zugehört und on-screen notiert. Bildnachweis: Josh Hallett from Winter Haven, FL, USA.

Führen Sie regelmäßig BarCamps in Ihrem Unternehmen durch. Laden Sie dazu Teilnehmer aus allen Bereichen Ihres Unternehmens ein und versammeln Sie so bestenfalls die Verantwortlichen der gesamten Wertschöpfungskette.

1.4 Die praktische Umsetzung eines Redaktionsplans am Beispiel von Senseo

Für die meisten Liebhaber von Senseo ist Kaffeetrinken nicht nur einfach eine Handlung, sondern entspricht einem bestimmten Lifestyle. Insofern sind Konsumenten von Senseo-Kaffee an sich schon Markenbotschafter, die dies auch auf Facebook gern kundtun. Neben der einfachen Bedienung der Senseo-Kaffeemaschine können sie zwischen zahlreichen Variationen aus dem umfangreichen Sortiment ihre Lieblingssorte wählen. In 2011 wurde die Anzahl von 10 Millionen verkauften Senseo-Kaffeemaschinen erreicht. Eine Zahl, die sich bereits im Vorfeld abzeichnete, sodass Senseo bereits einige Monate vorher auf Facebook die Seite Senseo Deutschland an de35n Start brachte.

Mit einfachen Mitteln baut Senseo die Community auf

Die Facebook-Seite Senseo Deutschland zeigt sehr schön die praktische Umsetzung eines Redaktionsplans auf. Am 18. August 2010 startete Senseo mit seiner Präsenz auf Facebook und richtete die Seite Senseo Deutschland ein (*http://www.facebook.com/senseodeutschland*).

Mit diesem Eintrag startet Senseo Deutschland seine Präsenz auf Facebook.

In den ersten Wochen und Monaten passierte auf der Facebook-Seite von Senseo nicht wirklich viel. Hier und da ein paar Einträge über neue Senseo-Modelle, die Genussbar-Tour oder Berichte über die besonderen Kaffeemomente durch den Senseo-Reporter bei Hamburgs Kaffeetrinkern. Am 19. November bedankte sich Senseo Deutschland für 400 Fans, gewünscht hatte man sich lediglich 300.

Senseo bedankt sich für 400 Fans.

Senseo kündigt Überraschungen an und baut einen Spannungsbogen auf.

Kurz darauf kündigte Senseo die erste Überraschung als Dankeschön für die vielen Kommentare an. Unter allen Fans, die am 9. Dezember bis zu einer bestimmten Uhrzeit eine E-Mail an Senseo verschickten, wurden zehn Kaffeemaschinen verlost.

Ein paar Tage später gab es 40 Mal die Vielfaltbox zu gewinnen. Am 22. Dezember 2010 erreichte Senseo die magische Anzahl von 1.000 Fans. Daraufhin folgte am 14. Februar eine Verlosung von Schablonen als Valentinsaktion, gefolgt von einer Aktion als Kaffeepad-Tester.

Auch hier konnten die Fans ganz einfach eine Nachricht per E-Mail an das Unternehmen schicken, um an der Verlosung teilzunehmen. Mit diesen einfachen Maßnahmen baute Senseo Deutschland Step by Step bis Mitte April die Seite auf rund 4.500 Fans aus.

Die Fans bedanken sich auf der Senseo-Seite für ihre Gewinne.

Bis zu diesem Zeitpunkt fand nicht wirklich etwas Spektakuläres auf der Seite statt. Und trotzdem konnte sich das Social-Media-Team von Senseo mit seinen einfachen Maßnahmen über ein stetes Wachstum der Community freuen. Besonders die kleinen Gewinne regten die Fans dazu an, zahlreiche Kommentare zu hinterlassen.

Die Posts von Senseo in der Anfangszeit im Einzelnen nach Datum:

05.10.2010: Post über Zertifizierung für Senseo Bio Selection

19.10.2010: Testergebnis des UTZ-Certified-Siegels

05.11.2010: Infos über die Genussbar-Tour

11.11.2010: Kaffeemomente, Senseo-Reporter in Hamburgs Kaffeeküche

19.11.2020: Senseo bedankt sich für 400 Fans

22.11.2010: Senseo bedankt sich und kündigt Überraschung an

26.11.2010: kurze Info von Senseo, dass noch ein Dankeschön ansteht

07.12.2010: noch eine Vorankündigung

08.12.2010: Post mit Überraschung, Verlosung von 10 Senseo-Maschinen

08.12.2010: Dankeschön an die Fans

13.12.2010: Post über Gewinnbenachrichtigung per E-Mail

13.12.2010: Post mit neuer Gewinnmöglichkeit, 40 Vielfaltboxen

15.12.2010: Post über Gewinnbenachrichtigung per E-Mail

21.12.2010: Verlosung eines Gratissets

Senseo kündigt große Fanaktion an.

Ein weiterer Aufruf am selben Tag.

Interessant ist, dass die Fans bis dahin auch mit diesen kleinen Aktionen überaus zufrieden waren. Ein möglicher Indikator dafür, dass es nicht immer unbedingt eine ausgefeilte Gewinnspiel-applikation sein muss, zumal diese, bedingt durch den technischen Aufwand, auch meist nicht zu 100 % funktionieren. Ein Umstand, den man immer wieder beobachten kann und der häufig zu kritischen Bemerkungen unter den Fans auf Seiten führt. Wichtig ist vor allem, dass es funktioniert. Das Beispiel von Senseo zeigt deutlich auf, dass es erst einmal auch die gute alte E-Mail tut.

Lesen Sie in Kapitel 9 Seite 222 die Fanaktionen von Senseo anlässlich von 10 Millionen verkauften Kaffeemaschinen.

Senseo-Botschafter gesucht!

1.5 Schließen Sie mit Facebook die Lücke im Marketinggetriebe

Gutes Marketing bedeutet, dass alle Prozesse optimal miteinander verzahnt und aufeinander abgestimmt sind. Hier bietet Facebook die ideale Lösung, um mögliche Lücken zu schließen. In den Anfängen des Internets war es kaum denkbar, dass es für Unternehmungen schon bald zur Pflicht gehören würde, auch im World Wide Web eine eigene Adresse zu haben. Und heute ist es kaum mehr vorstellbar, dass überhaupt einmal so gedacht wurde.

So stehen wir zurzeit an einer ähnlichen Schwelle, und in ein paar Jahren wird Social Media Marketing genauso selbstverständlich sein wie das Internet selbst.

Finden Sie Ihre individuelle Lücke

Als Unternehmen, Organisation, Verein etc. sind Sie es gewohnt, auf Ihre Dienstleistung, Ihr Produkt aufmerksam zu machen. Dafür benutzen Sie verschiedene Kanäle – sei es Fernsehspots, Printmedien, Newsletter, Website und dergleichen. Überlegen Sie daher, wie Sie Facebook in Ihre bevorstehende oder auch laufende Maßnahme einbinden können.

Für Blogbetreiber: Stellen Sie klar, dass Sie jetzt auch auf Facebook sind!

Viele Unternehmen betreiben seit geraumer Zeit ein Blog und liefern ihrem Umfeld interessante Inhalte zu einem bestimmten Thema. Und in den meisten Fällen erlauben sie es, dass die Beiträge direkt auf ihrem Blog kommentiert werden dürfen. Der entscheidende Vorteil: Gerade Blogbetreiber sind es gewohnt, wertvolle Inhalte zu liefern, und müssen das Rad in der Kommunikation und im Dialog nicht neu erfinden. Hier gilt es, das Blog mit der Präsenz auf Facebook optimal zu verknüpfen, um größere Reichweiten zu erzielen. Schließen Sie die Lücke und setzen Sie gekonnt die „Social Plugins" von Facebook ein, zum Beispiel den *Gefällt mir*-Button oder die „Facebook Like Box". Wie das geht, wird ausführlich in Kapitel 5 Seite 132 beschrieben.

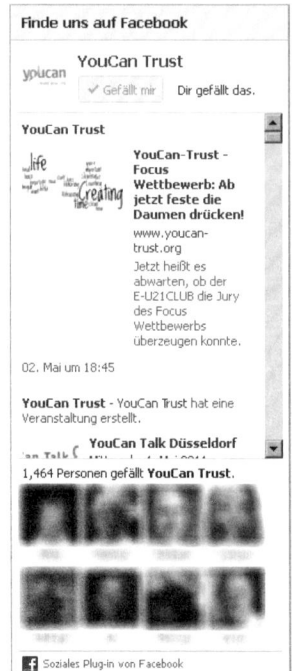

So sieht die Facebook Like Box aus.

Im Übrigen müssen es nicht unbedingt Blogs sein. Auch herkömmliche Seiten mit Redaktionssystem eignen sich hervorragend für eine Verknüpfung mit Facebook. Der Vorteil liegt klar auf der Hand. In all diesen Fällen werden bereits laufend Inhalte geliefert, die nun zusätzlich über Facebook kommuniziert und verbreitet werden.

Während meiner Recherchen zu diesem Buch bin ich immer wieder auf bestimmte Blogs im Netz gestoßen. Diese sind voll mit wertvollen Inhalten und werden laufend aktualisiert.

In den Suchergebnissen erscheinen Blogs von Fachleuten zu einem Thema an oberster Stelle.

Machen Sie es also genauso und locken Sie die Besucher von Ihrem eigenen Internetauftritt zusätzlich auf Ihre Facebook-Seite. Thomas Hutter mit seinem Blog zu Social Media und Facebook Marketing toppt das Ganze noch zusätzlich, indem er auf seiner Startseite auf weitere Artikel, die zum gesuchten Thema passen könnten, verweist.

Gleichzeitig verweist er auf seiner Seite durch die Integration der Facebook Like Box in der rechten Spalte unübersehbar auf seinen Auftritt bei Facebook.

Auf seiner Facebook-Seite wiederum platziert Thomas Hutter alle neuen Inhalte mit einem kurzen Anreißtext und lockt die Benutzer so wieder auf seine Seite, wodurch ein optimaler Kreislauf entsteht. Ein tolles Beispiel für eine klare und kontinuierliche Kommunikation mit Mehrwert für sein Umfeld, das keine Lücken aufweist.

Aufruf der Seite http://www.thomashutter.com nach Eingabe von Facebook und Gruppe in die Suchmaske bei Google.

Alle Inhalte des Blogs zeigt Thomas Hutter mit kurzem Anreißtext auf seiner Facebook-Seite an..http://www.facebook.com/thomashutterblog.

Ich hatte die Gelegenheit, mit Thomas Hutter ein Interview zu führen. Lesen Sie das vollständige Interview in Kapitel 14.

Die Lücke zwischen Offline- und Onlineerlebnissen schließen

Die AutoRAI, die größte Automesse der Niederlande in Amsterdam, lockt alle zwei Jahre etliche Besucher an, Besucher, die ihrem Umfeld bislang meist auf Blogs und Foren ihre Meinung zu den neusten Errungenschaften ihrer favorisierten Automarken mitteilten. Ein direktes Angebot von den Autoherstellern gab es nicht – höchstens vielleicht in Form von klassischen Umfragen.

Renault fand die Lücke, um die auf der Messe vorgeführten Neuwagenmodelle nicht nur offline, sondern auch online zur Schau zu stellen. Zur Auto-

RAI 2011 Anfang April stellte das Unternehmen sogenannte Like Terminals auf, bei denen die Besucher mittels ihrer von Renault verteilten RFID Cards ihr favorisiertes Modell liken konnten. Dazu brauchten sie die Karte lediglich vor das Terminal zu halten, und das favorisierte Modell erschien auf der Pinnwand der Benutzer. Damit das Ganze funktionierte, meldeten sich die Besucher auf Facebook an und luden ihre Zugangsdaten auf die Karte.

Quelle: http://www.youtube.com/watch?v=TfwKJ97T9C0&feature=player_embedded.

Renault geht hier neue Wege, um Offlineerlebnisse auch online zu kommunizieren. So konnte sich das Unternehmen binnen kurzer Zeit über zahlreiche Likes freuen. Und nicht nur das: Denn wer einmal öffentlich preisgibt, sich für ein bestimmtes Modell von Renault zu interessieren, wird wohl mit geringerer Wahrscheinlichkeit ein anderes Auto kaufen.

Lassen Sie Ihre Produktverpackungen über Facebook sprechen!

Ihre Produkte sind in den Regalen diverser Warenhäuser, Einkaufsketten, Einzelhändler vertreten? Prima! Schreiben Sie auf die Verpackung, dass Sie auf Facebook vertreten sind, und schließen Sie damit diese Lücke. Facebook erlaubt außerdem ausdrücklich die Verwendung der *Gefällt mir*-Schaltfläche. In den Nutzungsrichtlinien von Facebook steht geschrieben: *In Offline-Kommunikationen ist jegliche Verwendung einer unveränderten Gefällt mir-Schaltfläche zulässig.*

Ihr Gewinnspiel, Ihre Umfrage oder Rabattaktion jetzt auch auf Facebook

Sie haben in der Vergangenheit bereits Gewinnspiele durchgeführt und diese erfolgreich über Flyer, Fernsehspots, Newsletter etc. durchgeführt? Prima, kommunizieren Sie Ihre nächste Gewinnspielaktion zusätzlich auf Facebook.

Planen Sie exklusive Aktionen auf Facebook

Um Ihre Seite in Fahrt zu bringen, eignen sich Gewinnspielaktionen, die speziell für Facebook konzipiert werden. Die möglichen Anlässe dazu sind vielfältiger Natur – sei es ein Jubiläum, die Markteinführung Ihres neuen Produkts, Markenbildung und -aufbau oder Imagegewinn, um nur einige Beispiele zu nennen.

Oder wie sieht es mit Ihrem Kundenservice aus? Könnte man diesen nicht auch auf Facebook anbieten? Und wenn Sie in der Vergangenheit bereits sowieso Umfragen zur Kundenzufriedenheit durchgeführt haben, können Sie das nun auch auf Facebook tun.

Persil Deutschland führt Meinungsumfragen auf Facebook durch.

Wurden Sonderangebote, Schlussverkauf, Rabatte etc. bislang über die eigene Webseite, Fernsehspots, Briefkastenwerbung etc. vermarktet, so bietet Facebook über Places ideale Voraussetzungen, um neue Kundengruppen zu erschließen. Places sind Orte auf Facebook, an denen Benutzer mit ihrem Smartphone einchecken und so auf Sonderangebote zugreifen können. Wie genau das funktioniert, wird in Kapitel 10 beschrieben.

Wie wäre es mit einer Onlinezeitung auf Facebook?

Sie haben eine Vereinszeitung, die jeden Monat in gedruckter Form erscheint? Prima, stellen Sie die Inhalte auch auf Ihrer Facebook-Seite ein. Und kommunizieren Sie in Ihrer gedruckten Ausgabe gleich mit, dass Sie zusätzlich eine Seite auf Facebook betreiben.

Feiern Sie Ihr Jubiläum jetzt auch auf Facebook

Sie sind seit zehn Jahren erfolgreich am Markt oder haben eine bestimmte Anzahl an Produkten verkauft? Eine tolle Gelegenheit, dies nun auch auf Facebook zu kommunizieren. Arbeiten Sie in Ihrer Kommunikation auf dieses Ziel hin und entwickeln Sie Interesse und Neugier bei Ihren Fans.

Laden Sie alle in Ihr Unternehmen ein

Gerade für kleinere Unternehmen und Geschäfte eignet sich der gute alte Tag der offenen Tür dazu, sich Kunden und Interessenten von seiner besten Seite zu präsentieren. Sagen Sie einfach mal Danke und veranstalten Sie dazu ein tolles Fest. Auch heute noch ist solch ein Tag ein geeignetes Mittel, um nachhaltig Aufmerksamkeit zu erzielen. Das Tolle daran: Sie haben im Anschluss daran viele Inhalte, die Sie mit Ihren Fans auf Facebook teilen können.

Nutzen Sie Facebook auch hier als zusätzliches Werkzeug, um direkt mit Ihren Fans zu interagieren. Diese werden ihre eigenen Freunde sicherlich gern auf Ihre tolle Aktion hinweisen. Binden Sie die viralen Effekte ein, die Facebook Ihnen bietet, um sich und Ihr Unternehmen weiter nach vorn zu bringen. Platzieren Sie gekonnt den *Gefällt mir*-Button und die anderen Social Plugins. Mit dem richtigen Einsatz dieser Social Plugins können Sie Ihre Message optimal unter die Leute bringen. Mehr zum Thema Social Plugins in Kapitel 5 auf Seite 132.

Mischen Sie Ihr Budget auf

Dies sind nur einige Beispiele, die aufzeigen, dass Sie mit Ihrem Auftritt auf Facebook das Rad nicht unbedingt neu erfinden und alles komplett auf den Kopf stellen müssen. Oftmals reicht es, was die Kosten betrifft, aus, wenn Sie eine Umverteilung des Marketingbudgets vornehmen und hier und da etwas zugunsten Ihrer Präsenz auf Facebook abzwacken.

Kleiner Exkurs: Wissen Sie eigentlich, wie über Ihre Unternehmung gesprochen wird?

Die Bedeutung von Webmonitoring, der systematischen Suche im Internet nach Kommentaren von Konsumenten in sozialen Netzwerken, Internetforen oder Blogs, wird von immer mehr Unternehmen erkannt. Doch verfügen gerade kleinere Institutionen oftmals nicht über ausreichende Kapazitäten für ein effizientes Webmonitoring.

Mittlerweile gibt es zahlreiche Anbieter für Webmonitoring. Eine Liste mit Anbietern aus aller Welt finden Sie im Social Media Monitoring Wiki unter *http://wiki.kenburbary.com/social-meda-monitoring-wiki*.

1.6 Ihre Idee ist der Motor für eine Bewegung: Gründen Sie einen erfolgreichen Tribe

In seinem Bestseller „Tribes" (http://www.amazon.de/Tribes-We-Need-You-Lead/dp/1591842336) beschreibt Seth Godin ein Phänomen, das so alt ist wie die Menschheit selbst. Von jeher versammeln sich Menschen, bilden Gruppen um ein bestimmtes Thema, das sie verbindet, gehören einem Stamm an. Auch heute noch drücken sie ihre Zugehörigkeit auch optisch aus. Fußballfans tragen Trikots ihres Vereins, und Eishockeyfans tun es ihnen gleich.

Neben dem gemeinsamen Interesse an einer Sache haben all diese Gruppierungen bzw. Stämme eins gemeinsam: Sie werden geführt. Das, was früher den Stammesführer ausmachte, sind heute der Visionär, der Teamleiter, der Vereinsvorsitzende – alles Menschen, die in der Lage sind, andere anzustecken mit ihrer Begeisterung und sie zu führen.

Sie haben eine verrückte Idee? – Prima, setzen Sie sie in die Tat um!

Viele gute Ideen werden nicht in die Tat umgesetzt. Die Ursachen sind vielfältiger Art. Meist fehlt es an Mut, sich mit seiner Idee zu outen, oder es wird sich einfach nicht die Zeit dafür genommen. Marketing ist out, Engagement ist in. Auf diese einfache Formel gebracht, bekommt modernes Marketing eine völlig neue Sichtweise. Klassisches Marketing, eine Marke zu bilden und sie bekannt zu machen, gerät immer mehr in Bedrängnis, weil die Anforderungen komplexer werden. Vielleicht aber auch nicht. Denn an den Mechanismen menschlichen Ver-

Die vier Stufen eines Tribes nach Seth Godin. Fotonachweis: www.istockfoto.com, Grafik: Michael Jastram.

haltens hat sich nicht wirklich etwas geändert. Nur ist die Kommunikation bekanntlich seit Einzug von Web 2.0 zwischen Unternehmen und Verbraucher nicht mehr nur die Einbahnstraße vom Unternehmen in Richtung Verbraucher. Das, was sich früher von Angesicht zu Angesicht auf dem Dorfplatz abspielte, findet nun virtuell auf Schauplätzen wie Facebook statt.

Seien Sie in Ihren Überlegungen zur Vermarktung Ihrer Unternehmung auf Facebook durchaus verrückt und gehen Sie gänzlich neue Wege. Denn auch Wettbewerbe, Aktionen und Gewinnspiele, so schön sie auch sein mögen, führen so manches Mal nur zu kurzfristigem Erfolg, verschaffen nicht die gewünschte Nachhaltigkeit um die Gunst der Kunden. Dies gilt vor allem dann, wenn die Maßnahmen nicht optimal auf Ihr Kerngeschäft abgestimmt sind. Hier ist innovatives Denken und Handeln gefragt, das sich auf Dauer in den Köpfen potenzieller Kunden zugunsten Ihrer Unternehmung festsetzt.

Starten Sie innerhalb der nächsten 24 Stunden Ihre Bewegung!

Doch wie nachhaltige Aufmerksamkeit erzielen, ohne das eigentliche Ziel, für Zuwachsraten im eigenen Unternehmen zu sorgen, nicht aus den Augen zu verlieren? Seth Godin bringt es auf den Punkt: Starten Sie eine Bewegung. Fangen Sie in den nächsten 24 Stunden damit an. Die Menschen warten auf Sie! Themen für eine Bewegung gibt es viele. Bildung, Energie, Umwelt und dergleichen bieten genügend Spielraum, um etwas zu bewegen, zu verändern. Formulieren Sie Ihre Idee, reden Sie darüber, übernehmen Sie die Führung und starten Sie eine Bewegung. Bilden Sie einen Stamm, um es mit den Worten von Seth Godin auszudrücken, und werden Sie der Stammesführer.

The Fun Theory: der Start einer neuen Bewegung?

Einen interessanten Ansatz in diese Richtung bot 2009 eine Nachhaltigkeitskampagne, gesponsert durch die Volkswageninitiative in Stockholm. Die von der Stockholmer Agentur DDB entwickelte Kampagne widmet sich dem Phänomen, dass man am einfachsten durch Spaß bringende Aktionen eingefahrene Verhaltensweisen von Menschen zum Besseren verändert. Zum Thema Gesundheit wurde eine Treppe als begehbares Klavier präpariert. Statt der nebenstehenden Rolltreppe nutzten fortan 60 % mehr Menschen die Treppe.

Die gesamte Kampagne findet sich unter http://www.thefuntheory.com.

Gutes Verhalten soll Spaß machen und sich lohnen. So wurde ein Wettbewerb ausgeschrieben, an dem auch Teilnehmer aus anderen Ländern ihre Vorschläge einreichten. Gewonnen hat Kevin Richardson aus den USA mit „The Speed Camera Lottery". Wer langsam genug fuhr, bekam ein Los nach Hause geschickt und nahm automatisch an der Lotterie teil. Die Durchschnittsgeschwindigkeit an einer belebten Kreuzung verminderte sich um über 22 %. Ein toller Beitrag, der 2011 beim Werbefestival in Cannes den Titanium-Löwen gewonnen hat.

Eine Seite für die Gemeinschaft auf Facebook

Immer noch weisen die Videos auf YouTube zahlreiche neue Besucher auf, und es kommen nahezu täglich neue Kommentare auf der Facebook-Seite *http://www.facebook.com/thefuntheory* dazu.

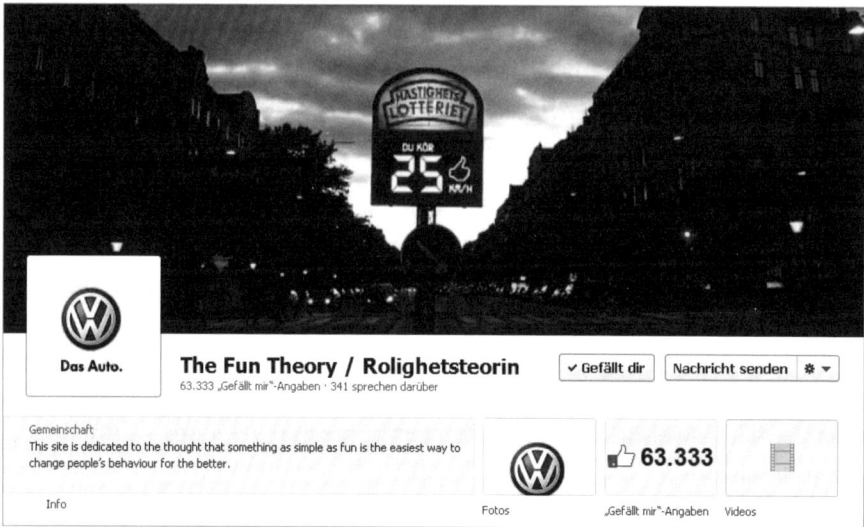

Die unter der Kategorie Gemeinschaft angelegte Seite der Volkswagen-Initiative auf Facebook.

Interessant ist, dass VW die Kategorie *Gemeinschaft* für die Seite ausgewählt hat. Im Gegensatz zu regulären Gemeinschaftsseiten auf Facebook wird diese von Volkswagen selbst moderiert.

Definition von Gemeinschaftsseiten

„Erzeuge Unterstützung für einen guten Zweck oder ein Thema deiner Wahl, indem du eine Gemeinschaftsseite erstellst. Wenn diese sehr beliebt wird (Tausende von Fans anzieht), wird sie von der Facebook-Gemeinschaft übernommen und verwaltet." Weitere Infos unter *http://allfacebook.de/news/gemeinschafts seiten-community-pages.*

The Fun Theory wird als eine der erfolgreichsten Kampagnen aller Zeiten für einen Autohersteller bezeichnet, obwohl oder vielleicht gerade weil sie nicht direkt etwas mit Autos zu tun hat. Beispielhaft wurde sich mit einem gesellschaftlichen Anliegen auseinandergesetzt. Wenn schon Bestrafen nicht den gewünschten Erfolg bringt, was dann? Eine hochintelligenter Ansatz, um grundsätzlich gesellschaftliches Umdenken zu bewirken.

1.7 Word of Mouth: Mundpropaganda im neuen Kleid

Die gute alte Mundpropaganda, in der Marketingsprache als Word of Mouth bezeichnet, gilt als die effektivste Werbeform überhaupt. Zu diesem Ergebnis kam die Nielsen-Studie „Trust, Value and Engagement in Advertising" im Jahr 2009 nach einer Onlineumfrage, an der über 25.000 Menschen weltweit teilgenommen haben (*http://www.slideshare.net/PingElizabeth/nielsen-trust-and-advertising-global-report-july09*). Demnach trauen rund 90 % der Empfehlung von Freunden und Bekannten, während es bei einer Unternehmenswebseite nur noch rund 70 % sind.

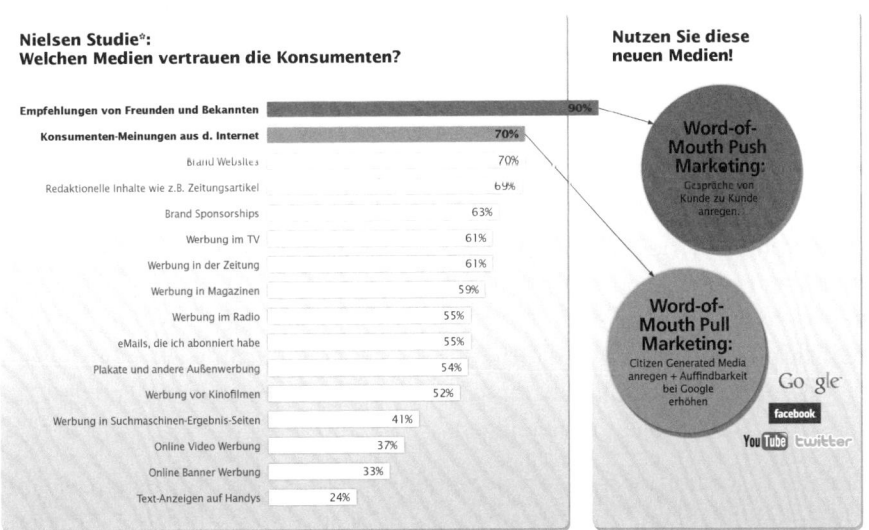

Grafik von trnd.com, basierend auf der Nielsen-Studie Trust, Value and Engagement in Advertising.

Mit Word-of-Mouth-Kampagnen bringen Sie Ihre Produkte gezielt ins Gespräch

Es stellt sich die berechtigte Frage, wie man **W**ord **o**f **M**outh, kurz WOM genannt, gekonnt auf die Beine stellt. Für gutes WOM ist zunächst das Story

Telling die Voraussetzung, was nichts anderes bedeutet, als Geschichten zu erzählen. Einer fängt an, eine Geschichte zu erzählen, und diese wird weitergetragen. Nun verhält es sich aber in der Regel nicht so, dass sich Menschen zum Beispiel mit dem Thema „Wasser trinken" aktiv beschäftigen oder sich gar ausführlich und regelmäßig darüber mit ihren Freunden austauschen. Genau an dieser Stelle greifen gezielte WOM-Kampagnen, denn sie entwickeln auch aus solchen Produkten Geschichten, die sich später vielerorts im Netz wiederfinden.

Erstmalig kann Mundpropaganda gelenkt werden

Ein wirklich interessanter Aspekt von WOM-Kampagnen ist, dass Unternehmen erfahren, wie über sie gesprochen wird. In Zeiten kommunikativer Einbahnstraßen, also Anzeigen, Fernsehspots, Flyern & Co., war dies nicht der Fall. Unternehmen mussten sich darauf verlassen, dass ihre Werbung ankommt und ihre Angebote bestenfalls konsumiert wurden. Mundpropaganda fand ohne die Unternehmen statt. Insofern ist es dank Internet und WOM-Kampagnen erstmals möglich, Mundpropaganda bewusst zu lenken.

Sie liefern die Basis, Ihre Teilnehmer erledigen den Rest

Unternehmen geben also durch Aufgabenstellungen und Hintergrundinformationen zunächst einmal die Grundlage für die Geschichten, die im Projektverlauf entstehen sollen. In den meisten Fällen werden WOM-Kampagnen für Produkttestaktionen verwendet und seltener für die Entwicklung, zum Beispiel für das Verpackungsdesign.

Wählen Sie Ihre Teilnehmer sorgfältig aus

WOM-Kampagnen gliedern sich in zwei Phasen, die Rekrutierungs- und die Projektphase. In der Rekrutierungsphase werden potenzielle Projektteilnehmer über ein Bewerbungsverfahren ausgewählt. In den Bewerbungsunterlagen werden persönliche Vorlieben, Nutzerverhalten etc. abgefragt. Bewerber, die eine möglichst hohe Affinität zum Testprodukt aufweisen und so ein hohes Potenzial als Multiplikator in sich tragen, erhalten letztendlich den Zuschlag, sich am Projekt zu beteiligen.

Für die Rekrutierungsphase verwenden Unternehmen zum einen eigene Adressdatenbanken, zum Beispiel den E-Mail-Verteiler für ihre Kunden. Falls die eigene Datenbank nicht ausreicht oder gar nicht vorhanden ist, kann auch im Umfeld der Zielgruppen geworben oder ein externer Anbieter, der über umfassende Datenbanken verfügt, hinzugezogen werden.

Die Betreuung ist das A und O in der Projektphase

In der Projektphase kommunizieren die Projektteilnehmer über ihre Erfahrungen mit dem Produkt, das sie testen. Dafür erstellen Unternehmen entweder eine eigene WOM-Projektplattform oder lassen diese von einem externen Dienstleister einrichten. Während der Projektphase werden die Teilnehmer von Moderatoren begleitet und unterstützt. Sie erhalten zusätzlich zu den Testprodukten umfangreiches Informationsmaterial sowie projektbezogene Aufgabenstellungen. Dies können unter anderem sein:

➤ Teste das Produkt zusammen mit fünf Freunden deiner Wahl.

➤ Mach ein Foto oder dreh ein Video zusammen mit dir und dem Testprodukt und lade es auf die Projektplattform hoch.

➤ Teile deine Erfahrungen mit deinen Freunden.

➤ Berichte einmal pro Woche über deine Erlebnisse mit dem Testprodukt.

➤ Schreibe einen Abschlussbericht auf deinem Blog.

Was sind die Motivationsfaktoren für eine Beteiligung?

Die Motivation, sich an solchen Projekten zu beteiligen, kann verschiedene Gründe haben: einerseits ganz einfach persönliches Interesse oder die Zugehörigkeit zu einer Marke (Brand Loyalty). Aber auch finanzielle Anreize, eine Prämie oder öffentliche Anerkennung sind Faktoren für das Interesse, mitzumachen und sich einzubringen. Oder auch nur ganz einfach das Gefühl, dazuzugehören, Teil einer Community zu sein. Dabei fördern Aussichten auf einen Gewinn zusätzlich die Motivation zur Teilnahme an einer WOM-Kampagne.

Motivationssteigerung über Coupons hängt von verschiedenen Faktoren ab

Ebenfalls geeignet sind Gutscheine bzw. Coupons, die die Projektteilnehmer an ihr Umfeld weitergeben können. Über die Option, die Produkte vergünstigt zu erwerben, werden die Projektteilnehmer zusätzlich animiert, ihren Freunden und Bekannten von den Testprodukten und ihren Erfahrungen damit zu berichten. Inwieweit die Bereitschaft besteht, die Coupons weiterzugeben, hängt allerdings von der Art des Produkts und dem Wert des Coupons ab.

Achten Sie darauf, dass die Parameter stimmen

Um eine WOM-Kampagne erfolgreich durchzuführen, ist darauf zu achten, dass die Parameter stimmen. Produkte sollten das halten, was sie versprechen. Denn WOM ist nicht dazu geeignet, minderwertige Produkte künstlich aufzupeppen und darauf zu hoffen, dass die Teilnehmer es schon im Sinne des Unternehmens richten werden. Ganz im Gegenteil, die Projektteilnehmer sind in der Regel ehrlich und manchmal sogar gnadenlos. Vor allem sind sie sich zu einem Großteil ihrer Macht bewusst, Unternehmen auf Augenhöhe etwas mitteilen zu können.

Schauen Sie sich andere WOM-Kampagnen an

Auf trnd.com können Sie zahlreiche Beispiele laufender und bereits durchgeführter WOM-Kampagnen über *http://www.trnd.com/projekte/index.trnd* abrufen.

Seien Sie sich bewusst, dass Ihre Produkte nicht allen gefallen, und bereiten Sie sich auf mögliche kritische Kommentare vor. Achten Sie auf die zeitnahe Beantwortung von Kommentaren und betreuen Sie die Projektteilnehmer aktiv. Denn schlimm ist es, wenn sich die Teilnehmenden ausgenutzt fühlen und den Eindruck bekommen, ohne Gegenwert viel leisten zu sollen.

Nachfolgend sehen Sie als Beispiel für klassisches WOM die Kampagne „Monat mit Stern" von Gerolsteiner.

Alles mit Stern bei Gerolsteiner

Bei Gerolsteiner, dem Wasser mit Stern, werden alle Aktivitäten rund um den Stern kommuniziert (*http://www.facebook.com/Gerolsteiner*). Aktuell gibt es den Sommer-, den Produkte-, den Apps- und den Monat mit Stern. Die von der PR-Agentur Schröder +Schömbs begleitete Kampagne „Monat mit Stern" wurde im Mai 2011 zum zweiten Mal durchgeführt.

Der Monat mit Stern bei Gerolsteiner.

Die Aufgabe der WOM-Kampagne bestand für die Projektteilnehmer darin, einen Monat lang nur Gerolsteiner Wasser zu trinken und darüber zu berichten. Bei der Durchführung der Kampagne setzte Gerolsteiner auf den Service von trnd, einem Unternehmen, das sich auf die Unterstützung von WOM-Kampagnen spezialisiert hat. Aus seinen rund 800.000 Projektteilnehmern wählte trnd diejenigen aus, die am besten den Multiplikatorvorstellungen von Gerolsteiner entsprachen. So erhielten 6.000 Projektteilnehmer eines der begehrten Bewerbungstickets für die Aktion und durften sich letztendlich über einen kostenlosen Wasservorrat von Gerolsteiner nebst Informationsmaterial und Aufgabenstellungen für einen Monat zum Testen freuen.

Kommunikation auf mehreren Kanälen

Der gesamte Ablauf der Kampagne wurde zusätzlich zur Facebook-Seite von Gerolsteiner auch auf der eigens für Gerolsteiner eingerichteten Projektseite von trnd (*http://monatmitstern.trnd.com/informationen*) kommuniziert.

Die Projektseite von Gerolsteiner bei trnd.

Dadurch dass die Projektteilnehmer gehalten waren, auf ihren Blogs über ihre Erfahrungen mit Gerolsteiner Wasser zu berichten, entstand eine große Menge an neuen Inhalten im Netz, dem sogenanntem User Generated Content. Neben den Blogeinträgen und Kommentaren auf der Projektseite von Gerolsteiner bei trnd machten die Fans auch regen Gebrauch von der Pinnwand der Gerolsteiner Facebook-Seite. Ein Effekt, der sich auch in Suchergebnissen durchaus positiv bemerkbar macht.

Die Projektteilnehmer mit den beiden schönsten Geschichten zum Monat mit Stern durften sich noch über einen zusätzlichen Preis freuen.

Während der Kampagne erhielt Gerolsteiner zahlreiche Kommentare von den Fans.

Auch kleinere Kampagnen können über trnd abgewickelt werden

Wer jetzt denkt, dass trnd seinen Service nur im großen Stil bietet, der irrt. Auch kleinere Kampagnen mit rund 100 Teilnehmern sind denkbar und finden immer wieder statt. Als netten Service bietet trnd Rezeptkarten an. Die postkartengroßen Word-of-Mouth-Marketing-Rezeptkarten werden in der Regel monatlich versandt. Die Karten können über den Link *http://company. trnd.com/de/ueber-word-of-mouth/rezepte* bestellt werden.

1.8 Crowdsourcing – der digitale Medici-Effekt: Lassen Sie Ihre Fans aktiv mitgestalten

Laut einer Definition von Wikipedia ist Crowdsourcing, was so viel wie Schwarmauslagerung bedeutet, das Einbeziehen von Intelligenz und Arbeitskraft einer Masse von Freizeitanbietern im Internet, indem bestimmte Aufgaben an diese Masse abgegeben werden. Beim Einsatz von Crowdsourcing entwickeln viele Internetbenutzer, in der Regel kostenlos, Inhalte, lösen Aufgaben oder sind an Forschungs- und Entwicklungsprojekten beteiligt. An den Prozessen nehmen sowohl Profis als auch Amateure teil.

Doch bevor auf die möglichen Vorteile einer Crowdsourcing-Kampagne eingegangen wird, stellen Sie sich zunächst die einzig wichtige Frage: Warum sollen Benutzer bei Ihrem Crowdsourcing-Projekt eigentlich mitmachen?

Mehrwert für Unternehmen durch Crowdsourcing-Kampagnen

Mittels Crowdsourcing können Unternehmen verschiedene Mehrwerte generieren. Das Marketing an sich profitiert, weil zusätzlich zur reinen Nutzung des Social Web als Kommunikationskanal die Menschen dazu bewegt werden, Inhalte zu verbreiten und Botschaften zu transportieren, indem sie selbst in die Prozesse eingebunden sind. Mittels Crowdsourcing können neue Ideen generiert werden, wobei die besten Ideen meist von Branchenfremden kommen. Ein digitaler Medici-Effekt also, der Bahnbrechendes auf die Beine stellen kann. Denn die Voraussetzung für Crowdsourcing ist das Internet. Nur so können sich weltweit Menschen zu jeder Zeit an den Prozessen beteiligen.

Bei Tchibo entwickelt die Crowd Produkte

Crowdsourcing eignet sich hervorragend, um neue Produkte zu entwickeln. So lässt Tchibo über sein Portal Tchibo Ideas (*http://www.tchibo-ideas.de*) neue Produkte entwickeln. Tchibo geht sogar noch einen Schritt weiter und bietet die Option, Alltagsprobleme vorzustellen, die von der Community gelöst werden können. Jeden Monat wird die Lösung des Monats vorgestellt, und die Gewinner können entscheiden, ob sie ihre Lösung über Tchibo vermarkten wollen oder nicht. Ein geniales Vorgehen, das tolle Ergebnisse liefert.

So ganz nebenbei Fachkräfte rekrutieren

Auch Fachkräfte für das eigene Unternehmen können über Crowdsourcing generiert werden. Einmal in die Prozesse mit eingebunden, lernen sich beide Parteien im Vorfeld auf neutraler Ebene kennen, zum Beispiel bei der Entwicklung von Produktdesigns. Gerade diese Form von Crowdsourcing kommt in der Regel am häufigsten vor.

Nicht zuletzt gewinnen beim richtigen Einsatz von Crowdsourcing die Kundenbindung und das Image des Auftraggebers. Und so ganz nebenbei betreibt gutes Crowdsourcing erfolgreiche Suchmaschinenoptimierung, bedingt durch zahlreiche Inhalte, die im Verlauf der Projekte im Netz publiziert werden.

Die zwölf goldenen Regeln für erfolgreiches Crowdsourcing

Matias Roskos (*http://www.socialnetworkstrategien.de*), Spezialist für Crowdsourcing-Kampagnen, hat einen Zwölfpunktekatalog für erfolgreiches Crowdsourcing aufgestellt:

Unterschiedliche Beteiligung für die Community

Die Teilnehmer sollten sich nicht nur für die Lieferung von Ideen verantwortlich fühlen, sondern auf jeden Fall auch in die Abstimmungsprozesse mit einbezogen werden. Sonst entsteht schnell der Eindruck, dass man es lediglich auf kostenlose Zulieferer abgesehen hat.

Interessante Incentives

Auf den ersten Blick sind die Gründe fürs Mitmachen beim Crowdsourcing vielfältig, doch bei näherer Betrachtung dreht sich alles um Anerkennung. Diese Anerkennung kann zum Beispiel in Form von Geld erfolgen. So können die Teilnehmer auch monetär am Erfolg teilhaben.

Betrachten Sie Crowdsourcing als Marketingbaustein

Unternehmen vergessen oftmals, Crowdsourcing als festen Baustein im hauseigenen Marketing zu betrachten. Dabei bietet gerade Crowdsourcing das Potenzial, aktiv Mundpropaganda zu erzeugen, was immer wichtiger wird im kommunikativen Web 2.0.

Faire Rahmenbedingungen

Absolut unerlässlich für erfolgreiches Crowdsourcing sind faire Rahmenbedingungen, die für alle verständlich kommuniziert werden. Dabei gilt auch, dass Unternehmen das Recht haben, fair behandelt zu werden. Auch dies sollte unmissverständlich in den Statuten kommuniziert werden.

Crowdsourcing als Kommunikationsbaustein

Über Crowdsourcing-Maßnahmen können Benutzer im Sinne von Kommunikation auf Augenhöhe direkt mit Ihrem Unternehmen in Kontakt treten. Eine Option, die sich auf jeden Fall zu nutzen lohnt.

Klare Regeln für alle Beteiligten

Besonders rechtliche Bedingungen müssen klar dargestellt und kommuniziert werden. Das berühmte Kleingedruckte ist bei Crowdsourcing-Projekten völlig fehl am Platz. Auch die Aufgabenstellungen sollten so klar wie möglich definiert werden, damit sich Ihre Teilnehmer fokussieren können.

Denken Sie an den Faktor Zeit

Alles braucht seine Zeit zum Wachsen, das gilt auch für gute Crowdsourcing-Kampagnen. Vor allem ist professionelles Community-Management gefragt mit Spezialisten, die wissen, was sie tun. Auch können sie die Anfangsphase begleiten und neue Community-Manager anlernen. Wichtig ist es, personelle Ressourcen von Anfang an großzügig mit einzuplanen.

Beziehen Sie Leaduser mit ein

Halten Sie bereits im Vorfeld Ausschau nach potenziellen Leadusern, denn sie sind starke Multiplikatoren und können sogar als Moderatoren Teilaufgaben des Community-Managements mit übernehmen. Im Laufe der Kampagne werden sich noch weitere Leaduser etablieren, diese gilt es auch über intelligente Kommunikation zu gewinnen.

Bedenken Sie mögliche Risiken

Bekanntlich geht es nicht nur nett zu im Internet. So sollten Sie sich rechtlich absichern, um Probleme zu vermeiden. Auch technisch lohnt es sich, gut gerüstet zu sein, um zum Beispiel Spamming bei Votings aus dem Weg zu gehen. Falls doch Probleme auftreten, müssen diese unbedingt zeitnah und offensiv angegangen werden. Auch diese Fälle erfordern ein erfahrenes Community-Management, um richtig reagieren zu können.

Verknüpfung mit dem realen Leben

Spannend wird es, wenn es Ihnen gelingt, eine virtuelle Kampagne mit dem realen Leben zu verknüpfen. Zum Beispiel wurden für CROW'n'CROW Taschenbotschafter gesucht, die im richtigen Leben die Taschen testeten und ihren Freunden und Bekannten von dem Konzept erzählten. Außerdem sollten die Taschen, die in verschiedene Netzwerke geschickt wurden, fotografiert und weitergegeben werden. Die Fotos konnten unter anderem bei Facebook hochgeladen werden. Eine Kampagne aus dem Jahr 2009, die aber in ihrer Umsetzung weiterhin aktuell ist.

Sorgen Sie für Kooperation unter den Beteiligten

Crowdsourcing bietet die Option, neue und frische Talente zu entdecken. Agenturen und Grafiker haben oftmals Angst, Aufträge bedingt durch derlei Kampagnen zu verlieren. Jedoch geht es darum, gemeinsam neue Wege zu beschreiten. Matias Roskos beschreibt provokant, dass auch von professionellen Agenturen viel Murks in den letzten Jahren verzapft wurde. Crowdsourcing ist ein spannender Baustein in der virtuellen Wertschöpfungskette, den es ernsthaft und gekonnt umzusetzen gilt.

Achten Sie auf Glaubwürdigkeit

Auch für Crowdsourcing-Kampagnen gilt, was insgesamt im Umgang mit Marketing in sozialen Netzwerken wie Facebook Standard sein sollte: ein hohes Maß an Glaubwürdigkeit. Sorgen Sie dafür, indem Sie zuhören und aufmerksam sind. Und vor allen Dingen: Seien Sie ehrlich!

Gut aufgehoben bei unserAller

Wo trnd bei WOM-Kampagnen unterstützend wirkt, ist es unserAller (*http://www.facebook.com/unserAller*) bei Crowdsourcing-Projekten. Die noch recht junge Crowdsourcing-Plattform, entwickelt von dem Unternehmen *http://www.innosabi.com,* etablierte Mitte 2010 auf Facebook eine eigene Applikation, die es Unternehmen ermöglicht, über die Crowd Produkte entwickeln zu lassen.

Die Mitmachapplikation von unserAller auf Facebook.

Bei unserAller entscheiden die Teilnehmer selbst, bei welchen Projekten sie mitmachen möchten oder auch nicht. Sie erhalten im Projektverlauf für die Entwicklung eines Prototyps „Selbermachpäckchen" mit verschiedenen Materialen und Zutaten.

Der Inhalt eines Selbermachpäckchens zur Herstellung einer neuen Senfsorte von unserAller.

Ein Produkt von Anfang an mitentwickeln

Im Projektverlauf stellen die Unternehmen Freiräume zur Verfügung, in deren Grenzen sich die Teilnehmer frei bewegen können. Diese Freiräume entstehen durch Möglichkeiten, Produktionsanlagen flexibel an unterschiedliche Produkte und Produktvarianten anpassen zu können. Bedingt durch ihre Teilnahme, können Unternehmen neue Märkte erschließen. Dabei entscheiden die Unternehmen, welche einzelnen Phasen im Herstellungsprozess über die Crowd abgewickelt werden sollen. Grundsätzlich müssen die Produkte herstellbar sein und zum Unternehmen passen. In der Zusammenarbeit mit unserAller verpflichten sich Unternehmen, den durch die Crowd entwickelten Produktvorschlag herzustellen.

> **Tipp für Kleinunternehmen und gemeinnützige Einrichtungen**
>
> Aktuell entwickelt unserAller eine Crowdsourcing-Applikation speziell für Kleinunternehmen. So wird zum Beispiel auch der Pizzabäcker um die Ecke das an sich recht kostspielige Crowdsourcing-Verfahren möglichst kostengünstig umsetzen können. Für gemeinnützige Einrichtungen soll die Verwendung kostenfrei angeboten werden.

Die Kreativität anregen mit Zutaten, die aus dem Rahmen fallen

Die Selbermachpäckchen enthalten immer etwas, das gar nicht zur Herstellung des Produkts passen kann. Zum Beispiel kann sich eine Knoblauchzehe in einem Päckchen mit Zutaten zur Herstellung eines Schokoriegels finden. Das sei wichtig, sagt Jan Fischer, Mitbegründer von unserAller, denn auf diese Weise wird die Kreativität angeregt. Die Teilnehmer fragen sich, was das soll, und tauschen die Knoblauchzehe gegen etwas anderes aus ihrem eigenen Küchenregal aus.

Unternehmen erhalten tiefe Einblicke in das Konsumentenverhalten

Im Projektverlauf erfahren Unternehmen über die Teilnehmer so einiges darüber, welche Prioritäten Konsumenten setzen. Was ist wichtiger: ein möglichst günstiger Preis oder die Gesundheit? Was ist in Bezug auf das Produkt überhaupt gefühlt gesund? Hier kommen die Teilnehmer bei der Wahl zwischen verschiedenen Süßungsarten zu unterschiedlichen Ergebnissen, die öffentlich diskutiert werden – Ergebnisse, die neben der Erzielung größerer Reichweiten, weiterer Markenbotschafter etc. wichtige Kennzahlen für neue Produktentwicklungen liefern.

Zahlreiche interessante Crowdsourcing-Kampagnen, sowohl national als auch international, finden Sie bei Matias Roskos unter *http://www.socialnetworkstrategien.de/ubersicht-crowdsourcing-projekte*. Lassen Sie sich inspirieren von gänzlich unterschiedlichen Ansätzen.

2. Wie kann ich über das Profil auf meine Unternehmung bei Facebook hinweisen?

Da gerade kleinere Unternehmen und Vereine meist nicht so große Reichweiten haben, lohnt es sich durchaus, das eigene Profil unter den Aspekten der Vermarktung unter die Lupe zu nehmen. Die folgenden Anregungen geben Aufschluss über eine optimale Präsenz Ihres Profils.

Auf der F8-Konferenz stellte Facebook das neue Profil, die Timeline – in Deutschland Chronik genannt – vor. Mit Einführung der Chronik werden weitreichende Änderungen vorgenommen, die gleichermaßen für alle Facebook-Benutzer gelten. Diese Änderungen sind nicht rein optischer Natur, sondern vor allen Dingen im Hinblick auf den neuen Open Graph für Unternehmen äußerst interessant.

In diesem Buch wird die Chronik unter Aspekten für Ihre Marketingmaßnahmen beschrieben. Die Funktionsweise der Chronik an sich im Vergleich zu den bisherigen Profilen finden Sie auf meiner Webseite im Sonderteil unter *http://www.inga-palme.de/timeline-guide.html*.

Grundsatzfrage: Wie öffentlich soll das persönliche Profil sein?

Gerade für Einzelunternehmungen gilt es zunächst erst einmal zu entscheiden, ob und inwieweit Sie beruflich über Ihr Profil wahrgenommen werden möchten. Es ist durchaus legitim, manche Inhalte nur mit bestimmten Freunden zu teilen und das eigene Profil sogar ganz aus der Suchmaske zu entfernen. Überlegen Sie aber gut, inwiefern Privates und Geschäftliches bei Ihnen nicht vielleicht doch beieinanderliegt und sich ein Abschotten von der Außenwelt vielleicht sogar negativ auswirken könnte.

Über die Privatsphäre-Einstellungen im Einzelnen und den Umgang mit der Abonnementfunktion informiere ich Sie ebenfalls im Sonderteil Timeline-Guide auf meiner Webseite unter *http://www.inga-palme.de/timeline-guide.html*.

2.1 Ich zeig dir ein Bild von mir: das Profil- und Coverbild optimal nutzen

Grundsätzlich gilt: Verwenden Sie auf jeden Fall ein Profilbild und verstecken sich nicht. Denn viele Benutzer nehmen Freundschaftsanfragen von Profilen ohne Bild gar nicht erst an, weil sie den Eindruck haben, dass man etwas zu verbergen hat. Verpassen Sie also nicht diese Möglichkeit, auf sich aufmerksam zu machen.

Ihr Profil ist Ihre persönliche Visitenkarte nach außen

Auch wenn Ihr Profil auf Facebook laut Vorgabe rein zur privaten Nutzung gedacht ist, sollten Sie nicht mal eben so irgendein Bild wählen. Denken Sie daran, dass auch Ihr persönliches Profil Ihre Visitenkarte nach außen ist. Gerade als Unternehmer macht sich ein Foto von der letzten großen Party mit Ihnen als Hauptakteur vielleicht nicht so gut. Fragen Sie ruhig auch in Ihrem Umfeld nach, welches Bild Sie am besten wählen sollten. Sie werden erstaunt sein über die Ergebnisse.

Das eigentliche Profilbild wird in der Chronik als Quadrat mit den Maßen 160 x 160 Pixel angezeigt. Fahren Sie mit der Maus über die Fläche und wählen Sie die gewünschte Option, um Ihr Profilbild zu bearbeiten. .Den eigentlichen Clou macht das große Coverbild aus, bietet es allein durch seine Größe viel Gestaltungsspielraum. Die Maße für das Coverbild betragen 851 x 315 Pixel.

> **Sorgen Sie für Ausgewogenheit zwischen beruflicher und privater Darstellung auf Ihrem Profil- und Coverbild**
>
> Achten Sie darauf, dass Ihre Komposition aus Profil- und Coverbild in einem ausgewogenen Verhältnis zu Ihrem gesamten persönlichen Auftritt angezeigt wird. Vermeiden Sie es, nur ein Bild von Ihrer Unternehmung oder gar nur das Logo zu verwenden. Sorgen Sie auf jeden Fall für eine persönliche Note, damit Ihr Profil nicht gegen die Richtlinien von Facebook verstößt.

Hier einige Beispiele für Profil- und Coverbilder, die auch auf die jeweilige Unternehmung hinweisen.

Profil- und Coverbilder, die auf die Tätigkeit des Profilinhabers hinweisen.

Weitere sehr kreative Beispiele finden Sie unter anderem bei mashlab unter *http://mashable.com/2011/09/30/facebook-timeline-cover-photos*.

Bald schon wieder ein neues Layout?

Facebook ist bekannt dafür, laufend Designänderungen durchzuführen. So wird laut einem Artikel von allfacebook.de, *http://allfacebook.de/news/neues-design-der-facebook-timeline-im-test#more-22104*, ein modifiziertes Layout im Kopfbereich der Chronik für Profile getestet. Bei diesem Layout werden einzelne Profilangaben direkt im Titelbild mit angezeigt. Der Bereich ist abgedunkelt, damit die weiße Schrift besser lesbar ist.

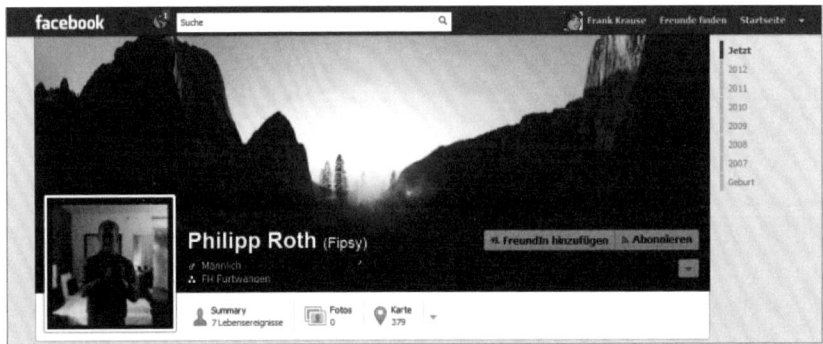

Schon bald ein neues Layout für Profile?

Ob Facebook dieses Layout umsetzen wird oder doch ein anderes, war zum Redaktionsschluss nicht bekannt. Es ist aber so klar, wie die sprichwörtliche Brühe, dass das aktuelle Layout nicht für ewig sein wird.

Ein Fall für den Grafiker – oder lieber selber machen?

Ob Ihr Profil- und Coverbild mit zusätzlicher Gestaltung ein Fall für den Grafiker ist oder ob Sie es selbst umsetzen wollen, hängt von Ihnen ab. Wenn Sie selbst nicht über das technische Know-how zur Gestaltung verfügen, sollten Sie sich alles am einfachsten von einem Grafiker nach Ihren Wünschen gestalten lassen. Alternativ gibt es verschiedene kostenlose Bildbearbeitungsprogramme im Netz, die allerdings in vielen Fällen über recht eingeschränkte Funktionen verfügen.

Verschiedene Onlineanbieter erleichtern Ihnen die Arbeit an Ihrem Profil- und Coverbild

Eine Liste mit 14 verschiedenen Anbietern finden Sie auf der Seite Blogwiese unter *http://blogwiese.de/blog/1762/online-bilder-bearbeiten-14-link tipps*. Ein deutschsprachiges und recht vielfältiges kostenfreies Bildbearbeitungsprogramm online ist picnik (*http://www.picnik.com*).

Lassen Sie Ihrer Kreativität freien Lauf, Sie werden überrascht sein über die Reaktionen Ihres Umfelds. Ändern Sie ruhig hin und wieder Ihr Profil- und Coverbild , denn das erhöht die Aufmerksamkeit.

Wem das lieber ist, der kann auch auf das Coverbild verzichten. Der Kopfbereich der Chronik sieht dann zum Beispiel so aus:

Kopfbereich der Chronik ohne Coverbild.

Für Profis: der Timeline Gui von 909c

Mit dem Timeline Gui (graphical user interface) von 909c (*http://www.face book.com/909c*) lassen sich nicht nur Profil- und Coverbild passgenau anfertigen. Ebenso zeigt der Timeline Gui sämtliche in einer Chronik vorkommenden Inhaltsarten auf.

Der Timeline Gui von 909c.

Den Timeline Gui gibt es als Photoshop-Datei zum kostenlosen Download unter *http://www.blogduwebdesign.com/photoshop/facebook-timeline-gui-psd/534.*

61

Kleiner Exkurs

Benutzen Sie den Timeline Gui auch für Ihre Unternehmensfotos. Sicherlich werden Sie für Ihre Unternehmung auch das eine oder andere Bildmaterial verwenden. Im Gui finden Sie die Maße für die Darstellung von Bildmaterial aus Gefällt mir-Angaben, geteilten Links, Alben und Applikationen. Eine echte Erleichterung, um Bildmaterial auf das richtige Maß zur optimalen Anzeige auf der Chronik der Benutzer zu bringen.

Facebook skaliert Bildermaterial je nach Format völlig unterschiedlich

Einzelne Bilder werden von Facebook je nach Format unterschiedlich dargestellt. Als Grundlage dient das Quadrat mit 403 x 403 Pixel. Also wird von Querformaten die überstehende Breite abgeschnitten, Hochformate als Hochformat angezeigt und quadratische Bilder bis zu einem Maß von 229 x 229 Pixel auf 403 x 403 Pixel hochskaliert. Doch hat sich Facebook in der Darstellung von Bildern noch weitere Besonderheiten ausgedacht. Mehr dazu auf meiner Webseite unter *http://www.inga-palme.de/aktuell/items/die-qual-der-wahl-welches-format-ist-das-beste-fuer-bildmaterial-auf-facebook.html*.

Das viel beachtete Profil von Tim G

Auch wenn es zu den alten Profilen gehört, so hat Tim G wohl eine der besten Kreationen geschaffen, indem er nicht nur sein Gesicht aus einzelnen Teilen zusammengesetzt, sondern außerdem noch ein YouTube-Video mit einem weiteren Ausschnitt seines Gesichts als multimediale Ergänzung in seine Pinnwand integriert hat.

Das multimediale Facebook-Profil von Tim G.

Diese kreative Aufbereitung des eigenen Profils entstand in Kooperation mit der Agentur Stinson (*http://stinsondesign.com*) und ist auf YouTube unter *http://www.youtube.com/watch?v=uxBC6frggp0&feature=related* zu finden.

2.2 Die Qualität Ihrer Freunde auf Facebook

Als Marke ist die Beschäftigung mit der Qualität der Freunde sicherlich nicht von Bedeutung, doch für Einzelunternehmungen und kleinere Vereine durchaus überlegenswert.

Achtung beim Adressbuchabgleich!

Facebook möchte weiter wachsen und bietet Ihnen an, Freunde auf Facebook zu finden oder einzuladen.

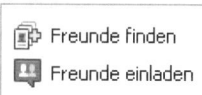

Um Freunde zu finden, wird ein Adressbuchabgleich mit Ihrem E-Mail-Konto vorgeschlagen. Ob Sie diese Funktion nutzen, hängt von Ihren Adressdaten ab. Facebook selbst empfiehlt, nur Kontakte aus Konten, die für den persönlichen Gebrauch eingerichtet wurde, zu importieren. Inwiefern auch Ihre Kunden damit einverstanden sind bzw. ob Sie Ihre Kunden auch als persönliche Kontakte auf Facebook aufnehmen wollen, müssen Sie entscheiden.

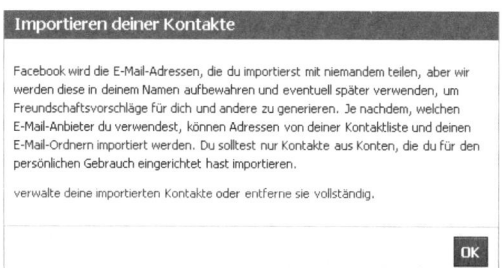

Hinweis von Facebook zum Kontaktimport.

Kontakte, die noch kein Facebook-Profil eingerichtet haben, können nach dem Import von Ihnen eingeladen werden, um sich anzumelden (*http:// www.facebook.com/invite.php*). Laut Facebook können Sie den Einladungsstatus verwalten und einzelne Adressen entfernen (*http://www.face book.com/invite_history.php*). Ansonsten verschickt Facebook in Ihrem Namen eine Einladung und bis zu zwei Erinnerungen. Mit der Option zur Verwaltung von Adressdaten ist Facebook den deutschen Datenschutzbehörden ein Stück weit entgegengekommen.

Der Freundefinder hilft ein wenig

Facebook bietet eigentlich keine Option, Benutzer zielgruppenorientiert aufzuspüren, um Freundschaftsanfragen zu stellen und diese eventuell auch geschäftlich zu nutzen – dies vor dem Hintergrund, dass Profile eigentlich der privaten Nutzung vorbehalten sind und bereits bestehende Freunde über den Adressimport gefunden werden können.

Einzig der Freundefinder (*http://www.facebook.com/find-friends/browser*) bietet eine überschaubare Auswahl an Optionen, über die auf Basis bestimmter Kriterien nach interessanten Kontakten Ausschau gehalten werden kann.

Angebotene Suchkriterien sind:

➢ Heimatstadt

➢ Derzeitiger Wohnort

➢ Schule

➢ Gemeinsame/r FreundIn

➢ Hochschule oder Universität

➢ Arbeitgeber

➢ Zweitstudium

Es handelt sich um Kriterien, die auf persönliche Gemeinsamkeiten schließen lassen. Gemäß Ihren Angaben zeigt Facebook eine Vorauswahl an, Sie können aber auch zum Beispiel eine andere Stadt eintragen. Dies könnte vielleicht hilfreich für eine ortsansässige Unternehmung sein, jedoch gibt der Ort selbst noch keinen Hinweis auf die Interessen des Benutzers. Theoretisch könnte man sich die vorgeschlagenen Profile näher betrachten, hier stellt sich jedoch schnell die Überlegung hinsichtlich Zeitaufwand und Nutzen.

Optionen, nach denen auf Facebook nach anderen Benutzern gesucht werden kann.

Wählen Sie für Ihre Anfragen Benutzer aus, die bereits einige Freunde auf Facebook haben

Benutzer mit nur einer Handvoll Freunden lassen darauf schließen, dass sie sich noch nicht lange auf Facebook befinden. Überlegen Sie es sich gut, bevor Sie solchen Benutzern eine Freundschaftsanfrage schicken. Einige von Ihnen werden sich sicherlich bei Ihnen erkundigen, ob und woher Sie sich kennen. Wenn Sie sehr viele Freundschaftsanfragen auf einmal stellen, wird diese Option in Ihrem Account vorübergehend gesperrt.

Gewöhnen Sie sich bei Freundschaftsanfragen an, eine persönliche Nachricht zu hinterlassen. Bedenken Sie hierbei aber, dass eine direkte Werbung gemäß unserer Gesetzgebung eigentlich nicht erlaubt ist. Manche Benutzer hinterlassen auf den Pinnwänden neu gewonnener Freunde einen Beitrag mit einem Hinweis auf ihre eigene Unternehmung.

Beitrag eines Benutzers kurz nach Annahme der Freundschaftsanfrage.

Ich selbst nutze diese Option nicht, weil mir ein derartiges Vorgehen einfach nicht liegt. Es obliegt daher jedem selbst, ob man Eigenwerbung auf der Pinnwand von Freunden publizieren möchte oder nicht.

2.3 Freunde in sinnvolle Listen aufteilen

Durchaus empfehlenswert ist es, sich mit der Listenfunktion etwas näher zu beschäftigen. Anhand der Angaben in Ihrem Profil stellt Facebook verschiedene Listen vordefiniert zur Verfügung. Unter den sogenannten intelligenten Listen sind es unter anderem die Listen Enge Freunde, Bekannte und Eingeschränkt. Zusätzlich können Sie eigene Listen anlegen und diese individuell auf Ihre Bedürfnisse abstimmen.

> **Legen Sie nicht zu viele eigene Listen an**
>
> Wenn Sie später Gäste für Ihre Veranstaltung einladen möchten, werden Ihnen in der Auswahlmaske nur bis zu zehn Listen angezeigt Darunter sind einige Listen, die von Facebook vorgegeben werden, wodurch sich die Anzeige von eigenen Listen in der Einladungsmaske verringert.

Zum Beispiel sind Listen sehr gut geeignet, um gezielt Inhalte von bestimmten Personen oder Seiten zu eigenen Interessensgebieten zu erfassen. So habe ich eine Liste mit Seiten von Kollegen aus meiner Branche angelegt und bin dadurch laufend gut informiert. Teils bediene ich mich der Inhalte und teile sie mit meiner Facebook-Seite, wodurch ich weitere Aufmerksamkeit erziele.

Seiten in Listen zuordnen.

Wer befindet sich in der Nähe Ihres örtlichen Geschäfts?

Oder Sie haben ein örtliches Geschäft und möchten Ihre Freunde darauf aufmerksam machen. Auch in diesem Fall eignet sich eine Sortierung Ihrer Freunde in Listen, denn es wird in der Regel wohl kaum jemand mehrere Hundert Kilometer anreisen, um ein derartiges Sonderangebot wahrzunehmen. Für den Fall, dass Sie eine internationale Freundesliste aufbauen, ist eine Kategorisierung in unterschiedliche Sprachen für spätere Aktionen hilfreich. Einmal angelegte Listen können jederzeit umbenannt und auch gelöscht werden. Ebenso können alle Freunde jederzeit den unterschiedlichen Listen zugeordnet werden.

Sie können bis zu 100 verschiedene Freundeslisten anlegen. Eine Freundesliste kann bis zu 1.000 Freunde haben.

Nutzen Sie die Freundeslisten für Ihre Maßnahmen

Unter Konto und Freunde bearbeiten gelangen Sie zur Hauptansicht mit Ihren Freunden (*http://www.facebook.com/friends/edit*). Hier können Sie bequem weitere Listen erstellen und Ihre Freunde den passenden Listen zuordnen.

Ist es beim Freundefinder nicht möglich, nach Interessen Ausschau zu halten und zu katalogisieren, können Sie dies bei Ihren bestehenden Freunden tun, indem Sie nach deren Interessen suchen. Bei der Eingabe von Avatar, wie im nachstehenden Beispiel gezeigt, bietet Facebook eine Auswahl an. In diesem Beispiel werden 90 Freunde angezeigt, die Avatar – Aufbruch Nach Pandora als Interesse in ihrem Profil angegeben haben.

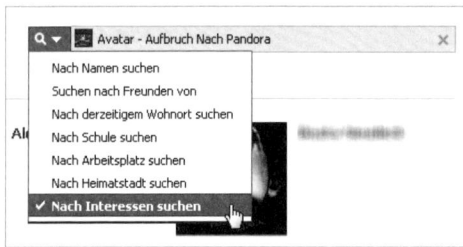

Freunde nach Interessen in Listen anlegen.

Einer neuen Liste, beispielsweise unter dem Namen Pandora, könnten somit 90 qualifizierte Freunde hinzugefügt werden. Bevor Sie sich allerdings jetzt zu früh freuen: Die Suchfunktion nach Interessen ist recht rudimentär gehalten. Zwar werden in der Vorschau Begriffe wie Versicherung, Steuerberater etc. auch angezeigt, sie liefern aber keine Ergebnisse. Wenn Sie allerdings vorhaben, über einen Star, dessen Fan Sie sind, eine engere Bindung zu Ihren Freunden mit dem gleichen Interesse aufzubauen und diese dann wiederum auf ihre Unternehmung aufmerksam machen, könnten sich auf Interessen basierende Listen lohnen. Ich schreibe an dieser Stelle bewusst „könnte".

2.4 Liefern Sie interessante Inhalte für Ihre Freunde

Beim Verfassen von Statusmeldungen sollten Sie immer berücksichtigen, ob und welchen Mehrwert Ihre Informationen für andere haben. Denken Sie daran, dass Sie es sicherlich auch nicht spektakulär finden, wenn Sie erfahren, dass Ihr Freund XY sich gerade am Ort Z aufhält. Oder Ihnen mitteilt, dass gerade das Frühstücksei verspeist wurde. Womit können Sie also punkten? Ganz einfach: Teilen Sie die für Sie interessanten Inhalte Ihrer Freunde mit Ihren eigenen Freunden. Oder teilen Sie Inhalte, die Sie im Netz zu einem Thema entdeckt haben und die Sie für lesenswert halten. Machen Sie auch ruhig mal Werbung für andere.

Empfehlung auf meiner Pinnwand für eine tolle Anwendung

Oder berichten Sie in Ihrem Profil über ein besonderes Highlight in Ihrer Unternehmung, als Beispiel dafür sehen Sie hier den Eintrag zu meiner zweiten Firma YouCan Trust UG, die individuelle Förderprogramme für Jugendliche entwickelt.

Beitrag zur Teilnahme am Focus Wettbewerb.

Lassen Sie Ihre Freunde an Ihren Erlebnissen teilhaben, die Sie beschäftigen, die durchaus auch einen Bezug zu Ihrer Unternehmung herstellen können. Vermeiden Sie es aber, ausschließlich über ihre Tätigkeiten zu berichten. Denn Ihr Profil entspricht dann nicht mehr den Vorgaben von Facebook, weil es vornehmlich beruflich genutzt wird.

Profile umwandeln, die eigentlich Seiten sind

In der Vergangenheit haben gerade Künstler oftmals irrtümlich ein Profil statt einer Seite angelegt – dies meist aus Unwissenheit. Doch es gibt auch zahlreiche Profile aus den verschiedensten Branchen, die überhaupt nicht als privates Profil genutzt werden. Sollten Sie zu diesen gehören, empfiehlt es sich auf jeden Fall, das Profil in eine Seite umzuwandeln (*https://www.facebook.com/pages/create.php?migrate*), um einer möglichen Sperrung vorzubeugen. Allerdings werden nur das Profilbild und Ihre Freunde übertragen, indem sie in Fans umgewandelt werden. Inhalte gehen verloren.

Werden Sie zur Gewohnheit für Ihre Freunde!

Wir Menschen mögen Gewohnheiten. Das fängt morgens beim Kaffee an und hört abends auf beim Lesen eines Buchs. Wir wissen, wann der Postbote kommt, und sehen uns um acht die Nachrichten an. Auch Sie können mit Ihrem Profil zur Gewohnheit für Ihre Freunde werden.

Aaron Hönicke (*http://www.facebook.com/aaron.hoenicke*) hat das Thema Gewohnheit zur Perfektion gebracht. Am 2. September 2009 postete der

Fotograf ein Bild mit seinem Morgenkaffee in sein Profil. Was zunächst als reine Spielerei gedacht war, entpuppte sich im Laufe der Zeit als einzigartiges Marketing.

Denn nahezu täglich postete er danach den Morgenkaffee in seinem Profil bei Facebook. Und jetzt, diverse Monate später und rund 400 lebendige Kaffeetassenbilder weiter kann Aaron Hönicke laut eigener Aussage auf viele neu gewonnene und interessante Freunde sowie Neukunden zurückgreifen.

Der erste Kaffee aus der Serie „... der Kaffee lebt :)".

Impressionen der zweiten Galerie von Aaron Hönicke.

Dabei werden seine Freunde nicht müde, die Fotos ausgiebig zu kommentieren, und es kommen stets neue dazu. Eine geniale Idee, zwar mit täglichem, doch überschaubarem Aufwand. Und ein tolles Beispiel für die optimale Nutzung des eigenen Profils. Erst gut zwei Jahre später richtete Aaron Hönicke auch eine Facebook-Seite ein unter *http://www.derkaffeelebt.de.*

Dieses kreative Beispiel zeigt auf, dass sich inhaltliche Kontinuität zu einem Thema durchaus lohnt. Folgende Beispiele als Anregung:

➢ Blume des Tages mit einem kleinen Gedicht für ein Blumengeschäft.

➢ Ein netter Gutenmorgengruß mit einem Bild. Eine einfache Option, die oft genutzt wird, auch interessanterweise gut ankommt und für jeden geeignet ist.

➢ Erklärung der Herkunft von sprachlichen Redewendungen wie etwas die Erläuterung zu „jemandem einen Bären aufbinden". Geeignet für Textwerkstätten.

➢ Die Frage des Tages, zum Beispiel was für uns Freundschaft bedeutet. Geeignet für Coaches.

2.5 Weitere Optionen, qualitative Facebook-Freunde zu finden und zu pflegen

Je mehr Sie sich mit Facebook auch beruflich beschäftigen, umso mehr werden Sie in Ihrem Umfeld sicherlich auch darüber kommunizieren. Bereiten Sie Ihr Profil optimal auf, um Interesse zu wecken. Gerade wenn Sie im richtigen Leben auf interessante Gesprächspartner stoßen, sollten diese nicht in einer völlig anderen Welt landen und sich schlimmstenfalls durch Ihr Profil sogar wieder abwenden.

Kontaktanfragen auf Facebook nach Businesstreffen nutzen

Sicherlich besuchen Sie auch das eine oder andere geschäftliche Treffen, um neue potenzielle Kontakte zu knüpfen. Und immer häufiger kommt es vor, dass diese im Anschluss eine Freundschaftsanfrage auf Facebook stellen. Spätestens jetzt wäre es schade, wenn Ihr Profil lediglich Banalitäten aufweist und sich Ihr neu gewonnener Kontakt enttäuscht wieder zurückzieht. Nutzen Sie also die Chancen, die Ihnen Facebook zur persönlichen Bindung mit anderen bietet. Es versteht sich von selbst, dass Sie auch selbst Freundschaftsanfragen zu einmal generierten Kontakten stellen sollten.

Bauen Sie direkt eine persönliche Bindung mit Ihrem neu gewonnenen Freund auf!

Energie, die einmal vorhanden ist, sollte schnellstmöglich genutzt werden, damit sie nicht wieder verpufft. Nutzen Sie folgende Anregungen, um Ihre neu gewonnenen Freunde an Sie zu binden:

➢ Stellen Sie Fragen zu einem gemeinsamen Thema.

➢ Schlagen Sie Gruppen und Seiten vor, die vielleicht für Ihre neuen Freunde interessant sein können.

➢ Bitten Sie um Hilfestellung zu einer aktuellen Aufgabe.

➢ Zeigen Sie ehrliches Interesse für die Angebote des anderen.

Der Aufbau und die Pflege von Kontakten ist von jeher ein absolutes Muss, um geschäftlich erfolgreich zu sein.

Und gerade bei Facebook spielt sich vieles direkt auf persönlicher Ebene ab. Doch übertreiben Sie es nicht mit der Pflege Ihres persönlichen Profils mit Inhalten und der Pflege Ihrer Freunde. Sorgen Sie für ein ausgewogenes Verhältnis und legen Sie Ihr Hauptaugenmerk auf Ihre Facebook-Seite. Denken Sie an Ihr Zeitmanagement und Ihre eigentlichen Prioritäten und Ziele, die Sie sich gesteckt haben. Ihr Profil kann und soll bei Ihren Maßnahmen lediglich unterstützend wirken.

Den eigenen Geburtstag optimal nutzen

Den eigenen Geburtstag müssen Sie nicht unbedingt auf Facebook veröffentlichen, doch entgeht Ihnen dann so manche Gelegenheit auf interessante Gesprächspartner. Viele Benutzer auf Facebook haben es sich zur Gewohnheit gemacht, zu gratulieren, indem sie einen Eintrag auf dem Profil hinterlassen oder eine Nachricht ins Postfach versenden.

Seien Sie nett und antworten Sie allen Gratulanten

Nehmen Sie sich die Zeit und beantworten Sie alle Nachrichten. Oder noch besser: Schauen Sie sich die Profile der Gratulanten an. Sie werden sicherlich Informationen finden, über die Sie ins Gespräch kommen können, um so auch zu einem späteren Zeitpunkt auf Ihre Unternehmung aufmerksam machen zu können.

Die meisten Freunde besuchen Ihr Profil an Ihrem Geburtstag

Facebook ist eine ideale Plattform, um persönliche Kontakte aufzubauen, und zu pflegen. Und bedenken Sie: Wie kaum an einem anderen Tag im Jahr nehmen sich so viele Menschen die Zeit, um Ihr Profil zu besuchen.

Nutzen Sie diesen Effekt und präsentieren Sie sich von Ihrer besten Seite. Kommen Sie mit diesen Menschen ins Gespräch und bauen Sie so Ihre Beziehungen weiter aus.

Wie viel Zeit Sie verwenden, bleibt Ihnen überlassen. Doch ist dies sicherlich eine von vielen Möglichkeiten, nachhaltig auf sich aufmerksam zu machen und Facebook-Freundschaften zu pflegen.

3. Wie kann ich eine Facebook-Gruppe für mein Unternehmen nutzen?

Der Mensch als soziales Wesen schließt sich gern Interessengemeinschaften an, um sich dort mit Gleichgesinnten auszutauschen. Die Gruppenfunktion auf Facebook eignet sich hervorragend zur Nutzung dieses Effekts.

Der Vorteil einer Gruppe liegt auf der Hand: Der gemeinschaftliche Austausch zu einem bestimmten Thema schafft enorme Bindung.

Mit wenigen Klicks zur eigenen Gruppe

+ Gruppe gründen

Eine Gruppe mit wenigen Klicks gründen.

Das Gründen einer Gruppe ist denkbar einfach. Über den Link *http://www.facebook.com/bookmarks/groups* gelangen Sie zu der Schaltfläche *Gruppe gründen*.

In der folgenden Ansicht tragen Sie den Gruppennamen ein, fügen die ersten Mitglieder hinzu und wählen zwischen offener, geschlossener und geheimer Gruppe die für Sie richtige Gruppenart aus. Fertig ist Ihre Gruppe!

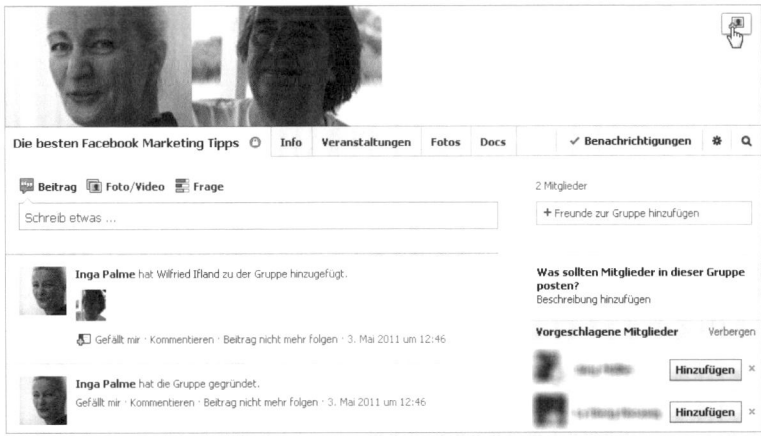

Ansicht der neu erstellten Gruppe.

Name und Gruppenart können Sie später jederzeit auch wieder ändern. Ebenso lässt sich ein eigenes Profilbild für Ihre Gruppe hochladen. Die Maße betragen 796 Pixel in der Breite und 248 Pixel in der Höhe Ansonsten trifft Facebook selbst eine Auswahl an Profilbildern von Gruppenmitgliedern, die in der Kopfleiste angezeigt werden.

3.1 Die Funktionalität von Gruppen verstehen

Facebook erlaubt es, die eigenen Freunde einer Gruppe hinzuzufügen. Das stößt jedoch nicht immer auf Gegenliebe. Um negative Reaktionen zu vermeiden, ist es daher ratsam, vorab eine Mitteilung über die Nachrichtenfunktion an potenzielle Mitglieder zu schicken oder einen Beitrag auf der Pinnwand Ihrer Facebook-Seite mit einem Hinweis über Ihre Gruppe zu hinterlassen. Wenn Sie nicht möchten, dass Ihre Gruppenmitglieder ebenfalls neue Mitglieder hinzufügen, können Sie dies über *Gruppe bearbeiten* entsprechend einstellen.

Über Gruppe bearbeiten verwalten Sie die Einstellungen in Ihrer Gruppe.

Die verschiedenen Gruppenarten und ihre Unterschiede berücksichtigen

Facebook bietet drei Arten von Gruppen an: die offenen, die geschlossenen und die geheimen Gruppen. Bei den offenen und den geschlossenen Gruppen kann ein Beitritt beantragt werden. Geheime Gruppen erscheinen nicht in den Suchergebnissen, und ein Beitrittsgesuch kann nicht gestellt werden. Diesen Gruppen kann man nur durch das Hinzufügen eines bestehenden Mitglieds beitreten.

➢ **Offene Gruppe:** Jeder kann die Gruppe, ihre Mitglieder und ihre Inhalte sehen.

➢ **Geschlossene Gruppe:** Jeder kann die Gruppe und ihre Mitglieder sehen. Nur Mitglieder können die Beiträge sehen.

➢ **Geheime Gruppe:** Nur Mitglieder sehen die Gruppe, ihre Mitglieder und die Beiträge der Mitglieder.

Eine einmal gewählte Gruppenart kann jederzeit wieder geändert werden. Das Gleiche gilt für den Gruppennamen. Auch können Sie für Ihre Gruppe eine eigene E-Mail-Adresse anlegen. Über diese Adresse können alle Mitglieder Nachrichten direkt an die Gruppe versenden. Eine einmal angelegte E-Mail-Adresse lässt sich später allerdings nicht mehr ändern.

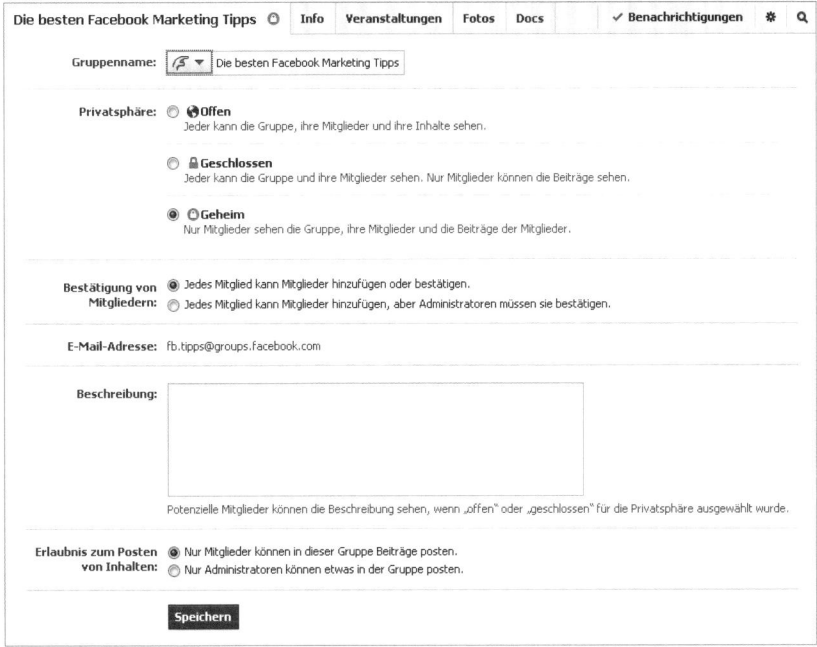

Die Bearbeitungsmaske Ihrer Gruppe.

Wählen Sie, ob jedes andere Gruppenmitglied weitere Mitglieder hinzufügen darf, und entscheiden Sie, ob nur Administratoren oder alle Gruppenmitglieder innerhalb der Gruppe posten dürfen.

Welche Gruppenart Sie letztendlich wählen, hängt von Ihrem Vorhaben ab. Angenommen, Sie betreiben einen Zoohandel mit Zubehör aller Art und gründen eine Gruppe mit dem Thema Katzen. In diesem Fall eignet sich sicherlich eine offene Gruppe. Denn gerade Tierliebhaber tauschen sich gern über ihre Lieblinge aus. Für Seminare und Projektarbeiten eignen sich geheime Gruppen. Wer die Mitglieder öffentlich bekannt geben möchte, z. B. ein Verein, kann auch die geschlossene Gruppe wählen. Die Beiträge können weiterhin nur von Mitgliedern eingesehen werden.

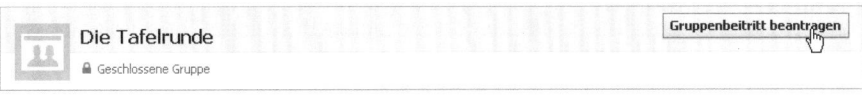

Interessierte Benutzer können ihren Beitritt in neue Gruppen beantragen.

75

Administratoren und, falls freigegeben, Mitglieder einer Gruppe können ihre Freunde hinzufügen, ohne diese vorher zu fragen. Dies führt immer noch zu Verärgerung bei zahlreichen Nutzern, eben, weil sie nicht einfach ungefragt in Gruppen hinzugefügt werden möchten.

Gehen Sie also wohlüberlegt mit dem Hinzufügen neuer Mitglieder in Ihre Gruppe um und setzen Sie auch andere Kommunikationswege ein, um auf Ihre Gruppe aufmerksam zu machen.

Gruppennachrichten: Bieten Sie Service von Anfang an

Ein wesentlicher Aspekt von Gruppen ist, dass in der Voreinstellung alle Gruppenmitglieder automatisch eine Nachricht in ihrem Postfach finden, sobald ein Mitglied einen neuen Beitrag in der Gruppe hinterlassen hat.

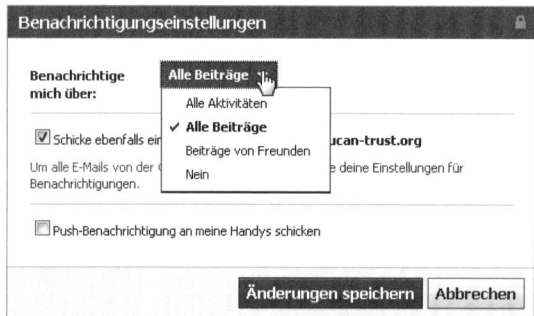

Gruppenmitglieder können Benachrichtigungen individuell einstellen.

Bieten Sie Ihren Gruppenmitgliedern trotzdem an, dass sie die Gruppennachrichten abbestellen können. Denn manch ein Benutzer fühlt sich dadurch belästigt, und es wäre schade, wenn ein einmal gewonnener Kontakt durch mangelnde Kenntnis wieder verloren ginge. Zeigen Sie Ihren Gruppenmitgliedern auch, wie sie Ihre Gruppe immer auf der eigenen Startseite angezeigt bekommen. Mit diesen Hilfestellungen bieten Sie Service von Anfang an und zeigen auf, dass Sie um Ihre Klientel bemüht sind. Hinterlassen Sie so einen positiven Eindruck.

3.2 Welches Gruppenthema passt zu meinem Vorhaben?

Gruppen stellen eine Art geschützten Raum dar, in dem ein themenspezifischer Austausch stattfindet. Überlegen Sie sich gut, welche Thematik sich auf Dauer lohnt, um in Ihre Unternehmenskommunikation mit einzufließen. Vorteilhaft ist es, einen Bezug zur Ihrem Unternehmen, Ihrem Verein herzustellen.

Angenommen, Sie betreiben eine Buchhandlung, dann könnte sich Ihre Gruppe mit dem Thema Krimi befassen. Laden Sie Ihre Klientel in die Gruppe ein und diskutieren Sie dort über dieses spannende Thema. Animieren Sie Ihre Mitglieder dazu, über ihre Lieblingskrimis zu berichten. Laden Sie sie dazu ein, Fotos über ihre Lieblingsleseecke hochzuladen.

Bücher als Gruppenthema – ein Beispiel

Ein schönes Beispiel ist die Gruppe *Mit Büchern wohnen ... Living with books* (*http://www.facebook.com/groups/109122522458688*). Gründer der Gruppe ist Paul Remmel, geschäftsführender Inhaber des Bernstein Verlags Gebr. Remmel. In dieser Gruppe zeigen sich die Gruppenmitglieder untereinander ihr Leben mit Büchern und laden dazu passende Bilder hoch. Im Laufe der Zeit ist so eine bunt gewürfelte Galerie entstanden, die sich ausschließlich mit Büchern befasst.

Fotogalerie der Gruppe Mit Büchern wohnen ... Living with books.

Die eigene Begeisterung führte zur Gründung der Gruppe

Paul Remmel hat die Gruppe im Frühjahr 2010 gegründet. Die Idee kam ihm, weil er es schon immer hochinteressant fand, wie sich Menschen mit ihren Büchern umgehen – eben wie sie mit ihnen wohnen, ja leben! Die Idee ist das optische Präsentieren der verschiedenen Möglichkeiten, mit Büchern zu leben. Sieht man sich die zahlreichen Fotos an, ahnt man, dass diese Möglichkeiten unerschöpflich scheinen. Über den Zuwachs der Gruppe in relativ kurzer Zeit mit gut 2.200 Mitgliedern freut er sich sehr und hat sich laut eigener Aussage auch gewundert. Anscheinend handelt es sich um einen sensiblen Bereich, der für viele Menschen eine große Bedeutung hat.

Lässt sich ein messbares Ergebnis feststellen?

Der Mehrwert für den Verlag besteht in den Kontakten, die sich über die in der Regel stattfindende Gruppenkommunikation ergibt. In absoluten Zahlen lässt sich das nicht ausdrücken. Paul Remmel kann aber sagen, dass einige Kundenkontakte nicht zustande gekommen wären, gäbe es die Gruppe nicht.

Das Beispiel zeigt auf, wie die eigene Begeisterung für ein Thema andere motiviert, sich einzubringen. Und dass, ohne viel Aufwand betreiben zu müssen. Auch wenn sich die Ergebnisse nicht in direkten Zahlen messen lassen, so schafft eine derartige Gruppe sicherlich Aufmerksamkeit und ein positives Image. Diese Gruppe ist übrigens eine offene Gruppe nach dem klassischen Format.

Als Club betrachtet, bieten Gruppen zahlreiche Möglichkeiten zur Themenfindung

Ein Beispiel: Sie betreiben einen Golfclub als Unternehmen und bieten Ihren Mitgliedern lebhaften Austausch über Ihre Gruppe. Sie und Ihre Mitglieder können Fotos platzieren, ohne dass diese in aller Öffentlichkeit gezeigt werden. Mitglieder erzählen über ihr Handicap und verabreden sich zum gemeinsamen Golfen. Ihre Gruppe fungiert also als moderne Clubzeitung mit tagesaktuellen Informationen für ihre Mitglieder. Gleichzeitig erhalten alle Mitglieder alle neuen Beiträge in ihr Mailpostfach, sofern sie das in den Einstellungen, wie eingangs beschrieben, nicht abgestellt haben. Inhalte, die bislang von Mitgliedern des Golfclubs auf der Internetpräsenz eingetragen und nur zum Teil wahrgenommen wurden, können nunmehr von allen gleichermaßen erfasst werden.

Exemplarische Vorschläge für Gruppenthemen

Branche	Gruppenart	Themenvorschlag
Autos – Händler, Service, Reparatur	offen	Oldtimer, Sportwagen oder dergleichen
Zoohandlung	offen	Bilder: Hund, Katze, Maus & Co.
Schulung und Seminare	geschlossen oder geheim	Onlinekurs
Gemeinnütziger Verein	geschlossen oder geheim	Aktuelles aus dem Verein
Leben und Wohnen	offen	Mein Lieblingsplatz – Haus, Wohnung oder Garten
Reisebüro	offen	Mein Urlaub

Gerade offene Gruppen eignen sich also ideal, um Ihrer Klientel einen Austausch zu ermöglichen. Wie im Beispiel *Mit Büchern wohnen ... Living with books* dargestellt, finden sich Interessierte in Ihrer Gruppe zusammen, um sich dort zu einem speziellen Thema auszutauschen. Hier liegt vor allem der Vorteil darin begründet, dass Gruppenmitglieder im Gegensatz zu Seiten über neue Inhalte benachrichtigt werden, sofern sie diese Möglichkeit nicht abgestellt haben.

Bieten Sie Ihren Gruppenmitgliedern Exklusivität

Zeigen Sie Ihren Gruppenmitgliedern auf, dass es etwas Besonderes ist, Mitglied in der Gruppe zu sein. Stellen Sie besondere Informationen nur für Mitglieder der Gruppe ein. Das schafft Exklusivität und wird alle Beteiligten noch enger an Sie und Ihre Unternehmung binden. Einrichtungen wie Tennis-, Golf-, Oldtimerclub etc. sind von der Natur der Sache her bereits exklusiv. Ein zusätzliches Angebot für diese Klientel in Form einer geheimen Gruppe wird sich sicherlich positiv im Hinblick auf die Modernität Ihrer Institution auswirken.

3.3 Möglichkeiten zur Kundenbindung in einer Facebook-Gruppe einsetzen

Im Onlinebildungsbereich lassen sich Kommunikation und Aufgabenstellungen optimal über eine geheime Gruppe steuern. Platzieren Sie bequem die neue Wochenaufgabe und diskutieren Sie darüber mit ihren Mitgliedern. Der Vorteil: Die Themen werden zentral verwaltet und sind für alle Gruppenmitglieder gleichermaßen abrufbar.

Ihre Teilnehmer, bereits Benutzer bei Facebook, werden es Ihnen danken, dass sie sich nicht an den Umgang mit neuer Software gewöhnen müssen, da ihnen die Facebook-Umgebung bereits vertraut ist. Gleichermaßen können Sie hier bequem auf weitere Inhalte passend zum Thema hinweisen und auch die Gruppenmitglieder dazu auffordern.

Spanisch lernen in der Gruppe

Die Sprachschule La Hora Latina bietet zwei Facebook-Gruppen für Spanisch A1 und Spanisch A2 Die Mitglieder erhalten wöchentliche Übungen und Aufgabenstellungen, die es zu lösen gilt. Außerdem tauschen sich die Mitglieder in spanischer Sprache aus, stellen Fragen und lernen so zusätzlich über Facebook, sich in dieser für sie ungewohnten Sprache zu bewegen. Auch die Gruppenchatfunktion wird regelmäßig zu festen Zeiten genutzt.

Die Vorteile auf einen Blick:

➢ Gruppenmitglieder treffen sich an einem zentralen Ort.

➢ Inhalte werden nicht dezentral in ein Mailpostfach versandt, sondern zentral über die Gruppe verwaltet.

➢ Das Feedback durch Mitgliedsbeiträge in der Gruppe ist für alle einsehbar und kann diskutiert werden.

Was auf den ersten Blick vielleicht nicht als direktes Marketing zu verstehen ist, kann sich dennoch äußerst positiv auf Ihr Unternehmen auswirken. Während sich Ihre Gruppenteilnehmer mit den Inhalten beschäftigen, tauschen sie sich parallel auch mit anderen Freunden aus. Auf die Frage, was man gerade macht, geben Ihre Teilnehmer/-innen bereitwillig Auskunft über Ihr tolles Kursangebot. Und schon werden Sie weiterempfohlen.

Ohne viel Aufwand können Sie in Gruppen zwei Fliegen mit einer Klappe schlagen: Facebook aktiv in Ihre Arbeitsprozesse einbinden und gleichzeitig von den Empfehlungen durch Ihre Gruppenmitglieder profitieren.

Die einzelnen Reiter im Überblick

➢ Über *Info* gelangen Sie zur Gruppenbeschreibung (falls eingetragen) sowie zu Ansicht der Gruppenmitglieder. Ebenso wird die Gruppenmailadresse angeführt, sofern sie eingetragen wurde.

➢ Über den Reiter *Veranstaltungen* erstellen Sie Ihre Gruppenveranstaltung.

➢ Unter *Fotos* legt Facebook alle einzelnen Fotos und Alben ab, die Mitglieder in die Gruppe posten.

➢ Bei *Docs* legen Sie fixe Inhalte über Dokumente ab. Dokumente können von jedem Gruppenmitglied bearbeitet werden. Auch bietet Facebook Ihnen die Option, bereits fertige Dokument in Gruppen hochzuladen. Klicken Sie dazu auf das +-Zeichen, nachdem Sie den Reiter *Dateien* aufgerufen haben.

➢ Unter *Benachrichtigungen* stellen Sie ein, ob und welche Gruppennachrichten Sie erhalten möchten.

➤ Über das Zahnrad lässt sich ein Gruppenchat eröffnen, eine Veranstaltung erstellen, die Gruppe bearbeiten oder melden, und die Gruppe kann verlassen werden. Vereinbaren Sie zum Beispiel regelmäßig feste Termine für einen Gruppenchat, um einen direkten Austausch unter den Gruppenmitgliedern zu ermöglichen.

Gruppenchat ja oder nein

Sobald Sie eine Gruppe aufrufen, öffnet sich am unteren Bildschirm das Chatfenster der jeweiligen Gruppe.

Falls Sie oder Ihre Gruppenmitglieder sich nicht am Gruppenchat beteiligen möchten, lässt sich dieser über das Zahnrad im Chatfenster ganz einfach abstellen.

3.4 Beispiele aus der Praxis

Facebook bietet mit Gruppen die Grundlage für die Umsetzung unterschiedlichster Vorhaben. Hier einige Beispiele.

Leben retten mit Blutgruppen-Gruppen auf Facebook

Das israelische Traumacenter NATAL hatte die einfallsreiche Idee, für alle acht Blutgruppen eine eigene Gruppe auf Facebook einzurichten. Hier melden sich Benutzer als Mitglieder mit der jeweils passenden Blutgruppe an. Wenn Blut einer bestimmten Blutgruppe gesucht wird, werden alle Mitglieder über die Gruppennachricht informiert. Dies war für die Initiatoren der ausschlaggebende Punkt, keine Seiten, sondern einzelne Gruppen anzulegen.

Turning Like into Life

Über die Facebook-Gruppen kann auf diese Weise ein neues Bewusstsein zum Thema Blutspenden entstehen. Auf YouTube wirbt NATAL mit dem Slogan *Facebook Blood Groups – Turning like into life*.

Die Idee fand sehr großen Anklang, sodass in vielen Medien darüber berichtet wurde. Auch Werbeträger, zum Beispiel Bierdeckel, werden kostenlos zur Verfügung gestellt. Über die Gruppen auf Facebook wurden bereits Leben gerettet, indem die passenden Spender zielgruppengerecht über die Gruppennachricht erreicht werden konnten. In manchen Fällen fanden sich so innerhalb weniger Stunden die passenden Blutspender.

Imagefilm der Kampagne auf YouTube unter http://www.youtube.com/
watch?v=5XKNYs2N3R0&feature=player_embedded.

Ein wirkungsvolles Konzept, das vielleicht auch in anderen Regionen zur Nachahmung anregt und für dieses wichtige Thema sensibilisiert.

Kundenbindung im Golfclub Grevenmühle durch eine Facebook-Gruppe

Für die Mitglieder des Golfclubs Grevenmühle wurde zusätzlich zur Facebook-Seite *http://www.facebook.com/grevenmuehle* eine geschlossene Gruppe eingerichtet, um eher interne Informationen verbreiten zu können und die Dienstleistung für die Mitglieder zu erhöhen – zum Beispiel um eine Info zu posten, wenn bei einem Turnier, an dem nur Clubmitglieder teilnehmen können, noch Plätze frei sind.

Nachdem ein erstes Clubmitglied eingeladen wurde, hat dieses weitere Mitglieder eingeladen und diese wiederum andere. Die Gruppe entwickelte sich im Laufe der Zeit zu einem Zusammenschluss, der nicht von oben gesteuert wird, lediglich die Mitgliedschaft im Golfclub wird von den Administratoren überwacht.

Profilbild des Golfclubs Grevenmühle.

Mitglieder werden automatisch über Neuigkeiten informiert

Die Gruppe ist ein gutes Forum, um Spielergebnisse von Mannschaftsspielen oder auch von der neuen Jugendclubmeisterschaft zu verbreiten. Diese Ergebnisse kann man natürlich im Internet nachlesen, aber auf Listen, die die Ergebnisse aller Clubs darstellen, das erschließt sich nicht unbedingt jedem. Ein freudiges Ergebnis wie „Wir haben den 2. Platz gemacht, und unser bestes Ergebnis war eine 80ger-Runde" versteht jeder Golfer. Per Mail kommen Gruppeneinträge automatisch zu den Mitgliedern nach Hause, und sie erfahren, wie die Jugend gespielt hat.

Die Gruppe wird vor allem für den Nachwuchs als sinnvolle Kundenbindung betrachtet

Im Sinne der Kundenbindung hält der Golfclub Grevenmühle Facebook-Gruppen als ein weiteres Angebot zusätzlich zu einer Facebook-Präsenz für durchaus relevant. Gerade im Sport gilt es, vor allem die Jugend an den Verein zu binden, auch über das Ende der Schulzeit hinaus. Dieser Weg ist bidirektional – wenn die Erwachsenen die Jugend nicht kennt, ist es schwer, diese an den Club zu binden. Wie kann man sich andere besser vorstellen als über Sportergebnisse?

Zudem ist die Grevenmühle ein Golfclub mit einem enorm hohen Anteil an Jungsenioren (zwischen 30 und 50). Diese Altersgruppen empfinden Kommunikation via Facebook zunehmend als normal, sodass eine Facebook-Präsenz und vor allem auch eine Gruppe zu einem Must-have eines modernen Golfclubs werden wird.

4. Die Facebook-Seite: der Dreh- und Angelpunkt für Ihre Aktivitäten

Eine Seite stellt das Herzstück der Selbstdarstellung und Kommunikation für Unternehmen auf Facebook dar. Sie ist unabdingbar für Ihr Marketing auf Facebook. Gemäß den Nutzungsbedingungen von Facebook lautet die Definition einer Seite auf Facebook wie folgt:

„Seiten sind spezielle Profile, die nur zur Werbung für Unternehmen oder andere kommerzielle, politische sowie wohltätige Organisationen oder Anstrengungen (einschließlich gemeinnütziger Organisationen, politischer Kampagnen, Bands und bekannter Persönlichkeiten) verwendet werden dürfen."

4.1 Der erste Schritt: das Anlegen einer Seite auf Facebook

Über den Link *http://facebook.com* gelangen Sie direkt zur Anmeldemaske von Facebook. Über diese Anmeldemaske lassen sich sowohl ein Profil als auch eine Seite anlegen. Facebook erlaubt es, eine Seite auch ohne Profil zu erstellen. In diesem Fall erhalten Sie ein Unternehmenskonto und haben dann unter anderem keine Möglichkeit, Anwendungen für Ihre Seite zu installieren.

Auf Anwendungen kann nur als Profil zugegriffen werden.

Sollten Sie also eine Anwendung für Ihr Impressum hinzufügen wollen, müssten Sie diese selbst programmieren. Über ein privates Profil bietet Facebook Ihnen auch die Option, kostenfreie Anwendungen für ein Impressum auf Ihrer Seite zu installieren.

Sollten Sie sich dennoch für ein Unternehmenskonto entscheiden, so klicken Sie in der Maske auf den Link *Erstelle eine Seite*.

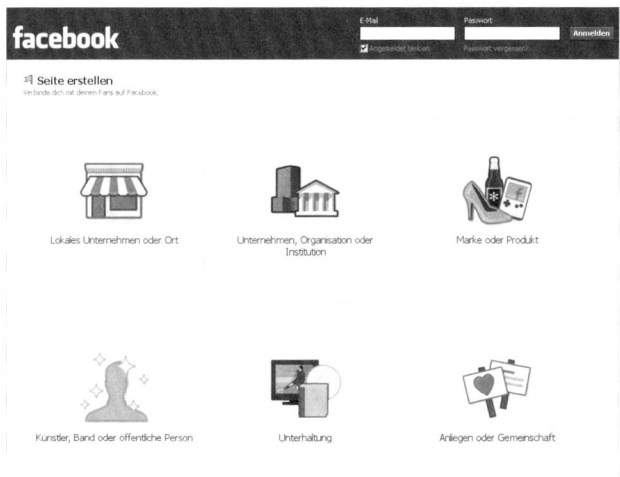

So sieht die Anmeldemaske für eine Seite aus.

Wählen Sie die für Ihr Vorhaben passende Kategorie und füllen Sie die entsprechenden Felder aus. Sollte keine der angebotenen Kategorien genau Ihrer Unternehmung entsprechen, wählen Sie diejenige aus, die am ehesten Ihrem Vorhaben entspricht. Sie haben auch später noch die Möglichkeit, die Angaben zu ändern. Seien Sie aber umsichtig bei der Vergabe des Seitennamens. Denn dieser kann nachträglich nur geändert werden, solange Ihre Seite weniger als 200 Fans hat.

Sollten Sie den Weg über Ihr privates Profil zum Anlegen einer Seite wählen, melden Sie sich mit Ihren Daten bei Facebook an und gehen zum Anlegen einer Seite auf *https://www.facebook.com/pages/create.php*.

Verbergen Sie Ihre neue Seite zunächst vor der Öffentlichkeit

Während des Anmeldvorgangs fordert Facebook Sie unter anderem auf, ein Profilbild hochzuladen, einen Infotext über die Seite anzulegen, einen Beitrag zu schreiben. Überspringen Sie diese Punkte und verbergen Sie Ihre neu angelegte erst einmal für die Öffentlichkeit.

Dazu oben im Adminbereich Ihrer neu angelegten Seite über Seite bearbeiten auf den Link Genehmigungen verwalten gehen.

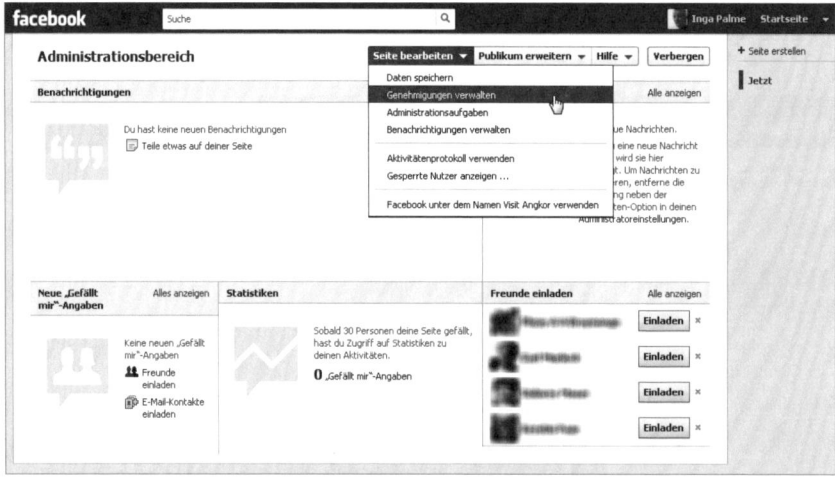

Der Adminbereich Ihrer Seite befindet sich oberhalb von Ihrer Seite.

Setzen Sie nun oben in der ersten Zeile bei Sichtbarkeit der Seite den Haken und speichern Sie ab. Jetzt können Sie erst einmal in Ruhe Ihre Seite einrichten, ohne dass diese von anderen aufgerufen werden kann.

Willkommen auf Ihrem Seiten-Dashboard

Nachdem Sie Ihre Seite angelegt haben, gelangen Sie über den Button Seite bearbeiten in Ihr Dashboard, über das Sie alle nötigen Einstellungen vornehmen und Ihre Seite verwalten können. Hier ein Überblick:

Tipp für Inhalte unter Info

Legen Sie besonderes Augenmerk auf die allgemeinen Informationen. Denn laut einer Eye-Tracking-Studie von Simpleusability im April 2012 schauen sich zahlreiche Nutzer die Inhalte dort an. Die gesamte Studie erhalten Sie kostenlos zum Download unter *http://www.simpleusability.com/our-news/wp-content/uploads/2012/04/FacebookBrandPages-A-first-look-at-usability.pdf*.

➢ Deine Einstellungen: Stellen Sie ein, ob Sie E-Mail-Benachrichtigungen erhalten möchten, sobald ein Nutzer oder Fan einen Beitrag oder Kommentar auf Ihrer Seite hinterlässt oder Ihnen eine Nachricht schickt.

➢ Genehmigungen verwalten: Hier finden Sie Einstellungen für Länder und Altersbeschränkungen, welche Beiträge angezeigt werden sollen, Beitragsoptionen für Ihre Fans sowie Blockierlisten für vulgäre Ausdrücke. Auch können Sie an dieser Stelle Ihre Seite löschen.

➢ Allgemeine Informationen: Je nach Auswahl der Kategorie werden Ihnen unterschiedliche Felder zum Eintragen angeboten. Sobald Sie eine Anschrift eintragen, wird Ihre Seite als Ort angezeigt.Profilbild: Wählen Sie ein aussagekräftiges Bild. Wie bei Ihrem persönlichen Profil stehen Ihnen auch für Ihre Seite 180 x 180 Pixel zur Verfügung. Suchen Sie im Anschluss den passenden Bildausschnitt für das kleine Vorschaubild aus, das später neben Ihren Statusmeldungen angezeigt wird. Ändern Sie auch Ihr Profilbild passend zu Ihren Aktionen.

➢ Empfohlen: Hier können Sie bis zu fünf Seiten, die Ihnen gefallen, dauerhaft im Feld Gefällt mir auf Ihrer Chronik anzeigen. Auch tragen Sie hier, falls Sie es denn wollen, den oder die Seiteninhaber ein.

➢ Hilfsmittel: Dies ist die eigentliche Zentrale für laufende Aktivitäten. Von hier aus können Sie unter anderem Anzeigen schalten, Social Plugins einsetzen, Ihre Seite mit Twitter verbinden und Aktualisierungen an Ihre Fans schicken. Auch werden verschiedene Leitfäden und Tipps zur besseren Vermarktung Ihrer Seite angeboten. Sollte Ihre Seite oder Ihr Ort bereits vorhanden sein, können Sie hier die Duplikate zusammenführen.

➢ Administrationsaufgaben: Fügen Sie weitere Administratoren hinzu. Facebook bietet seit Mitte Mai verschiedene Rollen für Administratoren. Auf diese wird im Anschluss an diese Liste näher eingegangen.

➢ Anwendungen: Eine Liste mit Anwendungen, die Facebook Ihnen voreingestellt zur Verfügung stellt. Dazu gehören Fotos, Notizen, Video, Links und Veranstaltungen. Sollten Sie weitere Anwendungen installieren, werden diese später in dieser Liste ebenfalls aufgeführt.

➢ Handy: Ihre persönliche Handy-E-Mail-Adresse, zum Hochladen von Bildern oder Statusmeldungen per E-Mail auf Ihre Facebook-Seite, sowie Registrierung für SMS.

➢ Statistiken: Auswertungen und Berichte über Benutzer und Interaktionen auf Ihrer Seite.

➢ Hilfestellungen: Das Hilfeportal von Facebook unter anderem mit Diskussionen und FAQ.

Die neuen Adminrollen bei Facebook

Wie bereits erwähnt, hat Facebook im Mai verschiedene Adminrollen eingeführt. War es bislang theoretisch jedem Admin möglich, eine Seite sogar zu löschen, freuen sich Seitenbetreiber sicherlich über die neuen Rollen.

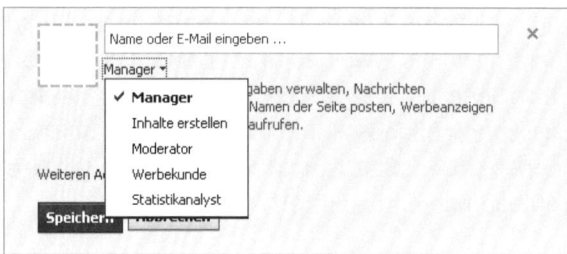

Neuen Administratoren können jetzt unterschiedliche Rollen zugewiesen werden.

Die Rollen beinhalten gemäß Wortlaut von Facebook im Einzelnen folgende Rechte:

➢ **Manager:** Kann Administrationsaufgaben verwalten, Nachrichten verschicken, Beiträge im Namen der Seite posten, Werbeanzeigen erstellen und Statistiken aufrufen.

➢ **Inhalte erstellen:** Kann die Seite bearbeiten, Nachrichten versenden, Beiträge im Namen der Seite posten, Werbeanzeigen erstellen und Statistiken aufrufen.

➢ **Moderator:** Kann auf der Seite Kommentare beantworten und löschen, Nachrichten versenden, Werbeanzeigen erstellen und Statistiken aufrufen.

➢ **Werbekunde:** Kann Werbeanzeigen erstellen und Statistiken aufrufen.

➢ **Statistikanalyst:** Kann Statistiken aufrufen.

Sie haben die Wahl: Seite oder Ort

Eine als Ort angelegte Seite bietet den Vorteil, dass Benutzer Empfehlungen aussprechen können, welche dann auf ihrem eigenen Profil angezeigt werden. Ein Vorteil, den Facebook für Seiten nicht bietet. Eine Zeitlang öffnete sich ein kleines Fenster mit der Aufforderung, diesen Ort den eigenen

Freunden zu empfehlen, sobald Nutzer den Gefällt mir-Button bei einem Ort betätigten. Dies hat Facebook mittlerweile wieder abgeschafft.

Dafür zeigt Facebook auf der Chronik der Seite das Feld Empfehlungen an. Hier sammeln sich im Laufe der Zeit die Empfehlungen. Sobald ein Nutzer eine Empfehlung über Ihre Seite – bzw. Ort – verfasst hat, wird dieser Eintrag seinen Freunden im Stream angezeigt.

Anzeige der Empfehlungen in der rechten Seitenleiste.

Und mit etwas Glück werden diese auch kommentiert. Sofern die Empfehlung öffentlich abgegeben wurde, kann der gesamte Kommentarverlauf von allen Benutzern und nicht nur von Freunden gelesen werden.

Empfehlung mit Kommentarverlauf.

Überlegen Sie sich also, ob es sich nicht auch für Ihre Unternehmung lohnt, die Seite als Ort anzulegen, indem Sie unter Allgemeine Informationen die

Anschrift eintragen. Achten Sie dabei darauf, dass Sie bei der Anschrift auch das Häkchen bei der Karte setzen. Denn nur in Verbindung mit aktivierter Karte können Empfehlungen verfasst werden.

Keine Sorge, niemand kann Ihre Inhalte bearbeiten

Auf den ersten Blick sieht es so aus, als würde Facebook es Benutzern ermöglichen, bei als Ort angelegten Seiten Teile der Informationen zu bearbeiten, welche im Zusammenhang mit den Adress- und Kontaktdaten stehen. Ruft man den Link Bearbeiten auf, öffnet sich eine Bearbeitungsmaske. Bei näherer Betrachtung fällt auf, dass Informationen lediglich vorgeschlagen werden können.

Inhalte zu Adress- und Kontaktdaten können von Benutzern nur vorgeschlagen und nicht wirklich bearbeitet werden.

4.2 SEO: Sorgen Sie dafür, dass Sie gefunden werden

Bereits bei der Einrichtung Ihrer Seite gilt es, einige Punkte zu beachten, um später auch in den Suchergebnissen aufgefunden zu werden.

Die richtige Wahl für Name und Kategorie

Laut den Nutzungsbedingungen für Facebook-Seiten (*http://www.face book.com/terms_pages.php*) sind einige Vorgaben bei der Wahl des richtigen

Namens zu beachten. Unter anderem ist es nicht erlaubt, lediglich einen beschreibenden Begriff zu verwenden, wie z. B. Bier oder Pizza.

Auch ein Slogan ist nicht erwünscht. Wählen Sie also einen prägnanten Begriff, der Ihr Vorhaben am besten erklärt. Für Großunternehmen erübrigt sich die Frage von selbst, da der Firmenname das Branding widerspiegelt, wie beispielsweise bei Starbucks, Coca-Cola und anderen Großmarken.

Wahl des Seitennamens für Suchergebnisse auf Facebook optimieren

Doch für Kleinunternehmen, Vereine, Bands und dergleichen ist eine nähere Betrachtung zur Wahl des richtigen Namens durchaus sinnvoll. So empfiehlt es sich, den eigenen Namen für die Benennung der Seite mit anzugeben. Richtig kombiniert, wird so später bei der Eingabe Ihres persönlichen Namens in die Suchmaske auf Facebook in den Ergebnissen auch Ihre Seite angezeigt, wie in diesem Beispiel:

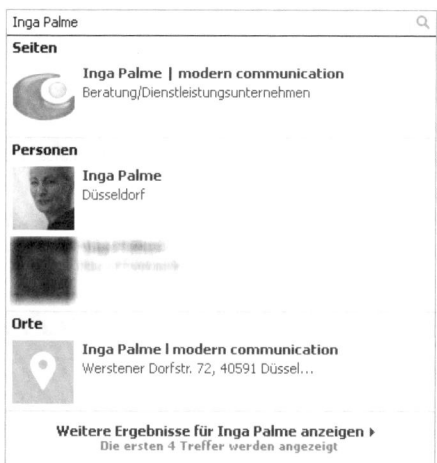

Suchergebnis nach Eingabe des Suchbegriffs Inga Palme.

Bei der Eingabe von Inga Palme erscheint auch die Unternehmensseite in den Ergebnissen. Die Liste ist in der Reihenfolge nach Seiten, Personen und Orten sortiert. Das Gleiche gilt für die Eingabe von modern communication. Unter diesem Begriff wird die Unternehmensseite in Verbindung mit dem Profilnamen ebenfalls aufgerufen.

Ergebnisliste bei der Eingabe des Suchbegriffs modern communication.

Tipp für den richtigen Seitennamen

Den Namen Ihrer Seite müssen Sie nicht von Beginn an endgültig festlegen. Sie können ihn bis zu einer Anzahl von 100 Fans in den Seiteneinstellungen ändern. Über den Link Info bearbeiten gelangen Sie direkt zu den allgemeinen Informationen mit dem Bearbeitungsfeld für Ihren Seitennamen.

Die Kategorie für die Suche berücksichtigen

Auch über die Kategorie wird Ihre Seite über die Suchleiste auf Facebook gefunden. Diese lässt sich zu einem späteren Zeitpunkt in den allgemeinen Informationen wieder ändern. Eine Begrenzung für die Änderungsmöglichkeit im Hinblick auf die Anzahl der Fans wird von Facebook nicht vorgegeben. Interessant ist, dass sowohl Name als auch Kategorie in den Suchergebnissen bei Google erscheinen. Am Beispiel für gemeinnützige Einrichtungen lässt sich das gut darstellen.

KulturImpuls Bedingungsloses GrundEinkommen - Initiative ...
KulturImpuls Bedingungsloses GrundEinkommen - Initiative **Düsseldorf** Neuss. Gefällt mir.
Gemeinnützige Organisation. KulturImpuls Bedingungslo... · ...
de-de.facebook.com/bge**duesseldorf**neuss?sk=wall - Im Cache
Exchange User Group **Düsseldorf** - **Gemeinnützige Organisation** | Facebook
Exchange User Group Düsseldorf. Gefällt mir. **Gemeinnützige Organisation** ...
de-de.facebook.com/...**Düsseldorf**/110668948987961?sk... - Im Cache

Suchergebnis auf Google nach Eingabe des Begriffs Gemeinnützige Organisation Düsseldorf.

In beiden Fällen wurde der Begriff Düsseldorf mit in den Seitennamen aufgenommen, was die Auffindbarkeit auf Google deutlich erhöht. Und dies, obwohl beide Seiten lediglich über eine geringe Anzahl an Fans auf Facebook verfügen.

Es lohnt sich also auch unter Aspekten der Auffindbarkeit, sich bei der Auswahl des Namens und der richtigen Kategorie ein paar Gedanken zu machen.

Schenken Sie dem Infotext besondere Aufmerksamkeit

Den Inhalten unter dem Link allgemeine Informationen sollte besondere Aufmerksamkeit gewidmet werden. Die hier eingetragenen Informationen werden als eigener Reiter unter dem Link Info angezeigt. Google erkennt diesen Reiter als eigene URL und nimmt sie somit in den Suchindex auf. Sämtliche Texte, die Sie hier eintragen, werden bei Google erfasst.

Das Textfeld Info erlaubt eine Kurzbeschreibung Ihres Unternehmen mit bis zu 155 Zeichen. Dieser Text erscheint in der linken Spalte Ihrer Seite direkt unter den Tabs. Es ist also gut, für diese Platzierung einen einprägsamen Text zu wählen, der Ihre Unternehmung optimal erklärt.

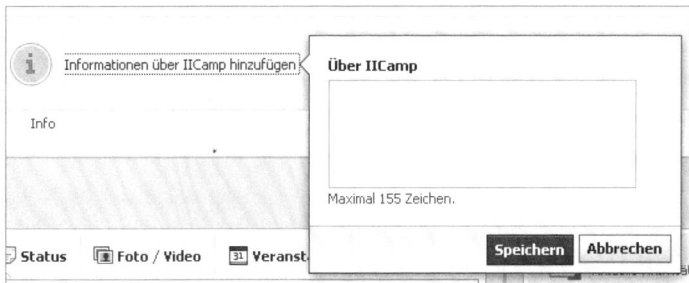

Bis zu 155 Zeichen stehen Ihnen in der Infobox zur Verfügung.

Anzeige von Adressdaten oder Infotext

Je nach Kategorie zeigt Facebook im Infobereich nicht den hinterlegten Text, sondern die Adressdaten an. Dies bei Seiten, die als Orte angelegt sind. Doch unterscheidet hier Facebook zusätzlich nach gewählter Kategorie, ob nun die Adresse angezeigt wird oder nicht.

Auch wenn im Infobereich Ihre Adressdaten angezeigt werden, findet sich im Suchergebnis zu Ihrer Facebook-Seite trotzdem Ihr Infotext.

Vanity URL: die eigene Domain auf Facebook

Sobald 25 Benutzer den Gefällt mir-Button für Ihre Seite gedrückt haben, können Sie eine sogenannte Vanity URL eintragen. Sie finden die Eingabemaske unter *http://www.facebook.com/username.*

Doch Vorsicht: In der gleichen Maske wird Ihnen auch angeboten, einen eindeutigen Profilnamen einzutragen. Dies führt manchmal zu Verwirrung und dazu, dass die Vanity URL beim persönlichen Profil statt bei der Seite eingetragen wird. Ein einmal hier eingetragener Username kann nicht wieder rückgängig gemacht werden. Schade, wenn die URL dann Ihrem Profil und nicht Ihrem Unternehmen zugeordnet wird – zumal die gewünschte URL dann vergeben ist und nicht noch einmal angelegt werden kann.

Unter http://www.facebook.com/username richten Sie Ihre Vanity URL ein.

Vermeiden Sie diesen Fehler, indem Sie zunächst Ihrem Profil einen Nutzernamen zuweisen und erst im nächsten Schritt die Vanity URL für Ihre Seite anlegen, indem Sie die Verfügbarkeit prüfen.

Bearbeitungsmaske nur für Seiten

Alternativ rufen Sie die Bearbeitungsmaske im Administrationsbereich auf über Verwalten, Seite bearbeiten und Hilfsmittel.

Gehen Sie hier auf Wähle einen Nutzernamen und geben Sie ihn in der Maske ein. Wenn Sie diesen Weg wählen, zeigt Ihnen Facebook nur das Eingabefeld zum Eintragen von Nutzernamen für Seiten. Hier kann also nicht irrtümlich ein Profil mit einem Seitennamen versehen werden.

Als Trennung erlaubt sind nur Punkte und keine Bindestriche. Der erste Buchstabe muss immer groß sein.

Lesen Sie mehr zu den Funktionen der Chronik für Seiten auf meiner Webseite

Wer noch mehr über die Einrichtung und Administration von Facebook-Seiten erfahren möchte, findet dazu ausführliche Informationen im Sonderteil meines Blogs unter: *http://goo.gl/Z1nhn.*

4.3 Die Gestaltung Ihrer Facebook-Seite

Mit Einführung der Chronik hat Facebook die Startseiten im eigentlichen Sinne abgeschafft. War es vorher möglich, Nutzer, die noch nicht Fan einer Seite sind, zunächst auf eine Startseite zu lenken, landen sie jetzt alle auf der Chronik.

Dafür bietet die Chronik mit ihrem großen Titelbild ähnlich den Profilen weitaus mehr Gestaltungsspielraum.

Der Kopfbereich der Chronik von Extrawerbung Social Media Betreuung unter https://www.facebook.com/Xtrawerbung.

Wer jetzt denkt, das Titelbild sei für Werbebotschaften aller Art gedacht, der irrt. Im Hilfebereich von Facebook heißt es unter anderem wie folgt:

- Titelbilder dürfen keine Preise oder Kaufinformationen enthalten wie zum Beispiel *40% Nachlass*.

- Auch dürfen keine Handlungsauffoderungen im Titelbild stehen. Wie zum Beispiel *Auf unserer Webseite herunterladen*.

- Jegliche Kontaktdaten wie Internetadresse, E-Mail, Anschrift usw. sind nicht erlaubt.

- Bezugnahme auf Facebook-Funktionen wie auf den *Gefällt mir*-Button oder die *Teilen*-Funktion dürfen nicht verwandt werden.

- Handlungsaufrufe wie *Jetzt kaufen* oder *Erzähle Deinen Freunden davon* sind ebenso untersagt.

Den vollständigen Inhalt zu den Vorgaben von Titelbildern finden Sie im Facebook-Hilfebreich unter: *https://www.facebook.com/help/?faq=2763291157 67498.*

Tipps für Titel- und Profilbild sowie für die Favoriten

Wie beim Profil ist das Titelbild 851 Pixel breit und 315 Pixel hoch. Das Profilbild hat die Maße 160 x 160 Pixel. 32 Pixel beträgt der Abstand nach links und 210 Pixel nach oben.

Wer das Profilbild optisch ins Titelbild mit integrieren möchte, für den lohnt sich der Timeline Page GUI von Hike. Die PSD-Datei wird laufend aktualisiert und kann kostenlos unter *https://www.facebook.com/HikeSocialApps/ app_251480794868436* heruntergeladen werden.Bei der optischen Integration des Profilbildes empfiehlt es sich, darauf achten, wie sie sich auf die Ansicht der Timeline auf mobilen Endgeräten auswirkt.

Schön ist es, wenn Sie für ein einheitliches Erscheinungsbild Ihrer Seite die Favoriten unter Ihrem Titelbild mit anpassen.

Der Timeline Page GUI von Hike.

Optisch aufeinander abgestimmtes Titel- und Profilbild mit passenden Favoriten, https://www.facebook.com/WORTKIND.WerbeTextAgentur.

Insgesamt stehen Ihnen bis zu zwölf einzelne Reiter in Ihren Favoriten zur Verfügung. Diese Felder, auch Appsrow genannt, lassen sich bis auf Fotos und Gefällt mir-Angaben individuell bearbeiten. Dabei ist der Reiter Fotos links an erster Stelle fixiert. Sobald Sie eigene Anwendungen hinzufügen, bietet Facebook Ihnen die Option, die Plätze zu tauschen, damit die für Sie wichtigsten Inhalte in der ersten Zeile stehen. Denn nur diese wird in der Hauptsache von Nutzern auch aufgerufen.

Verschieben Sie die „Gefällt mir"-Angaben aus der ersten Zeile

Die „Gefällt mir"-Angaben können zwar optisch nicht angepasst oder entfernt werden, dafür lässt sich dieser Reiter von der ersten Zeile in die Zeilen darunter verschieben, sobald Sie mindestens zwei weitere Reiter angelegt haben. Zum Beispiel für Ihr Impressum und für ein Kontaktformular.

Optisch noch nicht aufbereitete Reiter in den Favoriten.

Dies lohnt sich gerade für kleinere Seiten, wenn diese nicht möchten, dass die Anzahl ihrer Fans so offensichtlich in Erscheinung tritt.

Um in den Bearbeitungsmodus zu gelangen, klicken Sie rechts neben den Favoriten auf das kleine Drop-down-Zeichen.

Bearbeiten Sie Ihre Favoriten.

Wenn Sie nun mit der Maus über die Reiter fahren, erscheint ein Fenster mit verschiedenen Optionen.

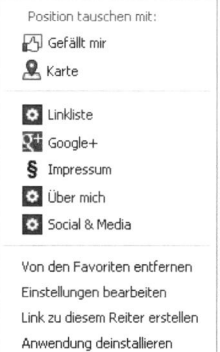

Verschiedene Optionen zur Bearbeitung.

Facebook zeigt Ihnen auf, mit welchen Reitern Sie die Position tauschen können. Auch lassen sich Reiter bis auf die „Gefällt mir"-Angaben von den Faoriten entfernen. Über Link zu diesem Reiter erstellen rufen Sie die entsprechende URL ab, und Anwendung deinstallieren erklärt sich selbst.

Individualisieren Sie Ihre Reiter in den Favoriten

Unter Einstellungen bearbeiten können Sie den Reiter von den Favoriten entfernen, ein eigenes Symbol hochladen und einen eigenen Namen vergeben.

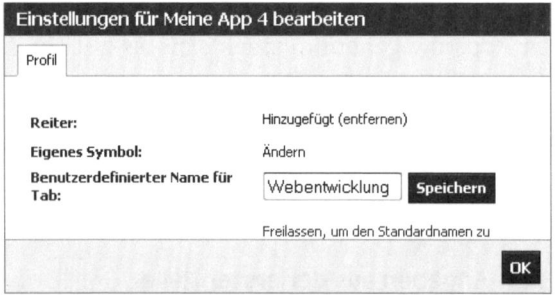

Passen Sie die Reiter nach Ihren Wünschen an.

Für das eigene Symbol wählen Sie eine JPG-, GIF- oder PNG-Datei. Die Maße betragen bis zu 111 x 74 Pixel. Größere Bilder werden zurechtgeschnitten. Die maximale Dateigröße beträgt laut Facebook 5 MByte. Ein recht hoher Wert für so ein kleines Maß. Zur Veranschaulichung hier ein Vorher-Nachher-Vergleich:

Vorher-Ansicht: Reiter ohne optische Anpassung ...

Nachher-Ansicht: Reiter mit optischer Anpassung.

4.4 So kommen Sie zum Ziel: Verschiedene Anwendungen für Ihre eigenen Seiten unter den Favoriten stellen sich vor

Zwar gelangen Nutzer mit Einführung der Chronik nicht mehr auf eine von Seiten eingerichtete Startseite, jedoch lohnt sich trotzdem der Blick auf verschiedene Anwendungen, die Ihnen das Erstellen einer eigenen Seite innerhalb Ihres Facebook-Auftritts ermöglichen. Denn über Anzeigen lassen sich diese immer noch direkt ansteuern.

Nutzen Sie die Anwendungen zum Beispiel für:

➤ Kampagnen wie Gewinnspiele oder Promotionaktionen

➤ Weitere Informationen über Ihre Unternehmung

➤ Anmeldeseite zum Newsletter

➤ usw.

Definition Fangating

Nutzer sehen bestimmte Informationen nur dann, wenn sie angeben, dass ihnen eine Seite gefällt.

Mittlerweile gibt es zahlreiche Anwendungen, die von Entwicklern teils kostenfrei, teils gegen Gebühr zur Verfügung gestellt werden. Eine komplette Auflistung würde den Rahmen dieses Buchs sprengen. Daher eine kleine Auswahl von verschiedenen Anbietern, um einen ersten Überblick aus dem vielfältigen Angebot zu erhalten. Alle Anwendungen bieten weiterhin das Fangating an, das immer noch praktisch ist im Einsatz von Gewinnspielen.

Mit dem Tabmaker haben Sie leichtes Spiel

Mit der deutschsprachigen Anwendung Tabmaker Welcome von 247 Grad (*http://www.facebook.com/247GRAD*) lässt sich schnell und unkompliziert eine schöne Seite für Ihre Favoriten erstellen. Für den Einstieg bietet das Unternehmen die Tabmaker Welcome, Youtube, Vimeo, RSS, Twitter und Flickr und Impressum kostenlos an, die alle auf der eigenen Facebook-Seite installiert werden können.

Das Dashboard ist überschaubar und leicht zu bedienen

Das Dashboard überzeugt mit übersichtlichem Design und interessanten Features, wie das Einbinden des Gefällt mir-Buttons oder die Verlinkung der verwendeten Grafik mit der eigenen Webseite. Auch in der kostenlosen Version kann das Fangating eingesetzt werden mit unterschiedlichen Inhalten für Fans und solche, die es noch werden sollen. Zur Auswahl stehen ein Bild, HTML-Code oder ein iFrame.

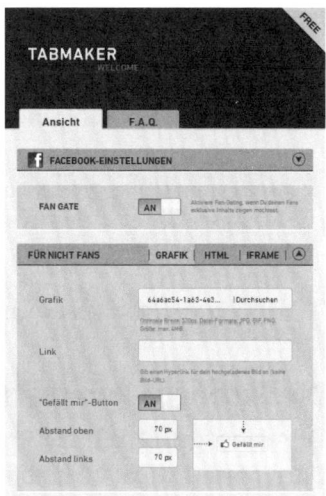

Dashboard der Applikation von 247 Grad.

99

Weitere Applikationen für den individuellen Bedarf

Auch für Gewinnspiele, Umfragen, Coupons, Shopping und vieles andere mehr bietet 247 Grad (*http://www.247.grad.de*) entsprechende Applikationen an. Diese sind kostenpflichtig und können direkt bei der Agentur angefragt werden. Bei allen Anwendungen der Agentur gilt es als besonderes Merkmal, dass Fans keine Freigabe für ihre Daten erteilen müssen, um an den Aktionen teilnehmen zu können. Ein Vorgehen, das sich bewährt hat, weil Datenfreigaben bei Benutzern oft als Hemmschwelle betrachtet werden.

Kleiner Exkurs für Do-it-yourself-Erprobte

Wer sich selbst an die Gestaltung machen möchte, kann zum Beispiel das Onlinebildbearbeitungsprogramm picnik (*http://www.picnik.com*) verwenden. Für ein optimales Ergebnis ist darauf zu achten, dass die Breite des Bilds 520 Pixel betragen sollte. Nach Fertigstellung wird das Bild auf dem eigenen Computer gespeichert und in die Anwendung von 247 Grad hochgeladen. Fertig. Soll das Fangating zum Einsatz kommen, kann noch ein zweites Bild erstellt werden.

Möchten Sie nicht nur ein Bild, sondern auch Texte anlegen, leistet der Online-HTML-Editor von Onlyfree.de (*http://www.onlyfree.de*) gute Dienste. Hier können Sie Ihre Seite gestalten, den Code herauskopieren und in die Anwendung Ihrer Wahl einfügen.

Mit MyTab tüfteln Codevertraute

Sehr beliebt ist die Anwendung MyTab (*http://www.facebook.com/revealtab*) von *http://www.af-design.com*. Mit ihr lassen sich eigene Seiten in den Favoriten individuell gestalten. Für Kenner in Sachen HTML und CSS eine leicht zu bedienende Applikation. Neben der Option, bis zu acht Reiter mit MyTab zu installieren, steht in der kostenpflichtigen Version auch das Hosting von Bildmaterial zur Verfügung.

Bilder kostenlos online hosten

Falls Sie nicht online über eigenen Speicherplatz verfügen, können Sie Ihr Bildmaterial bei hostpix.de (*http://www.hostpix.de*) kostenfrei hochladen und mittels Link überall dort einbinden, wo Sie es haben möchten.

Die Facebook-Komplettlösung fanpageGENERATOR

Der fanpageGENERATOR entwickelt von der Internetagentur numero2 (*http://www.numero2.de*)bietet mehr als Apps für bestimmte Einsatzzwecke. Vielmehr handelt es sich um ein leicht zu bedienendes Werkzeug für nahezu alle Wünsche, die Seitenbetrieber auf Facebook haben können.

Nach der Anmeldung auf *http://www.fanpage-generator.de* steht das Tool 30 Tage kostenlos zur Verfügung. Für gemeinnützige Einrichtungen wird der fanpageGENERATOR komplett kostenlos angeboten.

Am Anfang steht die Erstellung einer App, die anschließend mit Inhalten gefüllt und auf der Facebook-Seite veröffentlicht wird. Die App kann entweder als leerer Container, der später mit beliebigen Inhalten gefüllt werden kann, erstellt werden, oder man wählt eine von verschiedenen Vorlagen aus, um schnell und einfach zu starten.

Vorgefertige Layouts beim fanpageGENERATOR.

Wurde die Variante der neuen App ohne Vorlage gewählt, kommen sogenannten Widgets zum Einsatz. Widgets sind verschiedene Inhaltelemente, die bequem via Drag & Drop – mit der Maus Objete auf dem Bildschirm verschieben – auf der Seite angeordnet werden können. Je nach Widget lassen sich die unterschiedlichsten Inhalte und Funktionen auf der Facebook-Seite anbieten. Hier eine Übersicht der verfügbaren Widgets.

Gewünschtes Widget wählen

Standard	Medien	Feeds	Soziales	Verschiedenes
Text	Bild	Twitter	Kommentare	Google Maps
HTML	Video	RSS-Feed	Gefällt mir	Google Analytics
Link	Slider	Wetter	Umfrage	Kontaktformular
iFrame			Weitersagen	Impressum
				Produktverkauf

Die verfügbaren Widgets im fanpageGENERATOR.

Widgets wie zum Beispiel RSS-Feed oder Twitter sind bereits per CSS optisch vorformatiert. Wer daran trotzdem noch Änderungen durchführen möchte, findet die entsprechenden Dateien vor. Durch den kombinierten Einsatz verschiedener Widgets lassen sich nahezu komplette Webpräsenzen auf Facebook-Seiten integrieren. So finden sich Möglichkeiten zur Veröffentlichung von Bildern, Texten, Videos, Feeds oder Twitter. Zur anspruchsvolleren Gestaltung bietet sich ein auch frei konfigurierbarer Slider an.

Gewinnspiele, Produkte & Co.

Gewinnspiele lassen sich mit dem universellen Kontaktformular bequem selbst erstellen. Auch anpassbare, bereits hinterlegte Teilnahmebedingungen erleichtern das Einrichten.

Neu sind die Widgets für den Produktverkauf – es lassen sich schnell und einfach Produkte auf der Facebook-Seite anbieten, und damit werden erfasste Bestellungen via E-Mail an den Verkäufer gesendet. Ein extra Onlineshop ist dazu nicht notwendig.

Zur rechtssicheren Verwendung steht das Impressum-Widget zur Verfügung. Es führt, fast wie mit einem Assistenten, durch die Erstellung eines Impressums, das auf der Facebook-Seite verwendet werden kann. Die angezeigte E-Mail-Adresse ist verschlüsselt, damit sie nicht automatisch von Crawlern ausgelesen werden kann. Wie ein Impressum mit Kontaktformular aussehen kann, zeigt dieses Beispiel auf.

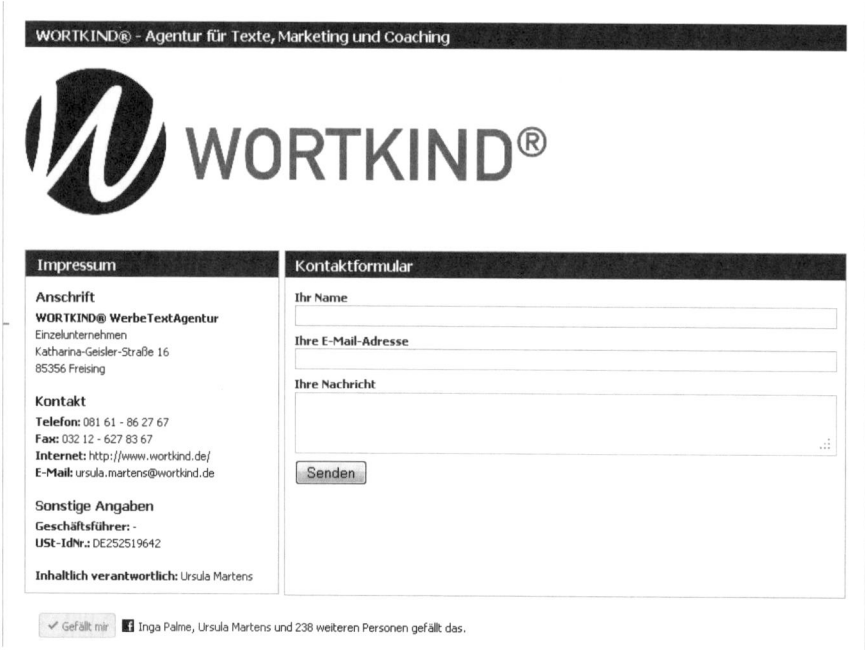

Das Impressum mit Kontaktformular von Wortkind unter *https://www.face book.com/WORTKIND.WerbeTextAgentur/app_143713659077934.*

Auch ohne Programmierkenntnisse lässt sich mit dem fanpageGENERATOR eine ansprechende und aussagekräftige Seite auf Facebook erstellen.

Für Experimentierfreudige: Zadego

Zadego (*https://www.facebook.com/zadego*) ist der Nachfolger vom iframe-Wrapper und stellt über ein Dashboard alle Seiten zur Verfügung, die Administratoren verwalten. Insofern auch für Agenturen eine Lösung, weil sie nicht innerhalb von Facebook von Seite zu Seite wechseln müssen.

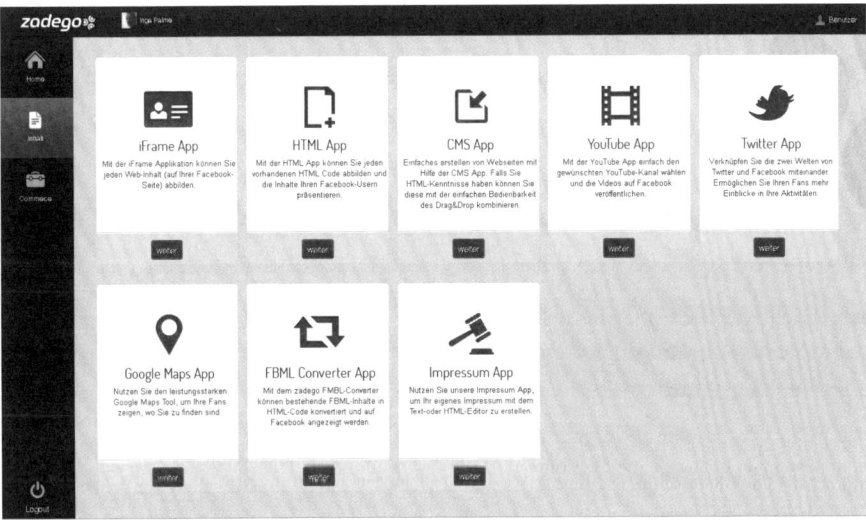

Das Dashboard von Zadego.

Bei der Auswahl CMS können Sie je nach Bedarf eine komplette Webseite mit Haupt- und Unternavigationspunkten anlegen. Mittels Editor ist es auch für nicht Erfahrene in Sachen Programmierung durchaus möglich, ein ansprechendes Ergebnis zu erreichen.

Wenn Sie statt einer Menüführung innerhalb Ihrer Seite lieber verschiedene Reiter unter dem Titelbild bei Ihren Favoriten anlegen möchten, installieren Sie dazu die passende App auf Ihrer Seite.

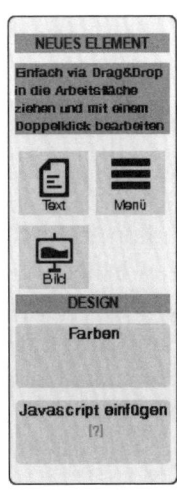

Das CMS von Zadego.

Auch für Service ist gesorgt. Direkt auf der Facebook-Seite von Zadego (*https://www.facebook.com/zadego/app_319940221412934*) werden unter dem Reiter support Fragen beantwortet.

Ein Überblick über die Möglichkeiten

Wie bereits gesagt, wurden diese Anwendungen beispielhaft ausgewählt, um Ihnen die verschiedenen Ansätze und Möglichkeiten für eine nach Ihren Wünschen gestaltete Willkommensseite aufzuzeigen. Sie sind alle geeignet für kleine und auch große Auftritte. Auf meiner Webseite *http://www.inga-palme.de* stelle ich in loser Reihenfolge laufend weitere Anwendungen für die Gestaltung einer Willkommensseite vor.

4.5 Kontaktformular, Newsletter & Co. effektiv nutzen

Bieten Sie Ihren Fans den Service, auf einfache Art und Weise Kontakt zu Ihnen aufzunehmen oder Ihren Newsletter zu abonnieren, ohne extra unter dem Info-Reiter nach den passenden Daten suchen zu müssen.

Mit der kostenfreien Anwendung Contact Form (*http://www.facebook.com/contact.form*) erstellen Sie schnell und unkompliziert ein optisch ansprechendes Kontaktformular.

Die Formularfelder können frei gewählt werden. Ebenso lässt sich ein Bild im Kopfbereich eintragen, und für optische Anpassungen steht der CSS-Code zur Verfügung.

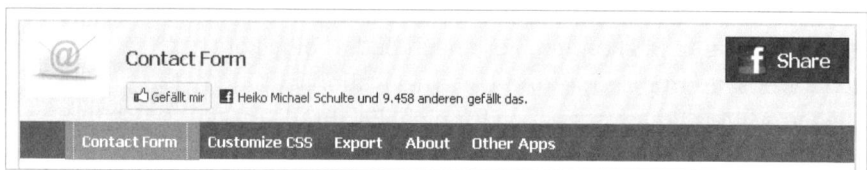

Dashboard für die Bearbeitung des Kontaktformulars.

Schön ist, dass sich die Anwendung nach der Spracheinstellung der Benutzer richtet und die Feldbezeichnungen in der gewählten Sprache angezeigt werden – praktisch für Seiten mit internationaler Ausrichtung. Contact Form fragt bei der Installation die Option ab, sich als eine der eigenen Seiten anmelden zu dürfen.

Genehmigung für die Anmeldung als Seite in den Privatsphäre-Einstellungen entfernen.

Wer das nicht möchte, kann es nach Freigabe in den Privatsphäre-Einstellungen bei Anwendungen und Webseiten bearbeiten und entfernen. Das Formular funktioniert auch ohne diese Genehmigung.

Mit Contact Tab alle Kontaktdaten auf einen Blick

Ebenfalls kostenlos ist die Anwendung Contact Tab (*http://www.facebook.com/ContactTab*), die zusätzlich zum Kontaktformular die Option bereithält, auch Adressdaten, Webseite und Telefonnummer anzugeben. Ebenso können Links zu verschiedenen sozialen Kanälen eingetragen werden.

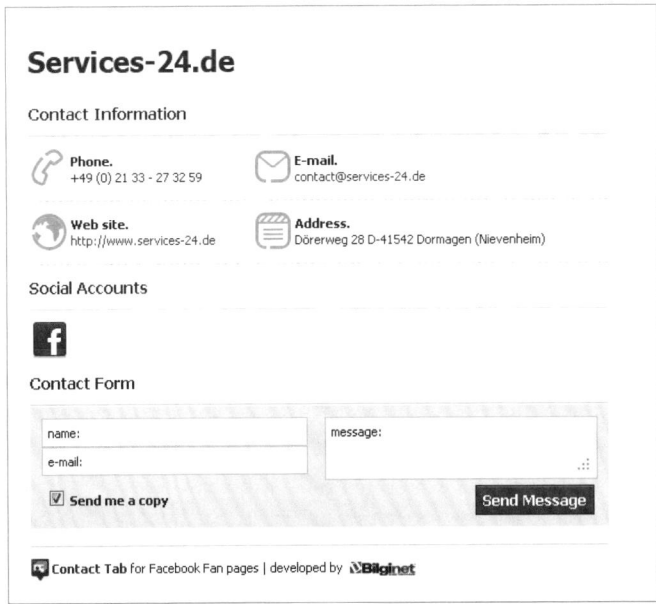

Kontaktformular, das mit der Anwendung Contact Tab erstellt wurde auf der Seite von https://www.facebook.com/Services.24.

105

Das Nachrichtenformular selbst und die Kommentarbox sind optional, wie auch das Einfügen einer Landkarte mit Standortbestimmung mittels Bing oder Google.

Denken Sie auch an Ihren Newsletter

Wenn Sie bereits einen Newsletter versenden, bietet es sich an, das Anmeldeformular auch in Ihre Facebook-Seite zu integrieren. Sollten Sie Dienste wie MailChimp oder dergleichen für Ihren Newsletter nutzen, können Sie über die Facebook-Anwendung von MailChimp (*http://www.facebook.com/apps/application.php?id=100265896690345*) Ihr bestehendes MailChimp-Konto mit Ihrer Facebook-Seite verbinden.

Nutzen Sie ein Newsletter-Modul aus Ihrem Redaktionssystem Ihrer Webseite, lässt sich das Anmeldeformular mittels iFrame in Ihre Facebook-Seite einbinden.

4.6 Individuelle Einstellungen für den persönlichen Bedarf

Facebook bietet Ihnen verschiedene Optionen, Ihre Seite auf Ihren individuellen Bedarf hin einzurichten und später zu pflegen. Schauen wir uns dazu zunächst die verschiedenen Optionen im Adminbereich unter Genehmigungen verwalten an.

Passen Sie Ihre Seite entsprechend Ihren Bedürfnissen und Vorhaben an.

Die Genehmigungen unter die Lupe genommen

Sichtbarkeit der Seite

Wie bereits erwähnt, stellen Sie hier ein, ob Ihre Seite sichtbar sein soll oder nicht. Auf unsichtbar gesetzte Seiten werden in der Facebook-Suche nicht aufgeführt. Auch sollten Sie darauf achten, dass zum Beispiel auf Ihrer Webseite kein Link zur Facebook-Seite führt, wenn sie nicht auf sichtbar eingestellt ist. Der Link läuft dann ins Leere.

Ländereinschränkungen

Sie möchten Ihre Seite nur in bestimmten Ländern anzeigen. Tragen Sie die entsprechenden Länder nach dem Einschluss- oder Ausschlussverfahren ein. Beachten Sie, dass die Facebook-Plug-ins, wie die Facebook-Like-Box, nicht richtig auf Ihrer Webseite angezeigt werden

Altersbeschränkungen

Dies versteht sich von selbst. Seiten mit Produkten, die für Minderjährige nicht gedacht sind, sind für diese von der Sichtbarkeit auszuschließen. Auch bei dieser Beschränkung werden die Plug-ins nicht richtig auf Ihrer Webseite angezeigt.

Hinweis

Werbung auf anderen Facebook-Seiten ist grundsätzlich erst einmal nicht erlaubt. Sobald Sie als Unternehmen auf einer anderen Facebook-Seite einen Beitrag oder Kommentar hinterlassen, sollten Sie sich darüber im Klaren sein, dass Sie sich im Hoheitsgebiet der jeweiligen Seite befinden.

Beitragsoptionen

Entscheiden Sie, ob Nutzer an Ihre Chronik schreiben dürfen oder nicht. Recht oft wird diese Option gewählt, wenn es zu einem Shitstorm kommt. Dies ist jedoch von Fall zu Fall individuell zu entscheiden. Denn grundsätzlich wollen Seitenbetreiber ja, dass Nutzer und Fans mit ihren Seiten interagieren.

Es ist aber auch schon vorgekommen, dass Seiten von anderen für eigene Werbezwecke missbraucht werden. So geschehen zum Beispiel auf den Facebook-Seiten vom DRK (*https://www.facebook.com/roteskreuz*), wo immer wieder andere Organisationen Werbung für sich selbst machten, indem sie Inhalte über sich beim DRK posteten.

Weiterhin können Sie entscheiden, ob Nutzer Fotos und Videos auf Ihre Seite hochladen dürfen oder nicht. Falls Sie dies einschränken, so wird Nutzer lediglich die Option angezeigt, einen Beitrag auf Ihrer Facebook-Chronik zu verfassen.

Nutzer können nur Beiträge vefassen und keine Bilder oder Videos hochladen.

Sichtbarkeit der Beiträge

Voreingestellt werden in der Chronik im Feld *Aktuelle Beiträge anderer Nutzer* die Inhalte von anderen Nutzern, Fans und auch Seiten eingeblendet. Seitenbetreiber, die vornehmlich ihre eigenen Inhalte darstellen möchten, können dieses Feld abschalten. Diese Inhalte können weiterhin über die Seitenansicht *Beiträge* von anderen abgerufen werden.

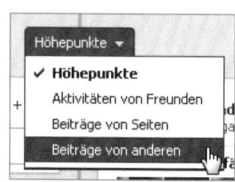

Zur Ansicht Beiträge von anderen wechseln.

Ob diese Option sinnvoll ist, darüber lässt sich sicherlich diskutieren. Tatsache ist, dass Nutzer, wenn sie Ihre Chronik aufrufen, grundsätzlich die Höhepunkte angezeigt bekommen. Und dazu gehören auch die Beiträge von anderen Nutzern. Denn schließlich ist es ja das erklärte Ziel, dass Interaktion auf Ihrer Seite stattfindet. Warum also sollten Sie diese verbergen wollen? Ist es doch in den vielen Fällen eher so, dass Seitenbetreiber sich mehr Interaktion wünschen, um ein besseres Bild nach außen hin abzugeben.

Die Standardansicht der Beiträge anderer Nutzer

Mit dieser Einstellung können Sie entscheiden, ob Sie Beiträge anderer Nutzer vorab moderieren möchten. An sich eine praktische Angelegenheit, sind es doch viele Nutzer bei Blogs wie Wordpress & Co. gewohnt, dass sie auf die Freischaltung ihrer Kommentare erst einmal warten müssen. Bei Facebook hat diese Einstellung allerdings zwei Haken. Zum einen werden Nutzer nicht darüber benachrichtigt, dass ihr Beitrag auf Freischaltung geprüft wird. Im Gegenteil: Der Nutzer gibt etwas auf Ihrer Seite ein und sieht danach nichts. Weder seinen Beitrag noch irgendeinen Hinweis. Alles anderes als nutzerfreundlich also. Zum anderen können Nutzer weiterhin Ihre Beiträge kommentieren. Allein schon vor diesem Hintergrund lässt sich die Sinnhaftigkeit der Moderation infrage stellen.

Sollten Sie sich doch für die Moderation entscheiden, finden Sie die Beiträge im Adminbereich im Aktivitätenprotokoll.

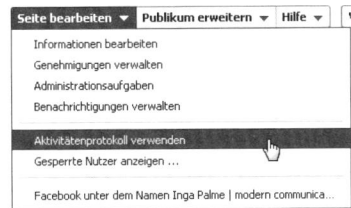

Das Aktivitätenprotokoll aufrufen.

Im Aktivitätenprotokoll zeigt Facebook Ihnen an, dass Beiträge von anderen standardmäßig ausgeblendet sind. Prüfen Sie hier den Beitrag und schalten sie ihn frei, löschen Sie ihn oder geben Sie an, dass es sich um Spam handelt.

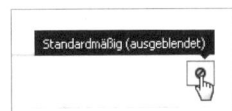

Anzeige im Aktivitätenprotokoll bei Seiten, die die Moderation eingeschaltet haben.

Hinweis zu Spamnachrichten

Manchmal kommt es vor, dass Facebook Beiträge von anderen Nutzern als Spamnachricht ausweist und sie nicht auf Ihrer Chronik darstellt. Falls es sich Ihrer Meinung nach nicht um Spammeldungen handelt, lassen sich diese Beiträge über das Aktivitätenprotokoll hervorholen. Dazu im Adminbereich über Seite bearbeiten das Aktivitätenprotokoll aufrufen und rechts bei Alle im Drop-down-Menü den Link Spam auswählen.

Markierungen zu Fotos

Wenn Sie nicht möchten, dass Nutzer Ihre Fotos markieren, so entfernen Sie an dieser Stelle den Haken. Auch diese Einstellung grenzt Viralität ein, denn Markierungen werden den Freunden der Nutzer in den Neuigkeiten angezeigt.

Nachrichtenschaltfläche anzeigen

Bieten Sie Ihren Fans die Möglichkeit, direkt in Kontakt mit ihnen zu treten. Die Nachrichtenfunktion bietet sich zum Beispiel für persönlichen Support an und wird auch gern genutzt.

Blockierliste für Moderatoren

Sollten Sie Bedenken haben, dass auf Ihrer Seite des öfteren Kraftausdrücke verwendet werden, die so rein gar nicht Ihrem Geschmack entsprechen, tragen Sie die entsprechenden Begriffe in das Feld ein. Allerdings soll dies recht fehleranfällig sein. Und die Frage ist, wie groß die Gefahr für Ihre Seite wirklich ist.

Blockierliste für vulgäre Ausdrücke

Anstatt selbst Begriffe einzutragen, können Sie auch auf die Blockierliste von Facebook zurückgreifen. Diese bezieht sich laut Facebook auf Ausdrücke, die am häufigsten gemeldet wurden. Welche das sind, wir Ihnen allerdings nicht angezeigt.

Verschiedene Optionen für Ihre Beiträge

Facebook bietet Ihnen zahlreiche Optionen für das Anlegen Ihrer Beiträge, um sie je nach Bedarf optimal zu kommunizieren.

Schreiben Sie in der Zukunft und in der Vergangenheit

Beiträge als reine Statusmeldungen lassen sich seit einiger Zeit auch planen. Klicken Sie dazu unten links auf die Uhr im Beitragsfeld. Es öffnet sich eine Zeile, in der Sie das Jahr, den Monat, den Tag, die Stunde und auch die Minuten – im 10er-Rhythmus – eintragen können.

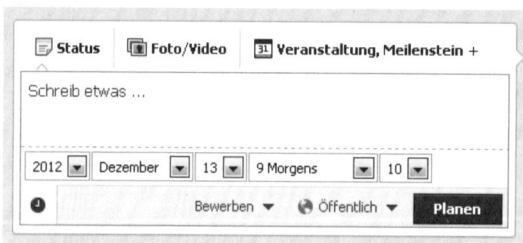

Planen Sie Ihre Beiträge.

Sobald Sie in die Vergangenheit gehen, bietet Facebook Ihnen zusätzlich an, dass der Beitrag nicht in den Neuigkeiten Ihrer Fans angezeigt wird.

Beiträge aus der Vergangenheit hinzufügen.

Dies ist praktisch, wenn Sie zum Beispiel Ihre Seite gerade neu aufsetzen und einige Eckdaten aus der Vergangenheit über mehrere Beiträge eintragen möchten, damit sie erst mal nicht so leer daherkommt.

Tipp für Beiträge aus der Vergangenheit

Sobald Sie mit der Maus in der Mitte über den Zeitstrahl gehen, verändert sich der Cursor in ein Kreuz. Klicken Sie an die gewünschte Stelle, und Facebook öffnet das gewohnte Eingabefenster.

Planen Sie Ihre Beiträge mit dem neuen Publisher von 247 Grad

Wer zusätzliche Optionen wünscht, kann mit dem neuen Publisher von 247Grad, *https://www.facebook.com/247GRAD*, Beiträge planen und gleichzeitig in verschiedene Kanäle wie Facebook und Twitter einspielen.

Dabei sendet der Publisher Statusmeldungen zum gewünschten Zeitpunkt automatisch aus. Auch gibt es eine mobile Version, sodass die Social-Media-Präsenz auch von dort bearbeitet werden kann. Den Publisher gibt es in einer freien und einer kostenpflichtigen Version.

Neue Beiträge mit dem Publisher planen.

Beiträge oben in der Chronik fixieren

Manche Inhalte sind von höherer Bedeutung. Diese lassen sich für bis zu sieben Tage oben in Ihrer Chronik fixieren. Nutzer, die Ihre Facebook-Seite besuchen, sehen sofort anhand einer orangefarbenen Markierung, dass es sich um eine wichtige Meldung handelt.

Wichtige Inhalte für bis zu 7 Tage oben in der Chronik fixieren.

Sie können immer nur einen Beitrag oben fixieren und die Fixierung auch jederzeit wieder aufheben.

Meine Empfehlung: Machen Sie von dieser Option regen Gebrauch. Denn sie erleichtert Besuchern Ihrer Seite das Aufspüren wirklich relevanter Informationen. Sei es eine bevorstehende Veranstaltung, eine laufende Promotionaktion, Ihr aktueller Blogbeitrag, Ihr Angebot über Facebook Offers. Geben Sie Ihren Fans die Möglichkeit, sich schnell zurechtzufinden, ohne lange suchen zu müssen.

Fixieren Sie Ihre wichtigsten Beiträge.

Ein Blick auf Ihre Meilensteine

Auch wenn vielleicht nicht allzu viele Nutzer Ihre Chronik bis zum Anfang hin durchstöbern, tun Sie sich schon einen Gefallen, die wichtigsten Eckdaten Ihrer Unternehmung einzutragen. Am besten mit Bildmaterial und einer kleinen Geschichte dazu.

Gründung eines Unternehmens ohne persönlichen Eintrag.

Punkten Sie auch hier und überlassen Sie Teile Ihrer Chronik nicht einfach sich selbst. Impressionen, wie andere Unternehmen den ersten Eintrag auf ihrer Chronik gestalten, finden Sie in meinem Blog unter *http://www.inga-palme.de/aktuell/items/die-neue-timeline-fuer-facebook-seiten-impressionen.html*.

Das Nacharbeiten bei Meilensteinen

Meilensteine lassen sich nachträglich bearbeiten. Sowohl Text, Bilder als auch das Datum sind austauschbar. Auch können Sie beim Meilenstein einen Ort hinzufügen und ähnlich den Statusmeldungen der Vergangenheit in den Neuigkeiten verbergen. Auch wiederum praktisch. Angenommen, Sie wollen 15 Meilensteine auf einmal eintragen. Es dauert sicherlich nicht lange, bis Ihre Fans wohl ein wenig genervt sind ob Ihrer zahlreichen Beiträge, die sie in ihrem Stream zu sehen bekommen.

5. Die erfolgreiche Marketingstrategie meiner Facebook-Seite verbessern

Um Ihre Strategie optimal in Szene zu setzen, gibt es zahlreiche Helferlein. Einmal eingerichtet, erleichtern Ihnen diese die tägliche Arbeit, sodass Sie sich in Ruhe um die praktische Umsetzung Ihrer Strategie kümmern können.

5.1 Finden Sie Ihre Facebook-Botschafter

Facebook ist in aller Munde. Mittlerweile gibt es kaum ein Event, an dem nicht das Wort Facebook fällt. Wie gut ist es dann, wenn Sie Ihren Gesprächspartner direkt auf Ihre Facebook-Präsenz aufmerksam machen können. Auf Ihrer Visitenkarte findet sich neben Ihrer Domain sicherlich noch ein Platz für die Angabe Ihrer Vanity URL auf Facebook.

Auch in Ihrem Newsletter sorgt ein Hinweis mit Erläuterungen zu Ihrer Seite auf Facebook für Aufmerksamkeit. Und wie sieht es mit Ihrem Briefpapier, Ihrem Flyer oder Ihrer Broschüre aus? All diese Medien lassen sich bequem und vor allem dauerhaft als Botschafter für Ihre Seite auf Facebook verwenden.

Setzen Sie Ihr Profil als Botschafter für Ihre Facebook-Seite ein

Facebook erlaubt Ihnen, in Ihrem Profil Angaben über Ihre Tätigkeit einzutragen. Im Ergebnis wird Ihre Facebook-Seite als Link dargestellt.

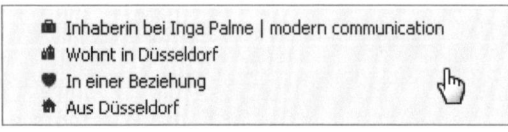

Direkter Link zur Facebook-Seite im eigenen Profil.

Achten Sie aber auf die Schreibweise, und vor allem sollte Ihre Seite bereits existieren. Oftmals wird dies nicht bedacht und schnell ein Name eingetragen. Facebook erstellt dann automatisch eine neue Seite als Gemeinschaftsseite, die Sie nicht administrieren können, so wie in diesem Beispiel.

Von Facebook angelegte Gemeinschaftsseite, die nicht administriert werden kann.

Solche Seiten sind nicht wirklich aussagekräftig, und Sie verlieren wertvolle Optionen, in Ihrem Profil auf die richtige Seite Ihrer Unternehmung hinzuweisen.

So geht's: die richtige Verknüpfung zwischen Profil und Seite

Über den Reiter *Profil bearbeiten* (*http://www.facebook.com/editprofile.php*) gelangen Sie zur Ansicht *Ausbildung und Arbeit*. Legen Sie dort Ihre neue Arbeitsstelle an. Sollten Sie bereits fälschlich eine Gemeinschaftsseite eingetragen haben, empfiehlt es sich, diese zunächst als Arbeitgeber zu entfernen. Lassen Sie sich nicht von der Bezeichnung *Arbeitgeber – wo hast du gearbeitet* irritieren. Sie können später noch Ihre Position als Inhaber bzw. Geschäftsführer eintragen.

Wenn Sie die richtigen Angaben Ihrer Seite eintragen, bietet Facebook Ihnen in der Vorschau Ihre eigene Seite an.

Bei Eingabe der richtigen Bezeichnung wählt Facebook Ihre Seite automatisch aus.

Nach Auswahl der Seite können Sie noch einen Beschreibungstext eintragen.

Bereichern Sie Ihr Profil um Ihre Projekte

Ferner bietet Ihnen Facebook die Option, ein oder auch gleich mehrere Projekte einzutragen. Hier können Sie einen Projektnamen anlegen und ebenfalls eine Projektbeschreibung hinzufügen. Auch bietet Facebook Ihnen die Option, Ihre Freunde als Projektbeteiligte mit einzutragen.

115

Anzeige des neuen Projekts auf der Pinnwand im Profil.

Beachten Sie, dass es sicherlich Benutzer und Freunde auf Facebook geben wird, die sich Ihr Profil gern etwas näher anschauen. Nutzen Sie also die Möglichkeiten für Ihre Seite, indem Sie Ihr Profil mit diesen leicht umzusetzenden Funktionen optimieren und es somit als Seitenbotschafter in Szene setzen.

Bearbeitungsmaske im Profil für Projekte.

Gerade für Organisationen und Vereine bietet es sich an, die Seite auf Facebook und dazugehörige Projekte im Profil anzulegen.

Einerseits freuen sich die meist ehrenamtlichen Helfer, dass sie erwähnt werden. Und andererseits findet sich auch im Profil der Projektteilnehmer unter dem *Info*-Reiter ein verlinkter Hinweis auf Ihre Seite. Beachten Sie hierbei, dass die Verlinkung der Projektteilnehmer in ihrem Profil nur angezeigt wird, wenn diese der Verlinkung zustimmen. Insofern empfiehlt sich es sich, die Angesprochenen vorab zu informieren.

Bei den Projektteilnehmern wird die Seite unter Ausbildung und Beruf angezeigt.

YouTube, Vimeo und Flickr als Ihre visuellen Botschafter

Ihre Filme auf YouTube lassen sich bequem über verschiedene Anwendungen auf Ihrer Facebook-Seite einbinden. Wer eine schöne Darstellung von

YouTube-Filmen auf der Facebook-Seite möchte, wird unter anderem fündig bei der Anwendung YouTube for Pages von involver (*http://www.face book.com/Involver*) oder TABMAKER YouTube von 247Grad (*http://www.fa cebook.com/247GRAD*).

Ihre Facebook-Adresse auf YouTube

Binden Sie Ihre YouTube-Videos nicht nur auf Facebook ein, sondern setzen Sie in den Beschreibungstext unter Ihre Videos bei YouTube einen Link zu Ihrer Facebook-Seite. Auch empfiehlt sich ein kurzer Informationstext über Ihre Unternehmung.

Bei beiden Anbietern finden Sie auch noch weitere Anwendungen, zum Beispiel für Flickr, Vimeo und RSS. Ihre Webseite, die Hauptfigur unter Ihren Botschaftern.

Ihr Internetauftritt, der zentrale Dreh- und Angelpunkt

Bei all Ihren Aktivitäten auf Facebook sollten Sie Ihren eigenen Internetauftritt nicht aus den Augen verlieren. Ihre Seite ist immer noch ein zentrale Dreh- und Angelpunkt für Ihre Aktivitäten und bietet Ihnen zahlreiche Optionen, auf Ihre Facebook-Präsenz aufmerksam zu machen.

Machen Sie also aus Ihrer Webseite einen Start- und Landeplatz für Ihre Facebook-Präsenz. Nutzen Sie dazu die Facebook-Plug-ins. Mehr dazu auf Seite 132.

Das Blog von http://blog.wds7.com mit prägnanten Hinweisen auf Facebook.

Praktisch: Facebook for WordPress

Anfang Juni stellte Facebook das neue Plug-in *Facebook for WordPress* (*http://wordpress.org/extend/plugins/facebook*) in seinem Entwicklerblog (*https://developers.facebook.com/wordpress*) vor. Ein interessantes Plug-in, das verschiedene Möglichkeiten zur Integration Ihres Facebook-Auftritts bietet.

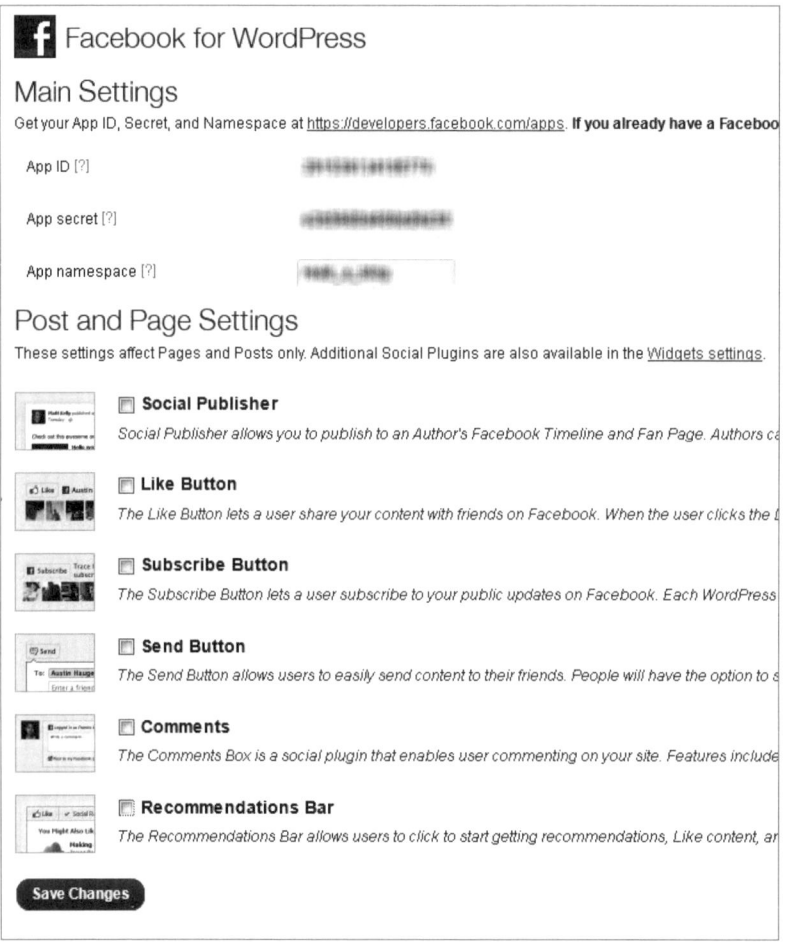

Verschiedene Optionen im Plug-in Facebook for WordPress.

Kern dieses Plug-ins ist die virale Verbreitung von Blogbeiträgen. Insofern funktioniert Facebook for WordPress auch nur in Verbindung mit einer eigenen Facebook-Anwendung

Nach Installation des Plug-ins erscheint links in der Adminleiste die neue Schaltfläche *Facebook*. Darüber gelangen Admins zu den Einstellungen. Zunächst gilt es, das Plug-in Facebook for Wordpress mit einer eigenen Facebook-Anwendung über *https://developers.facebook.com/apps* zu verbinden und zu aktivieren. Wer schon eine passende Anwendung hat, trägt unter *Main Settings* die entsprechenden Daten aus der eigenen Anwendung ein. Wer noch keine Anwendung hat, folgt der Schritt-für-Schritt-Anleitung und überträgt die Daten der Anwendung dann ebenfalls ins Plug-in bei Wordpress.

Wenn die Verbindung hergestellt ist, öffnet sich der neue Bereich *Post and Page Settings*.

Schnelle Verbreitung mit dem Social Publisher

Mention Facebook Pages

Page's Name

- Natascha Ljubic - Social Media für Unter
- Midesign (348 likes) ×
- Extrawerbung - Social Media Betreuung
- Die Dottergelben (227 likes) ×

Message

e das neue Wordpress Widget für Facebook :)

This will add the post to the Timeline of each Facebook Page mentioned. They will also appear in the contents of the post.

Mention Facebook Friends

Friend's Name

- Wilfried Ifland ×

Message

This is a toot for the new Wordpress Widget :)

This will add the post to the Timeline of each friend mentioned. They will also appear on the post.

Freunde und Seiten im Blogbeitrag erwähnen.

Vor allem der Social Publisher ist interessant. Mit ihm lassen sich beim Publizieren eines neuen Beitrags Facebook-Seiten und auch Freunde erwähnen. Gleiches gilt für neue Seiten. Zusätzlich lässt sich noch eine Nachricht an die Erwähnten mit auf den Weg bringen.

Ich hatte das Plug-in direkt ausprobiert. Hier ein Beispiel, wie ein Beitrag von mir als Autor im Feld *Aktuelle Beiträge anderer Nutzer* auf meiner Facebook-Seite angezeigt wird.

Über den Social Publisher publizierter Beitrag.

Weitere Einstellungen im Social Publisher sind:

➤ Neue Blogbeiträge erscheinen automatisch im Profil des Autors – was allerdings einer Freigabe durch Autoren bedarf.

➤ Neue Blogbeiträge erscheinen automatisch auf Ihrer Facebook-Seite.

➤ Die Erwähnungen können in Ihrem Blog unter Ihren Artikeln angezeigt werden oder nicht – ober- oder unterhalb.

Weiterhin enthalten im Plug-in sind:

➤ Die *Gefällt mir*-Schaltfläche

➤ Die *Abonnement*-Schaltfläche

➤ Die *Senden*-Schaltfläche

➤ Die Kommentarbox – Achtung, sobald aktiviert, wird die Kommentarfunktion von Wordpress abgeschaltet

Vor allem neu ist noch die Recommendation Bar. Hier handelt es sich um eine Box, die am unteren Bildschirm auftaucht, wenn Nutzer einen Beitrag auf einem Wordpress-Blog lesen. Unter der Überschrift: *Das könnte dich auch interessieren* empfiehlt die Bar Artikel zu lesen, die den eigenen Facebook-Freunden gefallen. Die Beiträge lassen sich direkt über die Bar aufrufen und mit *Gefällt mir*-Angaben versehen.

Soziales Lesen: Social Reader Integration bald auch bei Wordpress?

Außerdem scheint die Integration des Social Readers in Vorbereitung zu sein. Aktivieren Nutzer den Social Reader, so sehen ihre Freunde die Beiträge, die sie gerade lesen in ihren Neuigkeiten. Mit die bekanntesten Social Reader sind unter anderem die Washington Post und Stern.de. Diese Reader befinden sich innerhalb von Facebook. Lesen Sie am Ende des Kapitels mehr über diese beiden Reader ab Seite 146.

Die Recommendation Bar mit aktiviertem Social-Reader-Link.

Eine Zeitlang wurde in der Recommendation-Bar des Wordpress-Plug-ins der Aktivierungslink zum Social Reader angezeigt. Falls dieser letztendlich zum Einsatz kommt, wäre Wordpress mit das erste System, das es erlaubt, dass außerhalb von Facebook gelesene Beiträge den Facebook- Freunden in ihren Neuigkeiten angezeigt werden.

Auswirkungen auf den EdgeRank

An sich mag Facebook es ja nicht, wenn Inhalte automatisiert über Drittanwendungen wie HootSuite & Co. publiziert werden, und straft die Sichtbarkeit entsprechend ab, indem der EdgeRank verschlechtert wird. Dass dies jetzt bei Facebook for Wordpress auch der Fall sein wird, ist eher nicht zu erwarten, zumal das Plug-in ja auch offiziell im Facebook-Developer-Blog vorgestellt wurde. Trotzdem lohnt es sich, die Reichweite im Auge zu behalten und die Werte zu vergleichen gegenüber manuell eingestellten Beiträgen auf Ihrer Facebook-Seite.

5.2 Empfehlen Sie sich selbst!

Facebook lebt von Empfehlungen durch das Teilen von Inhalten. Mit ein paar Kniffen können Sie andere gezielt auf Ihre Seite aufmerksam machen.

Laden Sie Ihre Freunde auf Ihre Seite ein

Zeitweilig abgeschafft, ist es seit Juli 2011 doch wieder möglich, die eigenen Freunde per E-Mail einzuladen. Jedoch ist die beliebte Option aktuell lediglich Seitenbetreibern vorbehalten. Über die Funktion *Freunde einladen* in der rechten Seitenleiste wählen Sie die Freunde aus, die Sie auf Ihre Seite einladen möchten.

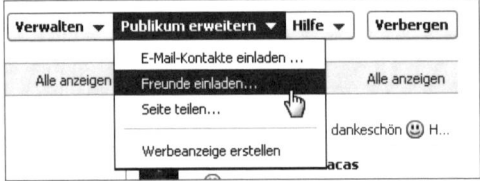

Freunde auf die eigene Seite einladen.

Wenn Sie eher selten Ihre Freunde auf Ihre Facebook-Seite einladen, wird Ihnen auch oben im Adminbereich diese Option angezeigt. In der Vorschau sehen Sie Freunde, bei denen Facebook meint, dass Sie mit diesen am häufigsten interagieren.

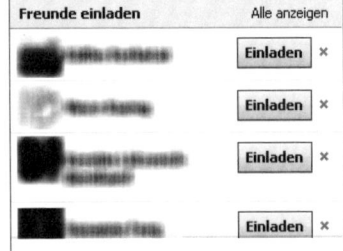

Einladungsmaske für Freunde im Adminbereich.

Sobald Ihre Seite 100 Fans erreicht hat, zeigt Ihnen Facebook Tipps zur Vermarktung Ihrer Seite in diesem Feld an. Diese Option ist recht praktisch, weil Sie nicht extra die Einladungsmaske aufrufen müssen.

Sie können jeden Freund einmal einladen, eine persönliche Nachricht ist allerdings nicht möglich.

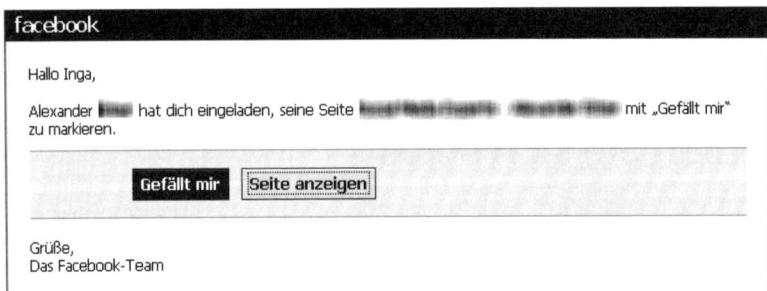

Eingeladene Freunde erhalten eine E-Mail.

Ist das Einladen von Facebook-Freunden sinnvoll oder nicht?

Tipp für Vereine

Nutzen Sie die Multiadminfunktion und fügen Sie mehrere Vereinsmitglieder als Moderator hinzu, damit diese ihre eigenen Freunde auf Facebook einladen können.

Ob diese Funktion sinnvoll ist oder nicht, darüber scheiden sich die Geister. Gerade Verfechter des organischen Wachstums einer Seite raten von dieser

Option ab. Auch sind nicht alle Benutzer gerade begeistert darüber, wenn sich Einladungen von Seiten in ihrem E-Mail-Konto zu stapeln beginnen, und schalten die Benachrichtigungen in ihren Kontoeinstellungen ganz einfach ab.

Wenn Sie unsicher sind, so nutzen Sie diese Funktion nur bei Freunden, die Sie auch wirklich gut kennen. Grundsätzlich sollten auf Ihrer Seite schon ein paar Inhalte vorhanden sein, bevor Sie mir dem Einladen beginnen. Präsentieren Sie sich von Anfang an von Ihrer besten Seite.

Tipps für das Einladen von Freunden

Auch wenn Sie vielleicht schnell viele Fans aufweisen möchten, so laden Sie nicht alle Freunde auf einmal ein. Denn damit verschießen Sie wertvolles Pulver. Besser ist es, sie nach und nach auf die Seite einzuladen. Laden Sie am besten immer dann ein, wenn Sie gerade einen neuen Beitrag verfasst haben.

Hinterlassen Sie Ihre Duftmarke auf anderen Seiten

Mit einem einfachen Trick können Sie erreichen, von vielen gesehen zu werden. Stellen Sie sich vor, Sie sind Fan von NIVEA und möchten dem Unternehmen zum 100-jährigen Geburtstag gratulieren und gleichzeitig selbst auch etwas davon haben. Nichts einfacher als das! Als Erstes geben Sie an, dass Ihnen die Seite von NIVEA gefällt. Im Anschluss verfassen Sie auf Ihrer Seite einen neuen Beitrag als Link und tragen im Beschreibungstext Ihre Gratulationswünsche ein.

Auf der eigenen Seite gekonnt Links zu anderen Seiten setzen.

Um nun einen Link direkt auf die Seite von NIVEA zu setzen, geben Sie @*Nivea* ein. Sobald Facebook den Namen erkannt hat, wird Ihnen die Seite von NIVEA vorgeschlagen. Dieses Vorgehen wird als @mention-Funktion bezeichnet.

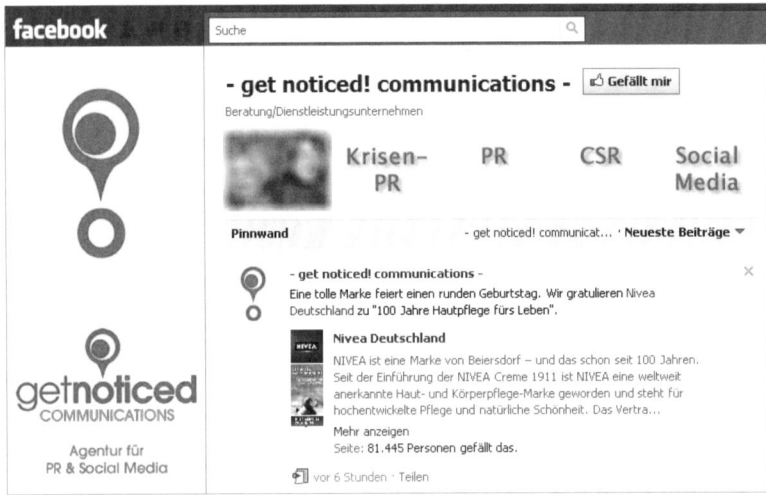

Eintrag auf der eigenen Seite.

Auf Ihrer Seite erscheinen Ihre Geburtstagsgrüße. Und das Schöne ist: Durch die Verlinkung mittels @-Zeichen erscheint genau dieser Eintrag auch auf der Pinnwand von NIVEA. Und das ist immerhin eine Seite, die über rund 90.000 Fans verfügt.

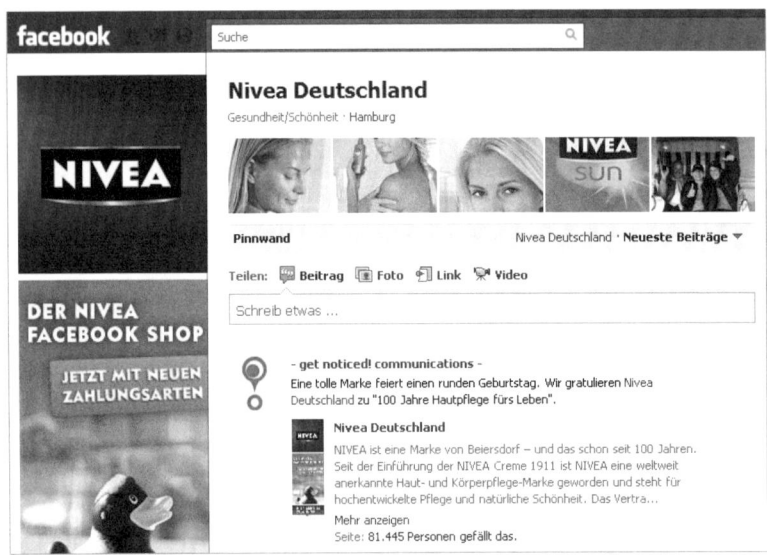

So sah der Eintrag auf der Pinnwand von NIVEA aus.

Setzen Sie diese Funktion jedoch mit Bedacht ein. Wenn Ihre eigene Seite nachher voll ist mit lauter Geburtstagsgrüßen oder ähnlichen Einträgen, ist sie für Ihre eigenen Fans nicht mehr interessant. Denn als relevant lassen sich solche Beiträge auf Dauer nicht bezeichnen, es sei denn, Sie können auch einen Bezug auf Ihre eigene Unternehmung herstellen.

Auch sollten Sie auf die Hausregeln achten. In vielen Fällen sind Einträge auf Seiten von Marken nicht erwünscht und werden gelöscht, es sei denn, sie befinden sich im Kontext zur Marke.

Hier einige Optionen, die im Kontext zu Marken stehen, um einen verlinkten Beitrag zu verfassen:

➢ Erwähnen Sie als Agentur in Ihrem Beitrag lobend die Arbeit von Kollegen aus Ihrer Branche mit einer Verlinkung.

➢ Veröffentlichen Sie interessante Netzfundstücke über ein Unternehmen mit einer Verlinkung auf Ihrer Pinnwand.

➢ Als Hilfsorganisation für Afrika können Sie gut auf die tolle Arbeit von anderen Organisationen aufmerksam machen.

➢ Die Gratulation zu einem Jubiläum oder einem besonderen Erfolgserlebnis.

Sorgen Sie dafür, dass Ihre Inhalte geteilt werden

Auch machen Nutzer und andere Seiten davon Gebraucht, Beiträge von anderen Seiten zu teilen und diese im Text mittels @mention zu erwähnen, bzw. zu verlinken. So wie in diesem Beispiel, wo meine Kollegin Natascha Ljubic einen Beitrag von meiner Facebook-Seite teilte und im Beschreibungstext den Namen Seite mittels @mention markierte.

Beitrag auf der eigenen Seite, wenn diese von einer anderen Seite markiert wurde.

Schön ist, dass alle *Gefällt mir*-Angaben und Kommentare synchronisiert werden. So können Sie auch auf Ihrer eigenen Seite die Reaktionen mitverfolgen. Damit Sie auf dem Laufenden sind.

Einen Wermutstropfen gibt es allerdings. Beiträge, die über eine Markierung auf Ihrer Seite oder Ihrem Profil erscheinen, können nicht kommentiert werden. Dafür haben Sie wiederum die Option, die Markierung zu entfernen, sollte Ihnen der eine oder andere Beitrag doch nicht zusagen.

Die geteilte Statusmeldung selbst kann wiederum geteilt werden. Wie oft und von wem geteilt wurde, zeigt Facebook bei der Anzahl der Kommentare an. Auf diese Weise erkennen Benutzer auf einen Blick die Relevanz des Eintrags.

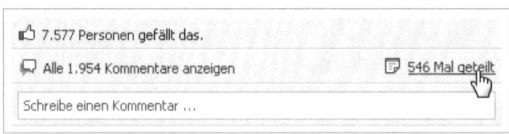

Eine Statusmeldung von Facebook, die sehr häufig geteilt wurde.

Klickt man auf die Angabe, wie oft eine Statusmeldung geteilt wurde, erscheint eine Übersicht mit allen Benutzern und Seiten und deren Kommentare, sofern sie welche beim Teilen verfasst haben.

In manchen Fällen werden selbst beim Teilen umfangreiche Statusmeldungen verfasst.

Wer kann eigentlich wen und wann markieren?

➢ Facebook bietet nicht grundsätzlich die Option, andere zu markieren. Insbesondere für Nutzer hat Facebook zum Schutz ein paar Regeln vorgeschoben. Die Möglichkeiten im Einzelnen sind:

➢ Als Seite können grundsätzlich andere Seiten in Beiträgen markiert werden. Dabei ist es egal, ob angegeben wurde, dass diese Seiten gefallen oder nicht.

➢ Auch wenn Seiten nicht angegeben haben, dass ihnen Ihre Seite gefällt, können Sie sie in Beiträgen markieren.

➢ Nutzer können grundsätzlich nicht in Beiträgen von Seiten markiert werden.

➢ In den Kommentaren können Seitenadministratoren ihre eigenen Freunde markieren.

➢ Sobald ein Nutzer einen Beitrag kommentiert, mit dem Seitenbetreiber nicht befreundet sind, kann dieser in der Antwort markiert werden. Dies ist besonders hilfreich bei langen Kommentar-Threads, um den Überblick nicht zu verlieren.

➢ Nutzer können in einem Beitrag ihre Freunde und Seiten markieren. Bei Seiten ist es egal, ob sie angegeben haben, ob ihnen die Seite gefällt oder nicht.

Benachrichtigungen bei Markierungen mit einer Ausnahme

Grundsätzlich werden Seitenbetreiber darüber informiert, wenn ihre Seite in einem Beitrag markiert wurde. Allerdings mit einer Ausnahme: Wenn Nutzer Seiten in einem ihrer Beiträge markieren und keiner der Seitenadministratoren gehört zum ausgewählten Publikum, ist also zum Beispiel kein Freund, erhalten Admins keine Benachrichtigung über die Markierung.

Alle diejenigen, die zum ausgewählten Publikum gehören, können diese Beiträge im Feld *Aktivitäten von Freunden* auf Facebook-Seiten mitverfolgen. Daraus ergibt sich, dass jeder Nutzer beim Aufruf einer Seite individuelle Beiträge angezeigt bekommt, wenn er die Schaltfläche *Aktivitäten von Freunden* auf einer Seite betätigt.

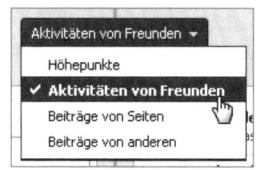

Nutzer können sich die Aktivitäten von Freunden auf Seiten ansehen.

Weitere Informationen dazu, wer was auf Facebook-Seiten sehen kann, finden Sie im Hilfebereich unter *https://www.face book.com/help/?faq=241358369283005*.

Tipps fürs Markieren

Teilen und kommentieren Sie Inhalte von anderen Seiten, die im Kontext zu Ihrem eigenen Thema stehen, und nutzen Sie aktiv die Funktion, diese auch in Ihren Beiträgen zu markieren. Das hat zum einen den Vorteil, dass Sie auf diesen Seiten gesehen werden. Auch erhalten die markierten Seiten eine Benachrichtigung. Und mit etwas Glück wird mit Ihren Beiträgen ebenfalls interagiert. Mein Kollege Reto Stuber spricht in seinem Buch „Erfolgreiches Social Media Marketing" gar von einem Social-Media-Karma. Bringen Sie sich also aktiv für andere ein, um selbst davon zu profitieren.

Lassen Sie Ihre Qype-Rezensionen auch auf Facebook zu Wort kommen

Rezensionen sind etwas Tolles und wirklich wertvoll! Leider hat Facebook beschlossen, die eigene Anwendung Rezensionen zum 31. Oktober 2011 abzuschalten. Alternativ können Sie, falls vorhanden, Ihre Qype-Bewertungen auf Facebook anzeigen lassen. Dazu einen neuen Reiter zum Beispiel mit einem Tab von 247 Grad erstellen und dort den Code von Qype einfügen. Den Code wiederum finden Sie bei Qype unter *mein Geschäft* und in dieser Ansicht unter dem Reiter *Tools*. Wählen Sie das große Banner, dieses fügt sich optimal auf Ihrer Facebook-Seite ein.

Ansicht der Qype-Rezensionen auf der Seite.

Wem die Farben nicht so ganz zusagen, der kann sie auch seinen Wünschen entsprechend anpassen.

Mit etwas Glück hat der Verfasser der Rezension sein Qype-Konto so eingerichtet, dass seine Bewertung auch in seinem Facebook-Profil erscheint. Ein toller Effekt, mit dem Sie eine höhere Reichweite erzielen können.

Rezension über Ihr Unternehmen auf der Pinnwand des Verfassers.

5.3 Die Social Plugins von Facebook effektiv auf der eigenen Webseite einbinden

Die Social Plugins sind kleine vorprogrammierte Lösungen von Facebook, die leicht in externen Webseiten zu integrieren sind. Am weitesten verbreitet ist der *Gefällt mir*-Button, der seit seiner Einführung im Frühjahr 2010 seinen Siegeszug startete und sich rasend schnell auf zahlreichen Seiten im Internet verbreitete.

> **Hinweis zum Datenschschutz**
>
> In diesem Kapitel wird auf die Funktionsweise der Plug-ins eingegangen. Über die aktuell von Datenschützern geführte Diskussion zum *Gefällt mir*-Button lesen Sie in Kapitel 6 ab Seite 140.

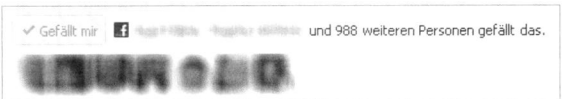

Der Facebook-Gefällt mir-Button im Einsatz auf einer Webseite.

Wenn ein Benutzer auf einer Webseite den *Gefällt mir*-Button anklickt, wird auf seiner Pinnwand automatisch ein neuer Eintrag erzeugt. Das Schöne ist, dass Facebook diesen Eintrag wie einen selbst verfassten Eintrag des Benutzers anzeigt, sodass der Inhalt von anderen Benutzern besser wahrgenommen werden kann.

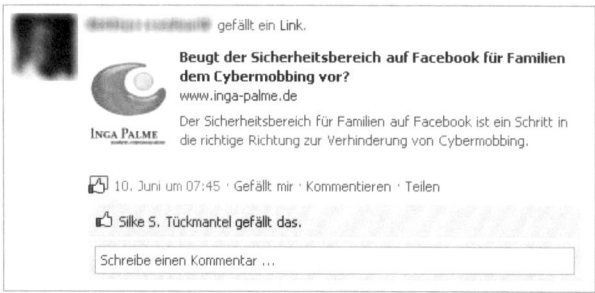

Eintrag auf der Pinnwand des Benutzers, nachdem er auf den Gefällt mir-Button geklickt hat.

Der Eintrag auf der Pinnwand des Benutzers zeigt nach Anklicken des *Gefällt mir*-Buttons auf Ihrer Webseite Folgendes an:

➤ den Namen des Benutzers,

➤ die Angabe, dass ein Link gefällt,

➤ ein Bild,

➤ die Überschrift der Nachricht,

➤ die Domain, auf der sich die Nachricht befindet, sowie

➤ den Anreißtext der Nachricht.

Zusätzlich sind bis auf den Anreißtext der Nachricht alle Informationen als Link hinterlegt. Die Freunde des Benutzers gelangen über die Links in dem Beitrag direkt auf die Nachricht der externen Webseite.

Die vollständige Nachricht auf der externen Webseite.

Ebenso können die Benutzer den *Gefällt mir*-Button im Beitrag auf Facebook anklicken sowie den Beitrag auf Facebook kommentieren und auch teilen.

Anzeige der geteilten Links auf Facebook nach Eingabe der Überschrift des Beitrags in der Suchmaske.

Mit der Einführung des *Gefällt mir*-Buttons verfolgt Facebook den konsequenten Weg weiter, alles und jeden miteinander zu vernetzen und dem Mitteilungsbedürfnis der Benutzer noch besser gerecht zu werden. Ich möchte sogar behaupten, dass die Einführung des *Gefällt mir*-Buttons eine der besten Ideen überhaupt von Facebook ist, denn die viralen Möglichkeiten sind schier unerschöpflich.

Ein kleines Rechenbeispiel zum viralen Effekt

Sie veröffentlichen einen neuen Artikel auf Ihrer Webseite und integrieren den *Gefällt mir*-Button.

Nehmen wir an, zehn der Leser Ihres Artikels klicken auf den *Gefällt mir*-Button. Dadurch erscheint Ihr Artikel als Eintrag bei all diesen Benutzern auf deren Pinnwand.

Bei einer durchschnittlichen Anzahl von 130 Freunden (Quelle: Facebook) pro Benutzer erscheint dieser Eintrag nunmehr bei 1.300 Benutzern auf deren Startseite. Auch diese 1.300 Benutzer können die Links im Beitrag anklicken und den Artikel auf Ihrer Seite lesen, um dort gegebenenfalls wieder auf den *Gefällt mir*-Button zu klicken.

Wenn das fünf weitere Benutzer tun, haben Sie insgesamt im Durchschnitt 1.950 Benutzer auf Facebook mit Ihrer Nachricht erreicht.

Vergleichen Sie diesen Wert einfach mal mit der Anzahl an Besuchern auf Ihrer Webseite pro Tag. Sie werden schnell feststellen, dass Sie durch die Integration des *Gefällt mir*-Buttons weitaus größere Chancen haben, mit Ihren Inhalten auch wahrgenommen zu werden.

Verändert der neue Like-Button das Benutzerverhalten?

Bis zum Anfang des Jahres wurde beim Anklicken des *Gefällt mir*-Buttons im Profil des Benutzers lediglich ein kleiner Textvermerk angezeigt. Facebook-biz (*http://www.futurebiz.de/artikel/like-button-2-0-gefallt-mir-ersetzt-teilen-doch-tut-sich-facebook-damit-einen-gefallen*) fragte nach, ob die optischen Anpassungen das Benutzerverhalten verändern würden.

Wird die neue Version des "Gefällt mir" Buttons euer Nutzerverhalten beeinflussen?

Ich werde nur noch bei besonders wichtigen (interessanten) Inhalten "Gefällt mir" klicken (54%, 160 Votes)

Bei mir ändert sich nichts (40%, 120 Votes)

Ich werde öfter "Gefällt mir" klicken (6%, 18 Votes)

Total Voters: **298**

Umfrage auf futurebiz.de.

Rund 54 % meinten, sie würden nur noch bei besonders wichtigen und interessanten Inhalten den *Gefällt mir*-Button betätigen. Lediglich 5 % gaben an, den Button nunmehr öfter zu verwenden. Insgesamt aber bleibt abzuwägen, inwiefern ein Button, der zwar vielleicht weniger angeklickt, dafür aber omnipräsenter daherkommt, letztendlich doch zu mehr Erfolg beiträgt als eine kleine Meldung, die meist übersehen wird.

Es gibt natürlich auch die Benutzer, die die Anzeige ihrer *Gefällt mir*-Klicks in ihrem Profil deaktiviert haben. In solchen Fällen wird kein Eintrag auf der Pinnwand angezeigt. Benutzer, die derartige Einstellungen vornehmen, dürften allerdings eher die Ausnahme darstellen.

Die verschiedenen Social Plugins

Über den Link *http://developers.facebook.com/docs/plugins/* gelangen Sie zur Übersichtsseite der zur Verfügung stehenden Social Plugins.

Wählen Sie aus der Liste das für Sie passende Social Plugin. Es folgt eine Erläuterung der Social Plugins im Einzelnen:

Der Gefällt mir-Button

Der *Gefällt mir*-Button ist, wie gesagt, das am häufigsten verwendete Social Plugin. Facebook bietet Ihnen verschiedene Optionen zur optischen Darstellung.

Die unterschiedlichen Button-Arten.

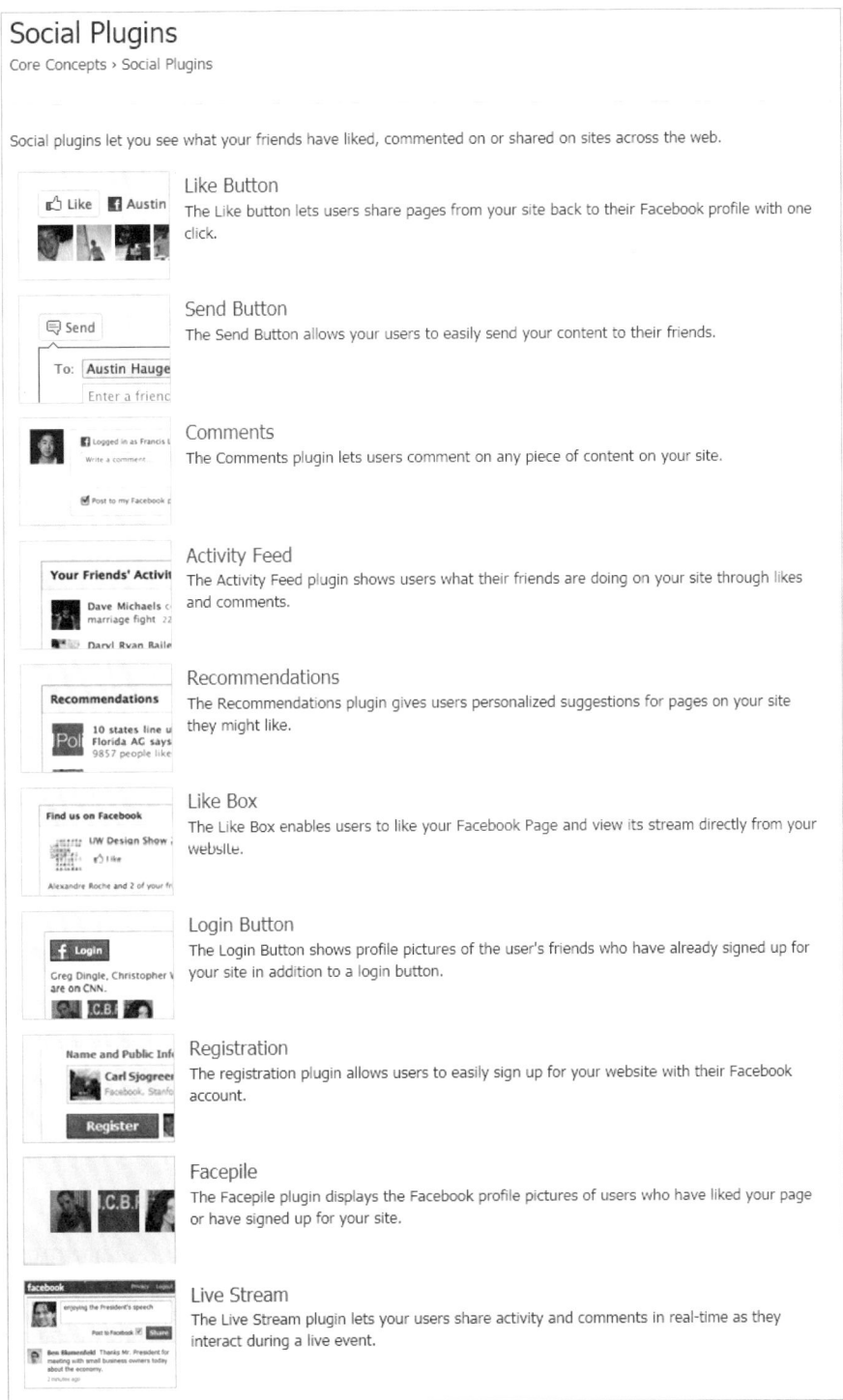

Social Plugins

Core Concepts › Social Plugins

Social plugins let you see what your friends have liked, commented on or shared on sites across the web.

Like Button

The Like button lets users share pages from your site back to their Facebook profile with one click.

Send Button

The Send Button allows your users to easily send your content to their friends.

Comments

The Comments plugin lets users comment on any piece of content on your site.

Activity Feed

The Activity Feed plugin shows users what their friends are doing on your site through likes and comments.

Recommendations

The Recommendations plugin gives users personalized suggestions for pages on your site they might like.

Like Box

The Like Box enables users to like your Facebook Page and view its stream directly from your website.

Login Button

The Login Button shows profile pictures of the user's friends who have already signed up for your site in addition to a login button.

Registration

The registration plugin allows users to easily sign up for your website with their Facebook account.

Facepile

The Facepile plugin displays the Facebook profile pictures of users who have liked your page or have signed up for your site.

Live Stream

The Live Stream plugin lets your users share activity and comments in real-time as they interact during a live event.

Dashboard mit allen Social Plugins, die Facebook zur Verfügung stellt.

133

Auch können Sie zwischen *Gefällt mir* und *Empfehlen* auswählen. Im Übrigen brauchen Sie sich keine Gedanken darüber zu machen, wenn der Button in der Vorschau in englischer Sprache angezeigt wird. Sobald Sie den Code auf Ihrer Webseite eingefügt haben, wird der Button in Ihrer Browsersprache dargestellt.

Den Gefällt mir-Button als Empfehlung auf der Webseite platzieren.

Wenn ein Benutzer den Button anklickt, hat er zusätzlich die Option, einen Kommentar zu hinterlassen. Dies wird so lange angeboten, wie sich der Benutzer auf der Seite befindet. Nach Verlassen der Seite steht diese Option nicht mehr zur Verfügung.

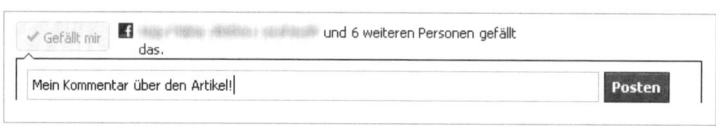

Kommentarfeldanzeige nach Anklicken des Gefällt mir-Buttons.

In der Regel wird dieses Kommentarfeld allerdings kaum genutzt, was wohl darauf zurückzuführen ist, dass Benutzer den Button als das einsetzen, wofür er hauptsächlich wahrgenommen wird – ein schneller Klick, der angibt, dass etwas gefällt, ohne noch großartig etwas Schriftliches zu hinterlassen.

Nachdem Sie alle Einstellungen Ihren Wünschen entsprechend vorgenommen haben, klicken Sie unten auf *get code* und fügen den Codeschnipsel in Ihre Seite ein.

Der Senden-Button

Alternativ können Sie Ihren Lesern auch anbieten, Ihren Artikel an bestimmte Personen zu versenden. Diese Funktion eignet sich insbesondere, wenn Sie wissen, dass der Empfänger nicht über ein Facebook-Konto verfügt oder nicht zu Ihren Freunden auf Facebook zählt.

 *So sieht der Senden-Button aus.*

Die Nachricht kann an Facebook-Freunde, -Gruppen oder an E-Mail-Adressen verschickt werden.

Sie können den Hinweis auf den Artikel an Ihre Facebook-Freunde, eine Gruppe oder an eine x-beliebige E-Mail-Adresse verschicken und mit einer persönlichen Nachricht versehen.

Das Dialogfenster zum Versenden.

Die Kommentarbox

Ansicht der Kommentarbox auf Ihrer Webseite, wenn der Benutzer gleichzeitig bei Facebook angemeldet ist.

Auf der Pinnwand des Benutzers wird sein Kommentar mit Link und Anreißtext aus Ihrem Artikel angezeigt. Ein schöner Effekt, zumal alle Kommentare und Antworten sowohl auf Ihrer Webseite als auch auf Facebook verfolgt werden können, da die Daten synchronisiert werden.

Ansicht des Kommentars auf der Pinnwand des Benutzers, der zu einem Artikel auf Ihrer Webseite eine Nachricht verfasst hat.

Auf jeden einzelnen Kommentar kann geantwortet werden, was wiederum sowohl auf Facebook als auch auf Ihrer Seite angezeigt wird. Die Darstellung ist denen in Foren ähnlich. Eine ideale Option, die auch anderen das Interesse an Ihren Inhalten aufzeigt. Und nebenbei können Kommentare auch Ihr Fachwissen bestätigen, das sich wiederum positiv auf Ihre Unternehmung auswirkt.

Für Sie als Admin wird Ihnen auf Ihrer Webseite eine Bearbeitungsmaske angezeigt. Gehen Sie auf *Einstellungen*, um diese zu öffnen. Über *Moderation AnwendungsKommentare* werden Sie zu Facebook weitergeleitet und finden dort eine nach Datum aufgestellte Liste aller bisherigen Kommentare vor.

Kommentarbox auf Ihrer Seite mit Kommentaren und Antworten.

Praktisch ist auch die *Moderatorenansicht* auf Facebook, über die Sie alle Kommentare verwalten können. Über diese Ansicht gelangen Sie zum passenden Artikel Ihrer Webseite oder Ihres Blogs und können den Eintrag des Benutzers zuordnen und richtig beantworten.

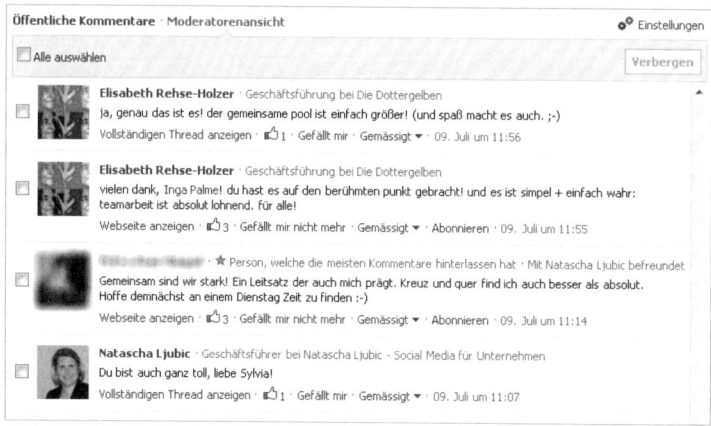

Moderatorenansicht für Kommentare.

Auch können Sie in den Einstellungen unter anderem einzelne Kommentare verbergen, Nutzer ausschließen und gegebenenfalls Kommentare erst prüfen, bevor sie veröffentlicht werden.

Kommentareinstellungen bearbeiten

Anwendungs-ID:	
Anwendungsentwickler:	
Moderatoren:	

Moderationsmodus:
- Als Standardeinstellung jeden Post für Jeden sichtbar machen
  Posts matching the strings in the blacklist will be sent to the moderation queue.
- Ich möchte jeden Kommentar bestätigen, bevor er für alle sichtbar ist.
  Posts matching the strings in the blacklist will automatically be hidden and not added to the moderation queue. To make sure everything goes through moderation regardless of content, do not specify a blacklist.

Negativwörter: Keine Beschränkungen

Andere Login-Anbieter: ☐ Nutzern erlauben, über andere Login-Anbieter zu posten.

Grammatik-Filter: ☑ Häufig auftretende grammatikalische Fehler automatisch berichtigen.

Herausgeber für Kommentare:
- Immer anzeigen.
- Verbergen, wenn es mehr als 5 Kommentare gibt.

Speichern **Abbrechen**

Die Kommentareinstellungen verwalten.

Neueste Aktivitäten

Ein weiteres interessantes Feature ist das Social Plugin *Neueste Aktivität Activity Feed*. Hier werden in einem Block die letzten Aktivitäten in chronologischer Reihenfolge und im Zusammenhang mit allen Nachrichten auf Ihrer Seite dargestellt.

Auch dieses Plug-in erhöht die Aufmerksamkeit und zeigt vor allem neuen Besuchern, dass Ihre Inhalte für andere relevant sind und nicht nur wahrgenommen, sondern auch weiter verbreitet werden.

Ansicht des Social Plugins Neueste Aktivität auf der Webseite.

137

Empfehlungen

Ähnlich der Box *Neueste Aktivität* ist die *Empfehlungen*-Box angelegt, allerdings ohne zeitliche Angabe, wann Aktivitäten durch Benutzer erfolgten.

Ansicht der Empfehlungen-Box auf Ihrer Webseite.

Die Gefällt mir-Box

Die *Gefällt mir*-Box ist wohl die optisch markanteste Ausführung unter den Social Plugins. Benutzer können den *Gefällt mir*-Button direkt in der Box anklicken. Außerdem werden Ihre Beiträge in der Box angezeigt sowie die Anzahl Ihrer Fans und eine Auswahl an Fans, je nachdem, ob und wie viele Sie anzeigen möchten.

Login-Button

Über den Login-Button können sich die Besucher auf einer Webseite, die den Button integriert hat, mit ihren Facebook-Zugangsdaten einloggen.

Registrierung

Mit dem Registrierungs-Plug-in soll das Registrieren von Besuchern einer Webseite für Facebook-Benutzer erleichtert werden. Ist ein Besucher Ihrer Seite gleichzeitig bei Facebook angemeldet, werden bereits einige Felder ausgefüllt dargestellt. Es können auch eigene Felder hinzugefügt werden. So könnte zum Beispiel ein individuell erstelltes Registrierungsformular aussehen:

Ansicht der Like Box auf Ihrer Webseite.

Um Zeit zu sparen, wurde das folgende Formular bereits vorab mit den Angaben deines Facebook-Profils ausgefüllt.

Name und öffentliche Informationen:	**Inga Palme** 2617 Freunde ✕
E-Mail-Adresse:	inga.palme@youcan-trust.org
Aktueller Wohnort:	Düsseldorf, Germany
Geschlecht:	Weiblich ▾
Geburtstag:	28 ▾ . Februar ▾ 1962 ▾
Gefällt Dir dieses Plugin?:	☑
Telefonnummer:	
Jahrestag:	Tag: ▾ . Monat: ▾ Jahr: ▾
Wirst Du dieses Plugin einsetzen?:	Ja ▾
Lieblingsfilm:	
Security Check:	xd/ort **nativio**

Registrieren

Sei die erste von deinen Freunden, die sich registriert!

Durch Klicken auf Registrieren gewährst du ATW · User Registration auch Zugriff auf deine Freundesliste und andere öffentliche Informationen. Es wird nichts mit ATW · User Registration geteilt, bevor du auf Registrieren klickst. **Erfahre mehr**

Ansicht eines individuellen Registrierungsformulars.

Die Optionen für das Registrierungs-Plug-in sind vielfältig und komplex. Speziell zum diesem Thema finden Sie ein Tutorial im Blog von abouttheweb unter *http://www.abouttheweb.de/tutorials/facebook-die-praxis/das-facebook-registration-tool*.

Facepile

Das Plug-in Facepile zeigt die Vorschaubilder von Ihren Fans und kann diese in der Breite und Höhe anpassen. Dabei unterscheidet Facepile zwei Arten in Anzeige: entweder alle Fans oder alle Benutzer, die sich über das Plug-in Registrierung auf Ihrer Seite angemeldet haben.

Im ersten Fall verwenden Sie die Einbindung per iFrame oder xfbml, im zweiten Fall benötigen Sie zusätzlich eine app_id, die Sie in den Frame oder den xfbml-Code einfügen.

139

Livestream

Hiermit werden Kommentare in Echtzeit dargestellt. Meist wird Livestream bei gestreamten Videos, zum Beispiel bei Foren, Diskussionen, Kongressen und dergleichen, eingefügt. Benutzer können so, während sie das Video verfolgen, ihre Kommentare abgeben und auf die Kommentare anderer reagieren.

Ansicht eines Livestreams.

5.4 In aller Munde: Open Graph – was ist das eigentlich?

Jeder, der sich genauer mit der Interaktion zwischen Facebook, Fans und auch eigener Webseite beschäftigt, wird irgendwann dem Begriff Open Graph begegnen. Doch was verbirgt sich dahinter? Um Facebook-Anwendungen unter Zuhilfenahme der Graph-API zu schreiben, ist es notwendig, den Social Graph bzw. den Open Graph zu verstehen.

Im Blog abouttheweb (*http://www.abouttheweb.de*) von Michael Schakulat gibt es eine sehr schöne Beschreibung, die ich hier mit seiner freundlichen Erlaubnis übernehme:

„Der soziale Graph bezeichnet in erster Linie die Personen eines sozialen Netzwerks und deren Relation zueinander, wobei die Personen als Knoten und die Verbindungen zwischen den Personen als Kanten bezeichnet werden."

Ein Graph ist ähnlich wie ein Familienstammbaum

Ein Beispiel für einen Graphen ist der Familienstammbaum, bei dem jedes Familienmitglied ein Knoten und jede Verbindung zu einem anderen Familienmitglied eine Kante ist.

Über Open Graph wird alles miteinander verknüpft

Der Open Graph von Facebook ist der Revolutionär unter den sozialen Graphen. Er verbindet nicht nur Personen untereinander, mit ihm lässt sich nahezu jedes Objekt mit einer Person oder mit anderen Objekten verbinden. So ist es beispielsweise möglich, sich nicht nur mit Personen, sondern auch mit Orten, Firmen oder Filmen etc. zu verbinden.

Durch den Open Graph ist es also möglich, sich mit Inhalten jeder beliebigen Webseite zu verbinden. Die Verbindung wird über den *Gefällt mir*-Button hergestellt. Wird er auf einer Webseite eingebunden, können Besucher sich durch das Anklicken der Schaltfläche mit dem Inhalt bzw. mit der Webseite verbinden.

Die Integration einer Webseite in den Open Graph wird durch das Open-Graph-Protokoll ermöglicht. Webseiten, die in den Open Graph integriert werden, sind mit herkömmlichen Facebook-Seiten gleichzusetzen. So erscheinen die Seiten, die in den Open Graph integriert werden, zum Beispiel in den Suchergebnissen auf Facebook. Sie können außerdem Nachrichten auf die Startseite der Benutzer schreiben.

Mit Metatags erfolgt die Integration

Um eine Webseite in den Open Graph zu integrieren, muss sie ein Graph-Objekt werden. Ein Graph-Objekt zeichnet sich durch spezielle *<meta>*-Tags aus, durch die das Objekt kategorisiert und beschrieben wird. Dabei steht das Tag *og* für Open Graph und *fb* für Facebook. Zurzeit sind folgende Tags erforderlich:

Eigenschaft	Beschreibung
og:title	Der Titel des Objekts, unter dem es im Graphen bekannt gemacht werden soll.
og:type	Der Typ des Objekts, zum Beispiel Firma, Hotel, Sportler, Stadt, Blog, Webseite etc. Die vollständige Liste ist bei Facebook unter *http://developers.facebook.com/docs/opengraph/#type* abrufbar.
og:image	Ein Bild, das das Objekt innerhalb des Graphen repräsentiert. Es sollte mindestens 50 x 50 Pixel groß sein und ein maximales Seitenverhältnis von 3:1 haben.
Og:url	Die URL, unter der das Objekt zu finden ist.

Eigenschaft	Beschreibung
Og:site_name	Der Name der Seite, die das Objekt repräsentiert, bzw. bereitstellt.
fb:admins	Eine kommaseparierte Liste von Facebook-User-IDs, die die Seite administrieren dürfen.
fb:app_id	Die ID einer Facebook-Anwendung, die die Seite administrieren darf.

Die Tags *fb:admins* und *fb:app_id* können beide eingebunden werden, allerdings reicht es aus, ein einziges davon zu implementieren. Außerdem besteht die Möglichkeit, zusätzlich weitere, optionale Tags einzubinden.

Eigenschaft	Beschreibung
og:description	Eine (kurze) Beschreibung der Seite. Nicht unbedingt nötig, wird aber empfohlen.
og:email	Eine gültige E-Mail-Adresse.
og:phone_number	Telefonnummer.
og:fax_number	Faxnummer.

Für lokale Unternehmungen wie Hotels, Restaurants und dergleichen bieten sich zusätzlich noch Informationen zur Lokalisierung an.

Eigenschaft	Beschreibung
og:latitude	Breitengrad.
og:longitude	Längengrad.
og:street-address	Straße.
og:locality	Ort.
og:region	Region, Bundesland.
og:postal-code	Postleitzahl.
og:country-name	Land.

Ein Beispiel in der Praxis

Im Beispiel zeige ich Ihnen hier die Metaangaben, die für einen Artikel aus meinem Blog bereitgestellt werden. Die URL für diesen Artikel lautet:

http://www.inga-palme.de/aktuell/items/perfekten-service-bieten-mit-supporttab-von-shopshare.html

- ```
<meta property="fb:admins" content="1638933999"/>
```
- ```
<meta property="fb:page_id" content="185317511499332" />
```
- ```
<meta property="fb:app_id" content="168938923165649" />
```
```

- `<meta property="og:type" content="blog"/>`
- `<meta property="og:image" content="http://www.inga-palme.de/images/fb-image.jpg" />`
- `<meta property="og:site_name" content="Facebook &amp; Co - Inga Palme | modern communication"/>`
- `<meta property="og:url" http://www.inga-palme.de/aktuell/items/perfek-ten-service-bieten-mit-supporttab-von-shopshare.html" />`
- `<meta property="og:title" content="Perfekten Service bieten mit Support-Tab von ShopShare"/>`
- `<meta property="og:description" content="Mit ihrem SupportTab haben die Entwickler des beliebten iFrameWrapper eine neue spannende Anwendung für Facebook-Seiten auf den Weg gebracht."/>`

Wenn nun ein Benutzer den *Gefällt mir*-Button klickt, erscheint diese Meldung auf seiner Pinnwand.

So wird eine Gefällt mir-Angabe auf der Pinnwand eines Benutzers dargestellt.

In diesem Beispiel wurde ein fixes Bild in die Meta-Tags mit angegeben. Wer jeweils das passende Bild zum Artikel anzeigen lassen möchte, kann hier auf individuelle Lösungen des gewählten CMS-Systems zurückgreifen. Benutzer von Wordpress zum Beispiel können dafür das Plug-in *Facebook Like Thumbnail* (*http://wordpress.org/extend/plugins/facebook-like-thumbnail*) nutzen.

Alles in allem eigentlich kein Hexenwerk. Doch bedarf es für die richtige Umsetzung schon eines tieferen Verständnisses. Sollten Sie sich also bislang selbst noch nicht mit derlei Dingen beschäftigt haben, empfiehlt es sich, den Programmierer Ihres Vertrauens für die Integration Ihrer Webseite in den Open Graph hinzuzuziehen.

Auch die Einbindung als iFrame kann sich für Nichtkenner als komplex herausstellen

Zwar bietet Facebook für einige der Social Plugins auch einen iFrame zur Einbindung an, doch kann dies für Ungeübte zu einem recht umfänglichen Unterfangen ausarten. Wenn Sie es gewohnt sind, mit einem Redaktionssystem zu arbeiten, wird Ihnen auffallen, dass nach Abspeichern der einmal integrierte Code wieder verschwindet. Sie müssen also ohne einen Editor an den Artikeln arbeiten. Je nach Redaktionssystem müssen die benötigten

HTML Tags erst einmal hinzugefügt werden. Ist das nicht der Fall, fliegt Ihr Code auch wieder raus.

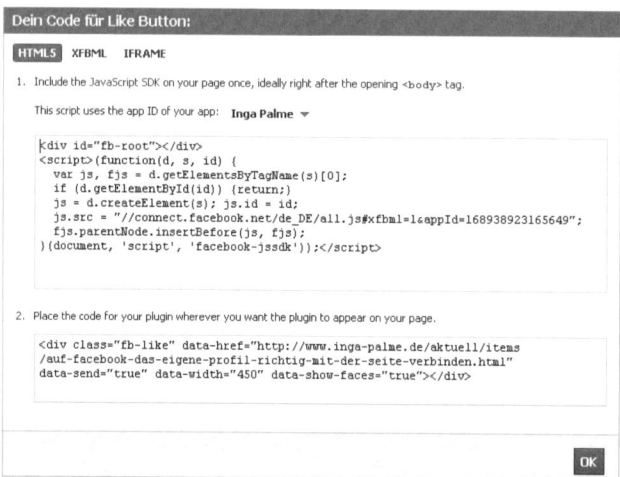

Facebook bietet die Einbindung als HTML5- und XFBML-Code an, bei einigen Plug-ins auch als iframe.

Und Facebook selbst hat auch noch eine Hürde eingebaut. Bei Neueinsteigern verlangt Facebook eine Verifizierung über die Angabe Ihrer mobilen Rufnummer. Die Erläuterungen zum Open Graph in diesem Buch dienen lediglich dazu, Ihnen in groben Zügen aufzuzeigen, was es damit auf sich hat.

Der neue Open Graph und seine Möglichkeiten

Auf der f8-Konferenz 2011 wurde auch der neue Open Graph vorgestellt. Einfach ausgedrückt ist der neue Open Graph eine Erweiterung des bisherigen *Gefällt mir*-Buttons. Wo Benutzer über den *Gefällt mir*-Button lediglich angeben konnten, dass ihnen etwas gefällt, können mit dem neuen Open Graph ganze Handlungsabläufe wiedergegeben werden.

Und zu diesem Zweck hat Facebook auch die neue Timeline – im Deutschen Chronik – konzipiert.

Mit Einzug des neuen Open Graph wurde auch die Maske zum Erstellen einer Anwendung modifiziert. Den Bereich für Anwender zum Anlegen einer neuen Applikation erreichen Sie unter *https://developers.facebook.com/apps* Nach Vergabe eines Namens für Ihre Anwendung können Entwickler je nach Bedarf zwischen diesen Optionen wählen:

➢ Interaktion mit einer Webseite

➢ Anwendung auf Facebook

➢ Handy-Web

➢ Native iOS-App

➢ Native Android-App

➢ Seitenreiter

Die Optionen von Facebook zum Erstellen einer eigenen Anwendung.

In der Navigationsleiste links wird ein eigener Bereich für den Open Graph angezeigt. Wie schon erwähnt, werden mit dem neuen Open Graph Handlungen wiedergegeben. Über die Maske *Erste Schritte* tragen Entwickler die Aktionen ein, welche die Benutzer mit der Anwendung durchführen können, und ordnen sie Objekten für die Interaktion zu. Zum Beispiel:

➢ liest eine Zeitung

➢ backt einen Kuchen

➢ plant eine Reise

➢ schaut einen Film

➢ usw.

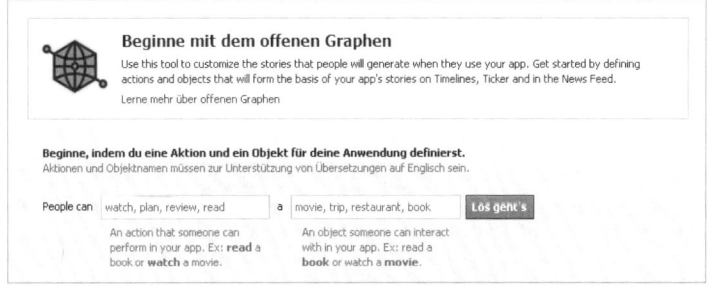

Aktionen eintragen, welche die Anwendung durchführen soll.

Sinn und Zweck dieser Vorgehensweise ist es, dass auf der Chronik des Benutzers angezeigt wird, welchen Artikel er in einer Zeitung gerade liest oder welche Musik er gerade hört.

Whitepaper von futurebiz

Bei Futurebiz finden Sie ein Whitepaper, das sich anschaulich der Thematik zur Erstellung einer App über den neuen Open Graph widmet: *http://www.futurebiz.de/wp-content/uploads/2012/01/Futurebiz-Aufbau_Erstellung_Facebook_Open_-Graph_Apps_240120121.pdf.*

Musik- und Zeitungsbranche haben die Nase vorn

Als eines der ersten Unternehmen schaltete die Washington Post: *The Washington Post Social Reader, https://apps.facebook.com/wpsocialreader*, eine Anwendung mit dem neuen Open Graph. Bei Installation können Benutzer entscheiden, für wen sie ihre Aktivitäten im Rahmen der Anwendung sichtbar machen wollen. Beim sogenannten Frictionless Sharing ist es also nicht mehr nötig, dass Nutzer extra angeben müssen, wenn ihnen ein Beitrag gefällt. Sobald ein Artikel aufgerufen wird, wird dies den Freunden in den Neuigkeiten angezeigt.

Benutzer können angeben, wer ihre Aktivitäten innerhalb der Anwendung sehen darf.

In den Privatsphäre-Einstellungen können sich Nutzer nachträglich noch entscheiden, ob die Aktivitäten im Rahmen der Anwendung auf der Chronik angezeigt werden dürfen oder nicht.

Benutzer können die Einstellung Anwendungsaktivitäten zu deiner Chronik hinzufügen deaktivieren.

Sofern also nicht deaktiviert, erscheint auf der Chronik des Benutzers eine Meldung darüber, welchen Artikel er aus der Washington Post liest. Die gleiche Meldung erhalten die vorher ausgewählten Benutzer auf ihrer Startseite. Mittlerweile setzen einige Unternehmen diesen Social Reader ein und erzielten damit sehr hohe Reichweiten. Als erste deutsche Zeitschrift hat der Stern, *https://apps.facebook.com/stern-social-reader*, im März seine Social-Reader-App auf den Weg gebracht.

Anzeige in der Chronik

Werden mehrere Artikel gelesen, erscheinen diese als Liste auf der Chronik bei den letzten Aktivitäten als Nachrichten.

Anzeige der kürzlich gelesenen Artikel aus der Washington Post.

Der neue Open Graph geht also einen guten Schritt weiter in Richtung Interaktion einhergehend mit dem Ziel, Unternehmen weitere Optionen zur Erlangung größerer Reichweiten zu ermöglichen. War es bislang nicht möglich zu sehen, wer, wann, was liest, spielt oder kocht, gehört dies nun der Vergangenheit an. Insbesondere durch die Wiedergabe von Handlungen sind die Einsatzmöglichkeiten nahezu unbegrenzt.

Bei earbits gibt's was auf die Ohren

Auch die Musikbranche hat den neuen Open Graph bereits entdeckt. So werden die gehörten Musiktitel zum Beispiel von earbits (*http:// http://www.earbits.com*) zusätzlich zur Anzeige bei den letzten Aktivitäten auch am Ende der letzten beiden Monate in ihrer Chronik aufgeführt. Klicken Benutzer bei dieser Anzeige oben auf *Musik*, erhalten sie eine eigene Chronik nur für die gehörten Musiktitel, die sie sich in den einzelnen Monaten angehört haben.

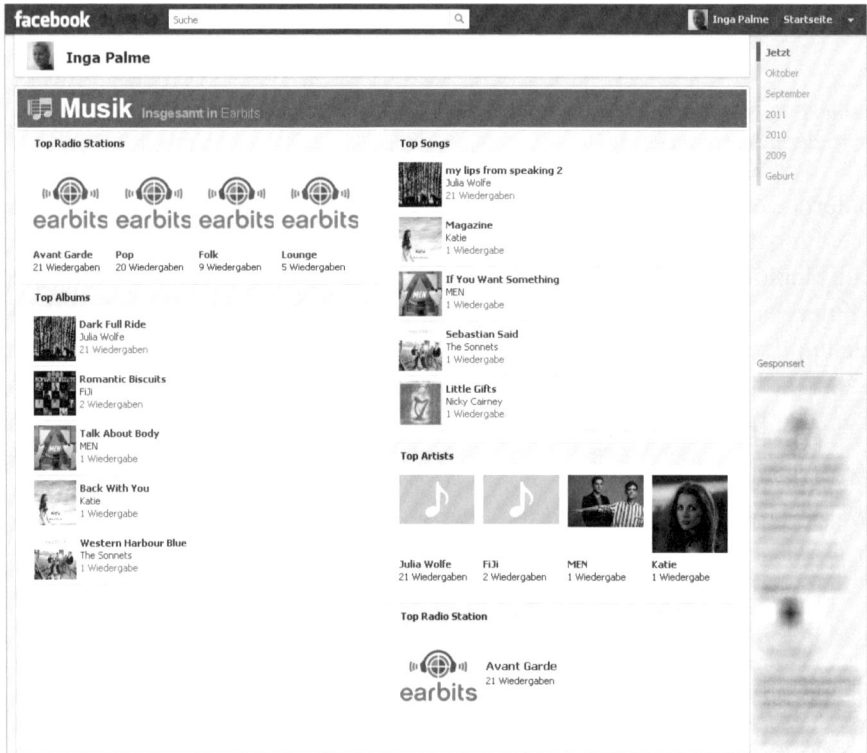

Übersicht aller gehörten Titel in einer eigenen Chronik.

Klicks auf die Interpreten führen, falls vorhanden, auf deren Facebook-Seite. Sind die Interpreten wiederum auch auf anderen Musik-Plattformen vertreten, wird dies durch ein Widget auf der Facebook-Seite angezeigt.

Anzeige von Musik-Plattformen auf Facebook-Seiten aus der Musikbranche.

Die Plattform selbst von earbits verfügt über eine Anzeige der Facebook-Freunde. Benutzer können ausgewählte Musiktitel an Freunde schicken, von denen sie ausgehen, dass sie ihnen gefallen. Auch lassen sich alle Titel kommentieren und zusätzlich zur regulären Ansicht mit einem Kommentar auf die eigene Chronik hochladen. Und gekauft werden kann auch direkt aus der Plattform heraus.

Dies sind einige Beispiele von vielen, welche die verschiedenartigen Optionen für den Einsatz des neuen Open Graph aufzeigen. Wer sich auf dieses Gebiet begeben möchte, kann unter anderem auf zertifizierte Facebook-Entwickler unter *http://developers.facebook.com/preferreddevelopers* zurückgreifen.

Anzeige der Musiktitel bei earbits.

5.5 Statistiken, der Spiegel Ihrer Strategie

Facebook bietet Ihnen umfassende Statistiken zur Auswertung Ihrer Aktivitäten. Im Adminfenster über Ihrer Facebook-Seite wird Ihnen eine Vorschau Ihrer Statistiken angezeigt. Von dort gelangen Sie auch in die einzelnen Auswertungen. Die erste Übersicht zeigt die Anzahl Ihrer Beiträge pro Tag, die Anzahl der Personen, die über Inhalte sprechen, sowie die insgesamte wöchentliche Reichweite auf.

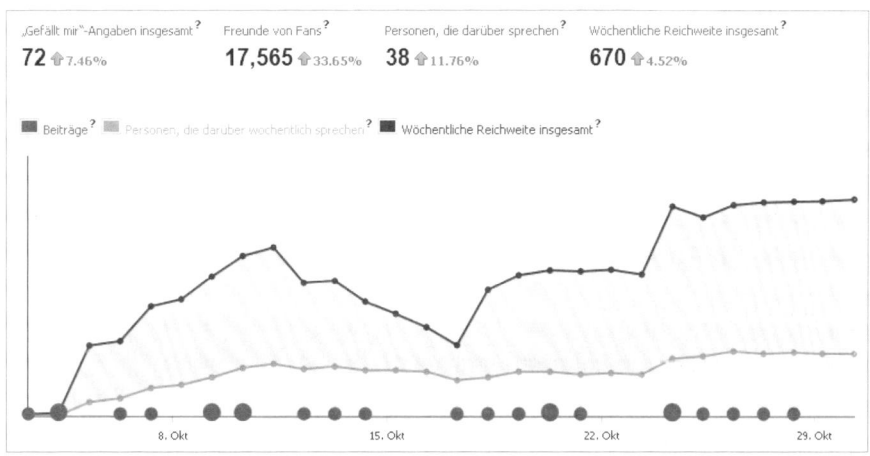

Entwicklung der Reichweite von Ihrer Seite insgesamt.

Darunter sind alle Inhalte tabellarisch aufgeführt und geben Aufschluss über die Reichweite pro Artikel, wie viele Benutzer eingebunden sind und wie viele Benutzer sich über den jeweiligen Artikel unterhalten.

Die verschiedenen Auswertungen im Überblick

Die Auwertungen können Sie über die drei Hauptkategorien *„Gefällt mir"-Angaben, Reichweite und Personen*, die darüber sprechen abrufen.

Die Hauptkategorien Ihrer Statistiken.

Die Auswertungen unter *„Gefällt mir"-Angaben* geben einen Überblick der Demografie nach Geschlecht Alter, Ort und Sprache der Benutzer an, denen Ihre Seite gefällt. Ebenso erhalten Seitenbetreiber an dieser Stelle eine Info über die *Gefällt mir*-Quellen. Beispielsweise, ob und wie viele Benutzer einer Einladung durch Administratoren gefolgt sind.

Unter dem Reiter *Reichweite* werden alle erreichten Benutzer ebenfalls nach ihrer demografischen Herkunft aufgeführt. Folgende Daten werden erfasst:

➢ alle Seiteninhalte

➢ die eigenen Beiträge

➢ Inhalte von anderen

➢ einmalige Benutzer nach Frequenz

➢ Seitenaufrufe insgesamt

➢ Anzahl täglicher Besucher

Die Auswertungen *Personen, die darüber sprechen* zeigen auf, wie Benutzer über Ihre Seite sprechen. Sie erhalten Ergebnisse über

➢ alle Meldungen

➢ Gefällt-mir-Angaben auf Seiten

➢ Meldungen von Ihren Beiträgen

➢ Erwähnungen und Fotomarkierungen

➢ Beiträge von anderen

➢ Besuche

Zu allen Angaben wird auch die virale Reichweite angezeigt. Den Zeitraum können Sie selbst definieren, wobei in dieser Auswertung lediglich Daten angezeigt werden, wenn sich mehr als 30 Benutzer in den sieben Tagen vor dem letzten Tag der ausgewählten Zeitspanne über die Seite unterhalten haben. Wie viele Benutzer das jeweils sind, wird unter dem Seitennamen für alle Benutzer gleichermaßen sichtbar angezeigt.

> ### Natascha Ljubic - Social Media für Unternehmen
> 1.319 „Gefällt mir"-Angaben · 97 sprechen darüber · 4 waren hier

Anzeige der Anzahl von Personen, welche sich in den letzten sieben Tagen über die Inhalte einer Seite unterhalten.

Der Wert *Personen, die darüber sprechen* gibt die Anzahl der Einzelpersonen an, welche eine Meldung über einen Ihrer Beiträge generiert haben. Meldungen werden immer dann generiert, wenn Benutzern Ihr Beitrag gefällt, diesen kommentieren oder teilen, wenn Benutzer eine Ihrer Fragen beantworten oder auf Ihre Veranstaltung antworten. Die Daten gelten dabei jeweils für die ersten 28 Tage nach der Veröffentlichung eines Beitrags.

Export der Daten und Hilfebereich

Wer einen Vergleich der Daten nach Monaten oder Jahren erhalten möchte, kann sich die Auswertungen als Excel-Liste oder CSV-Datei herunterladen. Der Zeitraum für die Abfrage kann individuell gewählt werden. Für weiterführende Informationen bietet Facebook einen Leitfaden für Seitenstatistiken als PDF-Dokument in englischer Sprache zum Download an.

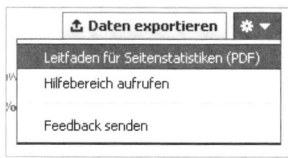

Der Leitfaden für Statistiken von Facebook.

Reichweite einzelner Beiträge

Zeitgleich mit der Anzeigenform *Promoted Posts* Anfang 2012 hat Facebook eine neue Statistik eingeführt. Diese wird direkt unter jedem Beitrag angezeigt.

Die Anzahl erreichter Personen zeigt den organischen und den viralen Wert auf. Organisch ist es die Anzahl Nutzer, die den Beitrag in ihrem Stream, im Ticker oder in der Chronik auf Ihrer Facebook-Seite gesehen haben. Viral ist es die Anzahl Nutzer, die durch eine Interaktion ihrer Freunde auf diesen Beitrag aufmerksam gemacht wurde.

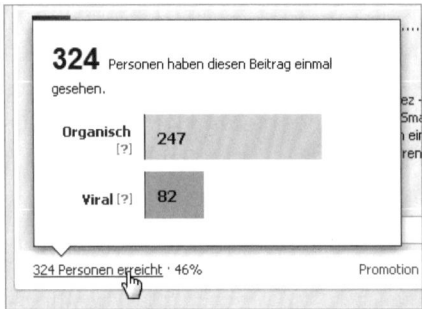

Organische und virale Verbreitung
eines Beitrags.

Die Prozentzahl gibt an, wie hoch der Prozentsatz Ihrer Fans ist, die den Beitrag gesehen haben.

Wenn Seitenbetreiber ihre Beiträge zusätzlich noch über Promoted Posts bewerben, erhalten sie in dieser Ansicht auch die entsprechenden Informationen darüber, wie viele Nutzer sie damit erreicht haben.

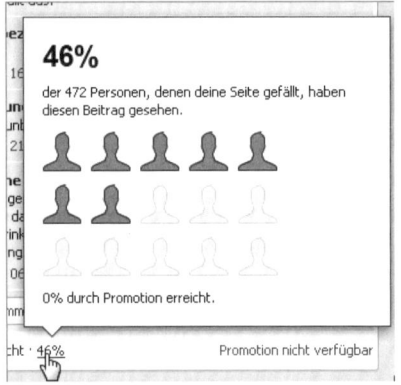

Anteiliger Prozentsatz der Fans, die den
Beitrag gesehen haben.

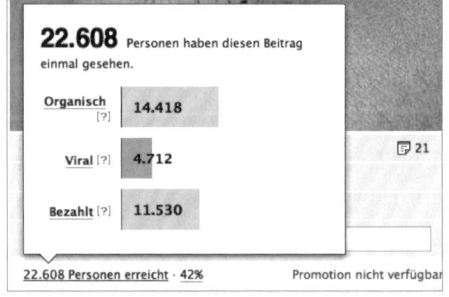

Anzahl der erreichten Nutzer über Promoted
Posts, Screen von: futurebiz.de.

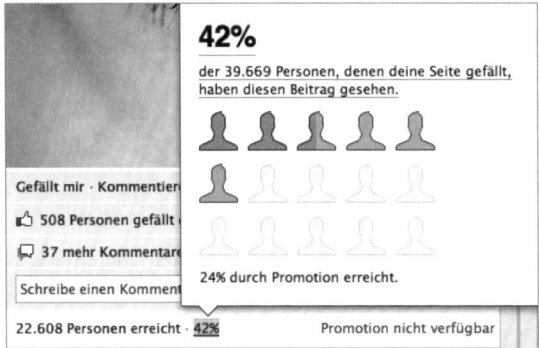

Prozentuale Reichweite
durch Promotion,
Screen von: futurebiz.de.

Weitere Informationen zu den Promoted Posts finden Sie in der Facebook-Hilfe unter *https://www.facebook.com/help/promote*.

6. Das sollten Sie grundsätzlich rechtlich beachten

Bei allem, was Sie auf Facebook im Rahmen Ihrer Unternehmung tun, sollten Sie stets ein Augenmerk auf Richtlinien und Vorgaben seitens Facebook und auch des Gesetzgebers legen. So passiert es leider immer wieder, dass Facebook Gewinnspiele oder auch ganze Seiten plötzlich und ohne Vorankündigung sperrt. Dies kann im Rahmen einer groß angelegten Kampagne zu erheblichen Problemen führen. Eine Kontaktaufnahme zu Facebook ist bei kleineren Unternehmungen nur in schriftlicher Form möglich. Eine Rückmeldung seitens Facebook erfolgt, wenn überhaupt, oft erst nach längerer Zeit, und dann ist es meist schon zu spät.

6.1 Die Richtlinien von Facebook auf einen Blick

Die Facebook-Richtlinien sind ineinander verschachtelt, wobei Facebook sich vorbehält, diese jederzeit zu ändern. So kann es passieren, dass in der Vergangenheit erfolgreich durchgeführte Aktionen nicht mehr den aktuellen Richtlinien entsprechen. Hier ein Überblick:

➤ **Erklärung der Rechte und Pflichten**

Die Nutzungsrichtlinien (*http://www.facebook.com/terms.php*) sind das Herzstück von Facebook und bauen auf den Facebook-Grundsätzen (*http://www.facebook.com/principles.php*) auf. Beim Einsatz von Anwendungen, Gewinnspielen etc. auf Seiten ist darauf zu achten, dass Benutzer nicht gegen diese Richtlinien verstoßen können.

➤ **Nutzungsbedingungen für Seiten**

Bereits beim Anlegen einer Seite erklären Sie sich mit den Nutzungsbedingungen für Seiten (*http://www.facebook.com/terms_pages.php*) einverstanden. Diese sind maßgeblich für alle Seitenbetreiber.

➤ **Facebook-Werberichtlinien**

Bei Anzeigenkampagnen für Ihre Seite ist die Einhaltung der Facebook-Werberichtlinien (*http://www.facebook.com/ad_guidelines.php*) maßgeblich.

➤ **Richtlinien für Promotions**

Sehr deutlich stellt Facebook in seinen Richtlinien für Promotions (*http:// www.facebook.com/promotions_guidelines.php*) unter anderem dar, dass während der Laufzeit der Aktion zu keinem Zeitpunkt ein Bezug zu Facebook jeglicher Art hergestellt werden darf.

➤ **Plattform-Richtlinien**

Da Gewinnspiele nur über Applikationen durchgeführt werden dürfen, ist das Wissen um die Inhalte in den Plattform-Richtlinien (*http:// developers.facebook.com/policy*) ein absolutes Muss für Seitenbetreiber.

➤ **Facebook-Datenschutzrichtlinien**

Für Promotion- und Werbeanzeigen gilt es zusätzlich, die Facebook-Datenschutzrichtlinien (*http://www.facebook.com/policy.php*) einzuhalten.

➤ **Bereich für Markengenehmigungen**

Facebook legt im Bereich für Markengenehmigungen in seinen Nutzungsrichtlinien (*http://www.facebook.com/brandpermissions/logos.php*) fest, in welcher Art und welchem Umfang eine Bezugnahme auf Facebook erfolgen und Logos und Marken verwendet werden dürfen. Ebenso wird auf die Verwendung von Screenshots eingegangen.

Der Benutzer als Spielverderber

Benutzer können neben Profilen, Beiträgen und Bildern von anderen auch ganze Seiten an Facebook melden und Missbrauchs- bzw. Spam-Meldungen an Facebook senden. Wenn viele dieser Meldungen bei Facebook eingehen, wird die Applikation oder gar die Seite ohne Angabe von Gründen gesperrt. Es sollte berücksichtigt werden, dass Benutzer eine ziemliche Gewalt ausüben können und vielleicht sogar schlimmstenfalls einfach so zum Spaß eine Applikation oder Seite melden. Vor allem komplexe Gewinnspiele können als fehlerhaft eingestuft werden, wenn die Bedienung nicht nutzerfreundlich genug ist. So war TuiFly.com von einer Blockierung betroffen. Das Unternehmen hatte ein ausgeklügeltes Gewinnspiel veröffentlicht, das von Facebook deaktiviert wurde. Ob es an der komplexen Bedienung lag, die zu Meldungen bei Facebook führte, oder auch die Zahl der Seitenaufrufe zu hoch war, lässt sich nicht genau nachvollziehen. TuiFly hat eine Ersatzvariante ins Netz gestellt, die allerdings längst nicht so attraktiv war wie die erste.

6.2 Vermeiden Sie rechtliche Stolperfallen

Wussten Sie, dass Sie für Einträge von Ihren Fans auf Ihrer Facebook-Seite durchaus haftbar gemacht werden können? Oder dass Sie ohne den Einsatz von Social-Media-Guidelines Gefahr laufen, für das Fehlverhalten Ihrer Mitarbeiter geradestehen zu müssen?

Denn nicht nur die Richtlinien von Facebook selbst sind bindend. Auch der Gesetzgeber verlangt die Einhaltung rechtlicher Vorschriften. Urheberrechte an Bildmaterial, das Einbinden von Filmen, der *Gefällt mir*-Button, Gewinnspielrichtlinien für einzelne Länder – überall lauern Stolperfallen, die es zu vermeiden gilt.

Die Sache mit dem Impressum

Der Bundesgerichtshof schreibt vor, dass das Impressum leicht erkennbar, unmittelbar erreichbar und ständig verfügbar sein muss. Unter „unmittelbar erreichbar" wird die 2-Klick-Regel verstanden. Im Klartext bedeutet dies, dass der Impressumstext von jedem Ort der Seite aus nach höchstens zwei Klicks angezeigt werden muss.

Das Landsgericht Aschaffenburg bestätigte im Oktober 2011 die Impresumspflicht auch für Facebook-Seiten. Zwar gilt auch hier die 2-Klick-Regel, jedoch kam das Gericht zu dem Schluss, dass der Reiter *Info* aus Gründen der Irreführung dafür nicht geeignet sei, um dort einen Link zum Impressum zu hinterlegen.

Anzeige des Impressums in den Vorschaureitern von Extrawerbung Social Media Betreuung

Demnach bietet es sich an, einen eigenen Reiter für das Impressum zu erstellen. Zum Beispiel mit dem Impressum-Tab von Social Media Team *(http://www.facebook.com/SocialMediaTeam.de?sk=app_190158981064834)*. Dabei ist darauf zu achten, dass der Reiter für das Impressum in der ersten Zeile der Favoriten angezeigt wird und nicht erst nach Aufklappen der Favoriten, falls weitere vorhanden sind.

Wer sich für die 2-Klick-Regel entscheidet, um auf das Impressum auf der eigenen Webseite zu verlinken, erstellt ebenfalls einen Reiter zum Beispiel mit dem iframe Wrapper und setzt innerhalb dieser Anwendung den direkten Link auf das Impressum ein. Hier auf jeden Fall daran denken, den Reiter in *Impressum* umzubenennen.

Bearbeitungsmaske des Impressum-Tabs von Social Media Tam.

Impressum als Link im Infobereich

Alternativ kann ein Link zum Impressum auch im Infobereich eingetragen werden. Wichtig ist, dass der Link nicht erst zur Webseite, sondern direkt zum Impressum führt. Doch Achtung: Je nach gewählter Kategorie zeigt Facebook die Kategorie, Telefonnummer, Öffnungszeiten und den Link zur Webseite an. In solchen Fällen sollte der Link direkt zum Impressum führen. In anderen Fällen erscheint der selbst verfasste Text.

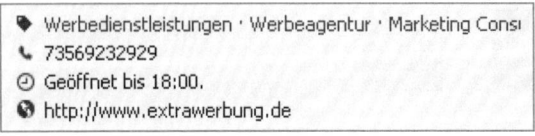

Anzeige im Infobereich bei Seiten, die als Orte angelegt sind.

Auch gibt es Kategorien, bei denen zwar Anschrift und Telefonnummer aber kein Link zur Webseite angezeigt wird. Schauen Sie sich bei der Kategoriewahl genau an, welche Inhalte Facebook im Infobereich anzeigt, und wählen Sie dann gegebenenfalls die bschriebene Alternative über die Favoritenvorschau.

Ein Impressum tut nicht weh, eine Abmahnung schon

Tun Sie sich den Gefallen und setzen Sie das Impressum auf Ihre Facebook-Präsenz. Denn das tut auf jeden Fall weniger weh als eine Abmahnung, die bis zu 50.000 Euro betragen kann. Außerdem ist der Aufwand vergleichsweise gering.

Halten Sie sich in Sachen Impressum auf dem Laufenden

Ob die Entscheidung des Landgerichts Aschaffenburg dahingehend zieführend ist, dass der Inforeiter irreführend sei für die Angabe des Impressums, wird von Anwälten wie Schwenke & Partner kritisch bewertet.Unabhängig davon werden auf Smartphones keine selbsterstellten Reiter angezeigt, wodurch der umittelbare Zugriff auf das Impressum nicht gewährleistet ist. Eine Option ist, für diese Geräte zusätzlich unter dem Inforeiter einen Link zum Impressum zu setzen. Damit wird zumindest der 2-Klick-Regel entsprochen.

Es lohnt sich also, dieses Thema im Auge zu behalten und sich gegebenfalls von einem fachkundigen Anwalt beraten zu lassen.

Behalten Sie den Gefällt mir-Button im Auge

Datenschützern ist der beliebte *Gefällt mir*-Button schon länger ein Dorn im Auge. Zwar liegt laut Urteil vom Landgericht Berlin (14.03.2011, Az. 91 O 25/ 11) kein Verstoß gegen lauteren Wettbewerb vor, jedoch ist noch nicht eindeutig geklärt, ob der Einsatz des *Gefällt mir*-Buttons auf geschäftlichen Internetauftritten gegen das bestehende Datenschutzrecht in Deutschland verstößt. Gleiches gilt für Facebook-Seiten an sich. Auch hier vertreten Datenschützer weitestgehend die Auffassung, dass diese aktuell gegen geltendes Recht in Deutschland verstoßen. Verfolgen Sie also die öffentliche Diskussion, um auf der sicheren Seite zu sein.

Erweitern Sie die Datenschutzerklärung Ihres Internetauftritts für die Verwendung der Social Plugins

Experten raten, das Impressum um einen Hinweis zum Einsatz von Social Plugins auf der geschäftlich genutzten Internetpräsenz zu ergänzen. Sie finden ein kostenfreies Muster zur Ergänzung Ihrer Datenschutzerklärung unter anderem auf der Seite von Spreerecht sowohl in deutscher als auch in englischer Sprache: *http:// spreerecht.de/datenschutz/2010-10/das-rechtliche-risiko-bei-facebooks-like-button-inkl-muster-fuer-die-datenschutzerklaerung*.

Auch scheiden sich die Geister, ob es erlaubt sei, im Zusammenhang mit dem *Gefällt mir*-Button die Abbildungen der Benutzer außerhalb von Facebook anzuzeigen. So urteilen manche Experten, dass Benutzer dazu explizit ihre Erlaubnis erteilen müssen.

Standardansicht des Gefällt mir Buttons mit Ansicht außerhalb von Facebook.

Wer auf Nummer sicher gehen möchte, nimmt die Abbildungen in der Anzeige beim Erstellen des Buttons ganz einfach raus.

Gefällt mir-Button ohne Gesichter.

2-Klick-Button von Heise für mehr Datenschutz

Wer nicht auf die Einbindung des *Gefällt mir*-Buttons verzichten, aber gleichzeitig den Bedenken der Datenschützer entgegenkommen möchte, kann den 2-Klick-Button von Heise (*http://www.heise.de/extras/socialshareprivacy*) zum Einsatz bringen. Hier muss der Benutzer zuerst durch einen Klick signalisieren, dass er mit Facebook kommunizieren möchte. Für Google und Twitter wird diese Lösung gleichfalls angeboten.

Stolperfallen bei Gewinnspielaktionen vermeiden

Gerade Promotion-Aktionen sind ein beliebtes Mittel, um Seiten auf Facebook nach vorn zu bringen, neue Fans zu generieren und die Interaktion zu fördern. Doch ausgerechnet hier lauern viele Stolpersteine, die zu einer Deaktivierung oder gar Sperrung führen können.

Finger weg vom Gefällt mir-Button bei Gewinnspielen!

Am 11. Mai 2011 hat Facebook die Richtlinien für Promotions verschärft. Hier lautet Punkt fünf in den Richtlinien im Originaltext:

„Du darfst keine Facebook-Funktionen – wie z. B. die „Gefällt mir"-Schaltfläche – zur Abstimmung über eine Promotion verwenden."

Laut Facebook dürfen Gewinnspiele in keinerlei Verbindung zu Facebook gebracht, sondern nur über eigens angefertigte Applikationen innerhalb von Facebook in Umlauf gebracht werden. So laufen alle Inhalte, die in Verbindung mit dem Gewinnspiel stehen, nicht über die Server von Facebook. Eine Maßnahme des Unternehmens, um aus der Haftung entlassen zu werden. Da ein Gewinnspiel lediglich über eine externe Anwendung angeboten werden darf, bedeutet das im Klartext, dass der *Gefällt mir*-Button in keiner Weise für eine Promotion verwendet werden darf.

Der Gefällt mir-Button darf für Promotions nicht mehr verwendet werden.

Gerade für den Einsatz von Abstimmungen im Rahmen einer Gewinnspielaktion kam der *Gefällt mir*-Button immer wieder zum Einsatz. Auf diesen Button muss nun im Zusammenhang mit Promotion-Aktionen komplett verzichtet werden.

> Ganz einfach geht auf unsere Facebook-Seite, klickt auf den Gefällt mir-Button, teilt die Aktion mit euren Freunden und schon nehmt ihr an der Verlosung am 30.06.2011 teil! >>Gleich ░░░░░░░ Fan auf Facebook werden!
>
> **f** Like 487

Verstoß gegen die Promotion-Guidelines von Facebook.

Das bedeutet nicht, dass auf Votings komplett verzichtet werden muss. Für die optische Aufbereitung eines Buttons für Votingaktionen gilt lediglich die Einschränkung, dass der Button nicht mit dem *Gefällt mir*-Button in Verbindung steht bzw. nicht mit ihm verwechselt werden darf.

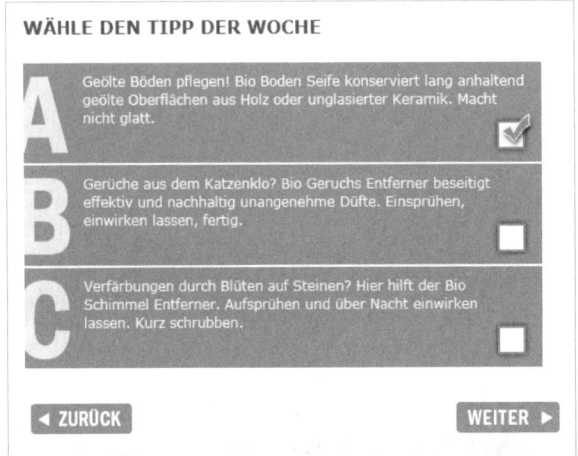

Dieser Voting-Button entspricht den Richtlinien von Facebook.

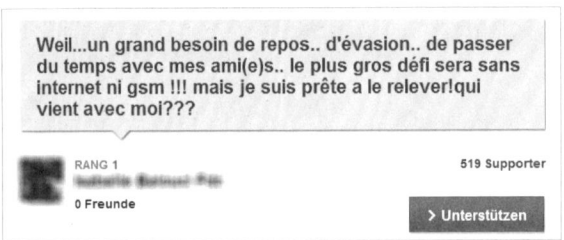

Ein weiteres Beispiel für ein Facebook-konformes Voting.

Vorsicht bei Interaktionen mit Fans im Rahmen von Gewinnspielen!

Punkt sechs der Guidelines für Promotion untersagt jegliche Kommunikation im Rahmen von Promotion-Aktionen auf Anwendungen von Facebook. Der Originaltext lautet:

„Du darfst die Gewinner nicht über Facebook benachrichtigen, wie z. B. über Facebook-Nachrichten, -Chat oder -Beiträge in Profilen bzw. auf Facebook-Seiten."

Das bedeutet im Klartext, dass Gewinner nicht auf der Pinnwand bekannt gegeben oder über die Nachrichtenfunktion von Facebook informiert werden dürfen.

Auch wenn namentliche Bekanntgaben der Gewinner auf der Pinnwand für zahlreiche Kommentare sorgen, setzen sich die Seitenbetreiber dem Risiko der Sperrung durch Facebook aus. Und wie schon beschrieben, kann dies durchaus auch durch Benutzer verursacht werden, indem diese Seiten mit Promotion-Aktionen, die gegen die Richtlinien verstoßen, ganz einfach melden.

Gewinner dürfen nicht namentlich auf der Pinnwand genannt werden.

Die richtige Gewinnbenachrichtigung

Die benutzerfreundlichste Variante ist es, wenn Sie Ihre Applikation so einrichten, dass Benutzer vor der endgültigen Bestätigung zur Teilnahme an Ihrer Promotion ihre E-Mail-Adresse manuell eintragen. Das hat den Vorteil, dass Benutzer nicht extra einer Applikation und dem damit verbundenen Zugriff auf ihre Daten zustimmen müssen, um am Gewinnspiel teilnehmen zu dürfen. Um Fehler bei der Eingabe zu vermeiden, ist es praktisch, eine Bestätigungsmail an den Teilnehmer zu schicken. Auf diese Weise kann auch direkt die Richtigkeit der eingetragenen E-Mail-Adresse überprüft werden.

Grundsätzlich gilt, dass sämtliche Interaktionen im Rahmen des Gewinnspiels innerhalb der Anwendung erfolgen müssen. In diesem Zusammenhang ist auch Punkt zwei der Richtlinien zwingend zu beachten. Dieser besagt, dass gegenüber Facebook eine Abstandserklärung in der Promotion dokumentiert sein muss. Der Originaltext in den Richtlinien für Promotions lautet:

„Promotions auf Facebook müssen folgende Elemente enthalten:
a. Eine vollständige Freistellung von Facebook von jedem Teilnehmer.
b. Anerkennung, dass die Promotion in keiner Weise von Facebook gesponsert, unterstützt oder organisiert wird bzw. in keiner Verbindung zu Facebook steht.
c. Offenlegung, dass der Teilnehmer die Informationen [dem/den Empfänger(n) der Informationen] und nicht Facebook bereitstellt."

Holen Sie sich im Zweifelsfall den fachkundigen Rat eines Experten, um Ihre Promotion-Aktion auch unter rechtlichen Aspekten richtig abzuwickeln.

161

Sorgen Sie für umfassende Rechtssicherheit!

Auch Urheberrechtsverletzungen, die durch das Benutzen von Bilddaten, Videos etc. entstehen können, sind ein sensibles Thema und führen mancherorts zu ungeahntem Ärger.

Kostenloses E-Book zur Vermeidung von rechtlichen Stolperfallen im Umgang mit Facebook

Die beiden Rechtsanwälte Schwenke und Dramburg von der Kanzlei Spreerecht (*http://www.spreerecht.de*) haben in Zusammenarbeit mit allfacebook.de ein empfehlenswertes E-Book über das Thema „Rechtliche Stolperfallen beim Facebookmarketing" herausgegeben.

In diesem E-Book werden der gesetzliche Rahmen und die Vorgaben von Facebook aufgezeigt. Folgende Themen werden ausführlich behandelt und leicht verständlich erklärt:

➤ Registrierung – persönliches Profil oder Unternehmensseite

➤ Die Wahl des Konto- und Seitennamens

➤ Impressum

➤ Nutzung von Grafiken, Bildern und Fotos

➤ Nutzung von fremden Texten, Videos und Musik

➤ Meinungen, üble Nachreden und Umgang mit Wettbewerbern

➤ Werbeinhalte und -anzeigen

➤ Gewinnspiele und Wettbewerbe

➤ Direktmarketing

➤ Verdecktes Guerilla-Marketing

➤ Nutzung der Marke Facebook, der Markenlogos und Screenshots

➤ Haftung für Inhalte der Seite, Links, Werbeanzeigen und Fanbeiträge

➤ Einsatz von Social-Media-Plug-ins

➤ Rechtssicher dank Social-Media-Guidelines

Das E-Book können Sie sich als kostenfreies PDF-Dokument auf der Internetseite der Kanzlei Spreerecht herunterladen (*http://spreerecht.de/facebook/2011-05/gratis-e-book-rechtliche-stolperfallen-beim-facebookmarketing*).

7. Das Schalten von erfolgreichen Anzeigenkampagnen

Einzelne Anzeigen oder auch ganze Kampagnen sind eine gute Option, Ihre Seite auf Facebook erfolgreich nach vorn zu bringen und Ihre Reichweite zu steigern. Denn im Vergleich zu manch anderen Werbemaßnahmen bietet Facebook Ihnen den entscheidenden Vorteil, dass Sie Ihre Kampagnen zielgruppengenau einrichten und auch während der Laufzeit jederzeit anpassen oder sogar stoppen können.

Dabei werden Anzeigen auf Facebook nicht nach Keywords wie bei Adwords, sondern nach den Interessen der Benutzer ausgerichtet.

Anzeigen, die nicht die erwünschte Reichweite erzielen, können auch während der Laufzeit angepasst werden.

Bei laufenden Anzeigen können das Tagesgebot, der Name und der Status der Anzeige geändert werden.

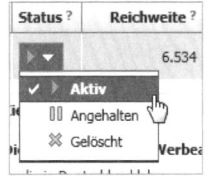

Änderungsoptionen der Anzeige.

Alternativ können Sie Ihre bestehende Anzeige komplett neu bearbeiten. In diesem Fall greift Facebook auf die bereits bestehenden Daten zu, sodass nur die relevanten Daten geändert werden können.

Eine Werbeanzeige bearbeiten

Die Eingaben für die folgenden Felder werden aus bestehenden Einstellungen für deine Werbeanzeige übernommen: Text, Zielgruppenauswahl, Zeitplanung und Zahlungsoptionen. Hier vorgenommene Änderungen ersetzen deine bestehende Werbeanzeige. Sobald du deine Änderungen bestätigst, wird die Werbeanzeige angehalten bis sie von unserem Team freigegeben wird. Erfahre mehr

Vollständige Bearbeitung einer Anzeigenkampagne.

Nach Bestätigung der Änderung hält Facebook automatisch die bisherige Anzeige an und schaltet die neue nach Prüfung frei. Dabei werden die ursprünglichen Daten überschrieben. Der große Vorteil ist also, dass Sie kein Risiko eingehen und jederzeit einschreiten und Ihre Anzeige auch während der Laufzeit optimieren oder sogar stoppen können.

Doch zunächst schauen wir uns einmal an, wie eine Anzeige auf Facebook geschaltet wird.

7.1 Die Self Service Ad: So erstellen Sie Ihre Anzeigenkampagne

Über zwei Wege gelangen Sie zur Anzeigenschaltung. Zum einen ist der Link prägnant in der rechten Spalte auf der Pinnwand Ihrer Seite auf Facebook platziert.

Link für das Erstellen einer Werbeanzeige.

Zur gleichen Ansicht gelangen Sie über den Button *Seite bearbeiten*. In der Übersicht finden Sie über *Hilfsmittel* den Link *Wirb auf Facebook*.

Im Dashboard der Seitenbearbeitung findet sich unter Hilfsmittel der Link für die Anzeigengestaltung.

Ansonsten fordert Facebook Sie auf unterschiedliche Arten in unregelmäßigen Abständen auf, Ihre Seite zu bewerben.

Facebook fordert in verschiedenen Variationen auf, eine Seite zu bewerben.

Über den Anzeigenmanager können Sie Ihre Anzeige individuell gestalten, zielgruppengenau ausrichten und Ihr Budget sowie die Laufzeit verwalten.

Schritt eins: Entscheiden Sie zwischen Werbeanzeige und gesponserter Meldung

Wählen Sie zunächst, was Sie bewerben möchten. Ihre Facebook-Seite, Ihre Webseite, Ihre Anwendung auf Facebook. Auch können Sie Ihre Veranstaltungen, die Sie auf Facebook angelegt haben, mittels Anzeigen bewerben. Voreingestellt zeigt Ihnen der Anzeigenmanager Ihre Facebook-Seite an.

Der Anzeigenmanager auf Facebook bietet voreingestellt die eigene Facebook-Seite an.

Tipp für gesponserte Meldungen

Um ein bestmögliches Ergebnis zu erzielen, empfiehlt es sich, gesponserte Meldungen erst ab einer Anzahl von rund 100 Fans zu schalten. Dies vor dem Hintergrund, dass geringere Fanzahlen weniger Interaktion aufweisen und Sie somit nur wenige Nutzer mit Ihren Anzeigen erreichen können.

165

Unter *Wofür möchtest Du werben* entscheiden Sie, ob Sie für Ihre Facebook-Seite im Allgemeinen oder für einen bestimmten Beitrag auf Ihrer Seite werben möchten. Entscheiden Sie sich für die erste Option, so wählen Sie zusätzlich aus, was Nutzer in der Anzeige sehen sollen. Sie haben die Möglichkeit zwischen:

➢ **Neue Werbeanzeige für – Name Ihrer Facebook-Seite:** Diese Anzeigenform können Sie selbst mit Bild und Text gestalten. Außerdem können Sie angeben, auf welchen Reiter Nutzer geleitet werden sollen, wenn sie auf Ihre Anzeige klicken. Dies kann zum Beispiel die Anwendungsseite für eine besondere Aktion sein.

➢ **Meldungen über Freunde, denen Ihre Seite gefällt:** Sobald Nutzer angeben, dass ihnen Ihre Seite gefällt, erhalten deren Freunde darüber eine Meldung in ihren Neuigkeiten, und die Anzeige wird ihnen eingeblendet.

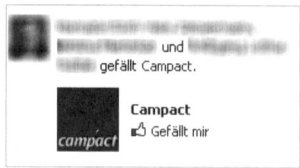

Beispiel für eine Meldung von Freunden, wenn ihnen eine Seite gefällt.

➢ **Meldungen über Freunde, die Ihren Ort besuchen:** Ist Ihre Facebook-Seite ein Ort, so können Sie auch diese Option wählen. Zum Beispiel als Restaurant. Sobald Nutzer einchecken, erhalten ihre Freunde eine Nachricht in den Neuigkeiten, und die Anzeige wird ihnen eingeblendet.

Mit der zweiten Option bewerben Sie einen Beitrag von Ihrer Facebook-Seite, um so eine höhere Reichweite für Ihren Beitrag zu erzielen. Wählen Sie hier einen bestimmten Beitrag aus oder geben Sie an, dass immer der neueste Beitrag beworben werden soll.

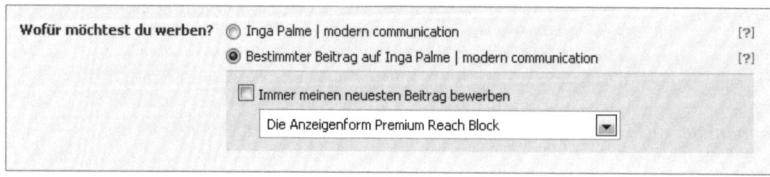

Einen bestimmten Beitrag bewerben.

Auch bei dieser Option entscheiden Sie, was Ihre Nutzer sehen werden. Entweder der von Ihnen ausgewählte Beitrag oder eine Meldung, wenn Freunde von Nutzern angegeben haben, dass ihnen Ihr Beitrag gefällt.

Aktueller Beitrag auf der Facebook-Seite von Gerolsteiner.

So sieht die dazugehörige Meldung aus..

Die Gestaltung von Facebook-Werbeanzeigen

Nur Facebook-Werbeanzeigen bieten Ihnen Gestaltungsmöglichkeiten. Sie können Bild und Text frei wählen. Für den Text stehen Ihnen 135 Zeichen zur Verfügung. Achten Sie bei Ihrem Text darauf, dass die einzelnen Wörter nicht zu lang sind. Es werden höchstens 20 Buchstaben pro Wort akzeptiert.

Wie auch bei der gesponserten Meldung hat der Benutzer bei einer Facebook-Werbeanzeige die Option, direkt in der Anzeige zu interagieren. Benutzer können auf den *Gefällt mir*-Button klicken. Ebenso wird bei Anzeigen, die Veranstaltungen bewerben, die Option angeboten, direkt aus der Anzeige heraus mitzuteilen, ob Benutzer teilnehmen möchten oder nicht.

Facebook-Werbeanzeige für eine externe URL.

Facebook-Werbeanzeige für eine Facebook-Seite.

Facebook-Werbeanzeige für eine Anwendung.

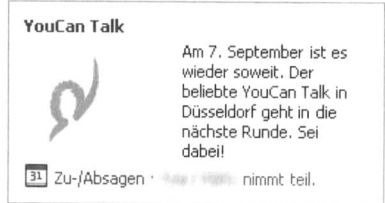

Facebook-Werbeanzeige für eine Veranstaltung.

Beginnen Sie Ihre Kampagnen mit einer Facebook-Werbeanzeige

Mit gesponserten Meldungen werden bestimmte Ereignisse auf Ihrer Seite noch einmal besonders hervorgehoben. Sie eignen sich also vor allem zur Einbindung in laufende Facebook-Werbeanzeigen-Kampagnen. Gesponserte Meldungen heben Aktionen hervor, die Ihre Zielgruppe im Rahmen Ihrer Werbeanzeige durchführt. Dies wird vor allem dadurch verdeutlicht, dass Sie eine Domainmeldung nur dann schalten können, wenn Sie vorher eine Facebook-Anzeige für eine externe Domain, also zum Beispiel Ihre Webseite, geschaltet haben.

Der Eyecatcher: das Anzeigenbild

Grundsätzlich können Facebook-Werbeanzeigen nur in Verbindung mit einem Bild geschaltet werden. Facebook schlägt Ihnen zunächst Ihr Profilbild der Seite vor, das aber sicherlich nicht für alle Vorhaben geeignet ist.

Wählen Sie ein aussagekräftiges Bild, das Ihr Vorhaben unterstützt, am besten in kräftigen Farben und mit wenigen Details.

Unvorteilhaftes Anzeigenbild, die Inhalte sind kaum zu erkennen.

Gut gewähltes Anzeigenbild.

Der richtige Wortlaut im Anzeigentext

Optimal ist es, wenn Sie im Anzeigentext eine klare Aufforderung ausspre-chen, die zum Handeln einlädt. Facebook bietet hierfür den Textbaustein *Besuche unsere Seite noch heute und gib an, dass sie dir gefällt!* an. Die deut-sche Sprache enthält hierfür zahlreiche Optionen. Ein paar Beispiele:

➢ Greif zu!

➢ Mach mit!

➢ Sei dabei

➢ Jetzt probieren!

➢ Sofort zugreifen!

➢ Die Werbebotschaft im Text sollte auf Ihre Zielgruppe ausgerichtet sein und sich bestenfalls auch deren Sprachjargon bedienen. Berücksichti-gen Sie, dass sich die Schlüsselwörter im Text aus den Interessen Ihrer Zielgruppenauswahl ergeben.

Verwenden Sie klare und eindeutige Aussagen in Text und Überschrift, da-mit Ihr Angebot unmissverständlich wahrgenommen wird.

Schritt zwei: Definition der Zielgruppe

Hier bietet Ihnen Facebook wirklich hervorragende Möglichkeiten, Ihre An-zeigenkampagnen zielgruppengenau zu definieren.

2. Zielgruppe   FAQ zu Zielgruppen von Werbeanzeigen

Ort

Land: [?]   Deutschland ×

○ Überall
○ Nach Stadt [?]

Demografie

Alter: [?]   18 ▾ - Beliebig ▾

☐ Genaue Übereinstimmung des Alters erforderlich [?]

Geschlecht: [?]   ● Alle   ○ Männer   ○ Frauen

Interessen

Präzise Interessen: [?]   Gib ein Interesse ein   +

Zur erweiterten Kategorieauswahl wechseln [?]

Verbindungen auf Facebook

Verbindungen: [?]   ○ Alle
● Nur Personen, die keine Fans von **Inga Palme | modern communication** sind.
○ Nur Personen, die Fans von **Inga Palme | modern communication** sind.
○ Fortgeschrittene Zielgruppenauswahl nach Verbindungen

Freunde von   ☐ Meine Werbeanzeige nur Freunden von Personen zeigen, die Fans von **Inga Palme |**
Verbindungen: **modern communication** sind.
[?]

Erweiterte Demografien

Interessiert an: [?]   ● Alle   ○ Männern   ○ Frauen
Beziehungsstatus: [?]   ☑ Alle   ☐ Single   ☐ Verlobt
☐ In einer Beziehung   ☐ Verheiratet

Sprachen: [?]   Gib eine Sprache ein

Ausbildung & Arbeit

Ausbildung: [?]   ● Alle   ○ HochschulabsolventIn
○ StudentIn
○ SchülerIn

Arbeitsplätze: [?]   Gib eine Firma, eine Organisation oder einen anderen Arbeitsplatz ein

⊟ Erweiterte Zielgruppenoptionen verbergen

Definieren Sie im zweiten Schritt Ihre Zielgruppe.

Zunächst wählen Sie eines oder mehrere Länder aus. Pro Anzeige können Sie bis zu 25 Länder bestimmen. Bei Angabe eines Lands können Sie eine zusätzliche Eingrenzung für einzelne Städte vornehmen und einen Umkreis von bis zu 80 Kilometern auswählen. Das ist auf jeden Fall praktisch für örtliche Geschäfte. Neben Alter, Geschlecht und Verbindungen auf Facebook bietet Ihnen der Anzeigenmanager über die erweiterten Zielgruppenoptionen noch feinere Unterteilungen an, zum Beispiel das Erscheinen Ihrer Anzeige nur am Geburtstag Ihrer ausgewählten Zielgruppe.

Rechts in der Ansicht zeigt Facebook automatisch die geschätzte Reichweite für Ihre Kampagne an, was äußerst hilfreich für die genaue Festlegung Ihrer Zielgruppe ist.

Geschätzte Reichweite [?]

15.899.620 Personen

- die in **Deutschland** leben
- die **18** Jahre oder älter sind
- die noch nicht mit **Inga Palme | modern communication** verbunden sind

Anzeige der geschätzten Reichweite für Ihre Anzeige.

Dem Spezialisten für Hochzeitsfotos, CM Fotographics, ist es gelungen, durch seine Kampagne für 24- bis 30-jährige Frauen mit dem Status verlobt einen Umsatz von ca. 40.000 US-Dollar zu erzielen – und das bei einem Werbebudget von lediglich 600 US-Dollar (Quelle: Facebook, *http://www.face book.com/adsmarketing/index.php?sk=success*).

Erfolgreiche Anzeigenkampagne von CM Fotographics.

Auf Facebook Ads finden Sie in englischer Sprache ausführlich beschriebene Case Studies über Anzeigenkampagnen, nach Branchen sortiert (*http://www.facebook.com/FacebookAds?v=app_7146470109*).

Tipp für lokale Geschäfte und Dienstleister

Verfeinern Sie Ihre Facebook-Werbeanzeige und stellen Sie aktuelle Angebote ein. Als Blumengeschäft wählen Sie beispielsweise die Angabe *verlobt*, um so gezielt auf Ihr Angebot speziell für Hochzeiten hinzuweisen.

Beispiele zur Zielgruppenauswahl für örtliche Geschäfte

In Stuttgart und Umgebung interessieren sich 600 Personen für Spanien, hier eine mögliche Anzeige für eine Sprachschule, ein spanisches Event oder ein Restaurant.

Targeting für eine spanische Sprachschule.

In Köln und näherer Umgebung interessieren sich 4.120 Personen für Haustiere, eine mögliche Zielgruppe für Agenturen, die sich auf Tierversicherungen spezialisiert haben.

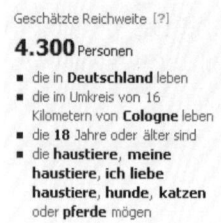

Targeting für einen Tierversicherer.

In Frankfurt und Umgebung interessieren sich 2.240 Personen, die männlich sind, für Autos, eine mögliche Zielgruppe für Gebrauchtwagenanbieter.

Targeting für einen Gebrauchtwagenanbieter.

In Düsseldorf und Umgebung interessieren sich 2.640 Personen, die weiblich, Single und im Alter zwischen 18 und 25 Jahren sind, für Partys, eine mögliche Zielgruppe für Partyveranstalter.

Geschätzte Reichweite [?]

3.860 Personen

- die in **Deutschland** leben
- die im Umkreis von 80 Kilometern von **Düsseldorf** leben
- die zwischen **18** und **25** Jahre alt sind
- die **weiblich** sind
- die **party**, **partys**, **parties** oder **house parties** mögen
- die **Single** sind

Targeting für einen Partyveranstalter.

Bedenken Sie bei der Zielgruppenauswahl, dass nicht alle Benutzer ihre Interessen angeben.

Schalten Sie zeitgleich unterschiedliche Anzeigenkombinationen

Anzeigen bestehen aus Überschrift, Text, Bild und Zielgruppe. Diese Komponenten können Sie individuell zusammenstellen. Wählen Sie zum Beispiel unterschiedliche Bilder oder Zielgruppen und verteilen Sie Ihr Budget auf verschiedene Anzeigen, die Sie gleichzeitig schalten. So können Sie prüfen, welche Kombination die beste für Ihre erfolgreiche Kampagne ist, und ungünstig gewählte Kombinationen anhalten. Ebenso empfiehlt es sich, parallel zu Ihrem Angebot auf Facebook auch eine Anzeige für Ihre eigene Webseite zu schalten.

Suchen Sie die Aufenthaltsorte Ihrer Zielgruppe

Erfolgreiche Anzeigen und Kampagnen erzielen hohe Klickraten und werden von Facebook belohnt. Gerade unter diesem Aspekt bietet es sich an, der Zielgruppenansprache besondere Aufmerksamkeit zu schenken. Überlegen Sie, wo sich Ihre Zielgruppe aufhalten könnte, und tragen Sie dies in die Rubrik *Gefällt mir & Interessen* ein:

➤ *Im Urlaub*: Da hat Ihre Zielgruppe sicherlich Zeit für Ihren kürzlich erschienenen Roman.

➤ *Rock am Ring*: Geben Sie dieses Interesse an, wenn Sie als Rockmusiker auf Ihre neue CD aufmerksam machen wollen.

➤ *Ikea*: Bei Ikea gibt es Möbel aller Art. Dort befindet sich die ideale Zielgruppe für Ihre Möbelpflegeserie.

➤ *Beim Wettbewerb*: Geben Sie die Namen Ihrer Wettbewerber ein und machen Sie genau dort auf sich aufmerksam.

Schritt drei: Wählen Sie Ihr Ziel und den Preis

Vor Kurzem hat Facebook für die Schaltung von Anzeigen die Definition von Zielen hinzugefügt. Wählen Sie zwischen den beiden Zielen, dass Ihre Anzeige Personen gezeigt werden soll, die mit großer Wahrscheinlichkeit

➢ auf Ihrer Seite auf *Gefällt mir* klicken oder

➢ auf Ihre Werbeanzeige oder gesponserte Meldung klicken

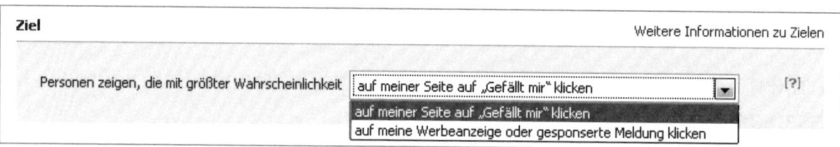

Angabe des Ziels für Ihre Anzeige.

Die Angabe Ihres Ziels hat Auswirkungen darauf, ob Sie per Klick oder per Impressionen zahlen. Wenn es Ihr Ziel ist, dass Sie mehr Fans erhalten, also Nutzer auf Ihrer Seite angeben, dass sie ihnen gefällt, zahlen Sie pro 1.000er-Impressionen (CPM). Wenn es Ihr Ziel ist, dass Nutzer auf Ihre Werbeanzeige klicken, zahlen Sie pro Klick (CPC).

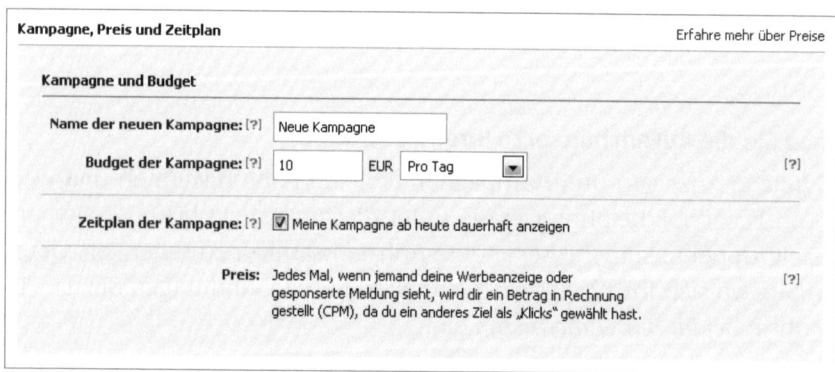

CPM für das Ziel, dass Nutzer angeben, dass ihnen Ihre Seite gefällt.

Weitere Informationen zum Anzeigenmanager finden Sie in der Facebook-Hilfe unter *https://www.facebook.com/help/?page=376371842401649*.

Schalten Sie auch unterschiedliche Anzeigen mit jeweils kleinerem Budget, um festzustellen, welche Anzeigen am besten von Ihrer Zielgruppe angenommen werden.

Wählen Sie das Tagesbudget, das Mindestgebot pro Tag beträgt einen Euro. Über das Maximalgebot geben Sie an, welchen Preis Sie bereit sind, pro Klick bzw. für 1.000 Impressionen pro Tag zu bezahlen. Facebook wählt unter den Geboten den besten Preis aus, sodass die Kosten je nach den Angeboten des Wettbewerbs variieren.

Geben Sie nun die Bestellung für Ihre Anzeige auf. Im vierten und letzten Schritt wählen Sie zwischen Kreditkarte, PayPal und neuerdings auch Lastschrift die für Sie richtige Bezahlart aus und schließen damit den Bestellprozess ab. Ihre Kampagne befindet sich nun im Prüfstatus und wird kurzfristig freigeschaltet.

Charmant: Promoted Posts

Wer die Reichweite seiner Beiträge im Stream erhöhen möchte, kann sie zusätzlich noch über die neuen *Promoted Posts* bewerben. Diese Anzeigenform ist für kleinere Seiten bis zu 100.000 Fans gedacht und steht Seitenbetreibern ab 400 Fans zur Verfügung.

Sofern freigegeben, findet sich die Schaltfläche *Bewerben* unten im Eingabefeld für neue Beiträge.

Schaltfläche zur Bewerbung einzelner Beiträge.

Je nach Anzahl Fans zeigt Facebook unterschiedliche Preisstufen an, angefangen bei fünf Euro. Je mehr Fans angesprochen werden sollen, umso mehr kostet die Anzeige.

Reichweite von einzelnen Beiträgen über Promoted Posts erhöhen.

Die Merkmale der Promoted Posts im Einzelnen

➢ Promoted Posts können für Beiträge geschaltet werden, die bis zu drei Tage alt sind.

➤ Eine Zielgruppenauswahl kann nicht getroffen werden. Die Anzeige erscheint automatisch im Stream der Fans.

➤ Promoted Posts erscheinen nicht in der rechten Spalte im regulären Werbeblock.

➤ Direkt unter dem Beitrag zeigt Facebook zusätzlich zum Prozentsatz der organisch erreichten Nutzer auch die über die Anzeige erreichten Nutzer.

➤ Sobald erstellt, werden Promoted Posts dem Werbekonto zugeordnet.

Über *Promoted Posts* lassen sich einzelne Beiträge auf einfache Art bewerben. Wo bedingt durch den EdgeRank in der Regel im Durchschnitt lediglich 16 % der Fans einen Beitrag zu sehen bekommen, lässt sich dieser Prozentsatz über die Promoted Posts entsprechend steigern, wobei die Kosten durchaus überschaubar sind.

7.2 Für den großen Geldbeutel: individuelle Anzeigen schalten

Die Entscheidung zwischen einer Self Service Ad und einer individuellen Anzeige trifft ganz einfach Ihr Geldbeutel. Ab einem fünfstelligen Betrag stehen Ihnen die Optionen für individuelle Anzeigen zur Verfügung. Das Ganze dann noch inklusive Betreuung durch das Facebook Sales Team in Hamburg.

Welche Optionen bieten individuelle Werbeanzeigen?

Diese Art Anzeigen bieten Benutzern weitere Interaktionsmöglichkeiten innerhalb der geschalteten Anzeige. Die Optionen werden prägnanter angezeigt als bei den Self Service Ads. So wird der *Gefällt mir*-Button nicht nur als Link, sondern als vergrößerte Schaltfläche dargestellt, wodurch die Anzeige mehr ins Auge fällt. Ansonsten entspricht diese Form der regulären Facebook-Werbeanzeige für Seiten.

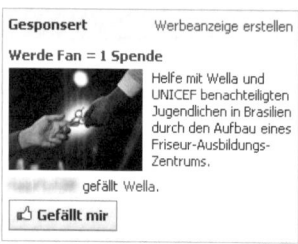

Individuelle Anzeige von Wella.

Individuelle Anzeigen werden in der Regel exklusiv auf der Startseite angezeigt und ohne weitere Anzeigen von anderen Anbietern.

Integrieren Sie ein Video in Ihre Anzeige

Videos lassen sich bei einem größeren Budget direkt in die Anzeige integrieren.

Integriertes Video bei einer Anzeige von Intel.

Nach Anklicken öffnet sich das Video dem Benutzer in der Mitte des Bildschirms mittels Lightbox. Im Video selbst kann der Benutzer den *Gefällt mir*-Button für das Video und für die Facebook-Seite anklicken.

Video von Intel mit zwei integrierten Gefällt mir-Buttons.

Veranstaltungen noch besser kommunizieren

Besonders für Events bieten individuelle Anzeigen verschiedenartige Optionen an:

➢ Einladung von Freunden direkt aus der Anzeige heraus

➢ Kommentarfeld für Benutzer für persönliche Nachrichten bei einer Einladung

➢ Platzierung eines Videos anstelle eines Bilds

Weitere Formen für individuelle Anzeigen

➢ **Video Comment Engagement Ad:** Videos in der Anzeige können von den Benutzern direkt kommentiert werden.

➢ **Virtual Gift Engagement Ad:** Virtuelle Geschenke für die Benutzer zum Beispiel an Geburtstagen.

➢ **Poll Engagement Ad**: Umfrageoption innerhalb einer Anzeige.

Individuelle Anzeige von Wella mit Umfrageoption.

Umfrageergebnisse werden innerhalb der Anzeige dargestellt.

➢ **Sampling Engagement Ad:** Hier erhalten Benutzer, denen die Anzeige gefällt, Produktproben. Zurzeit nur in den USA und England verfügbar.

Meist werden diese Anzeigenformen als sogenannte Reach-Block-Verträge gebucht. Das sind Verträge, bei denen die ersten fünf Anzeigen, die Benutzer an einem Tag nach dem Einloggen sehen, alle von der gleichen Kampagne sind. Insofern ist die Kombination verschiedener Engagement-Ad-Formen sinnvoll, weil dadurch bei den Benutzern durch die unterschiedlichen Angebote eine besondere Aufmerksamkeit erreicht wird (Quelle: *allfacebook.de*).

Nehmen Sie doch Kontakt zu Facebook auf

Ab einem monatlichen Werbebudget von 10.000,00 Euro erhalten Sie die Option einer persönlichen Beratung durch Facebook. Ihre Anfrage dazu können Sie über *http://www.facebook.com/business/contact.php* herstellen.

7.3 Behalten Sie Ihre Anzeigenkampagne im Auge

In der Regel durchlaufen Anzeigen eine Entwicklung. Zu Beginn ist ihre Klickrate meist höher, nach einiger Zeit nimmt sie ab. Beobachten Sie den Verlauf und nehmen Sie gegebenenfalls Anpassungen vor, um Ihre Zielgruppe noch besser zu erreichen.

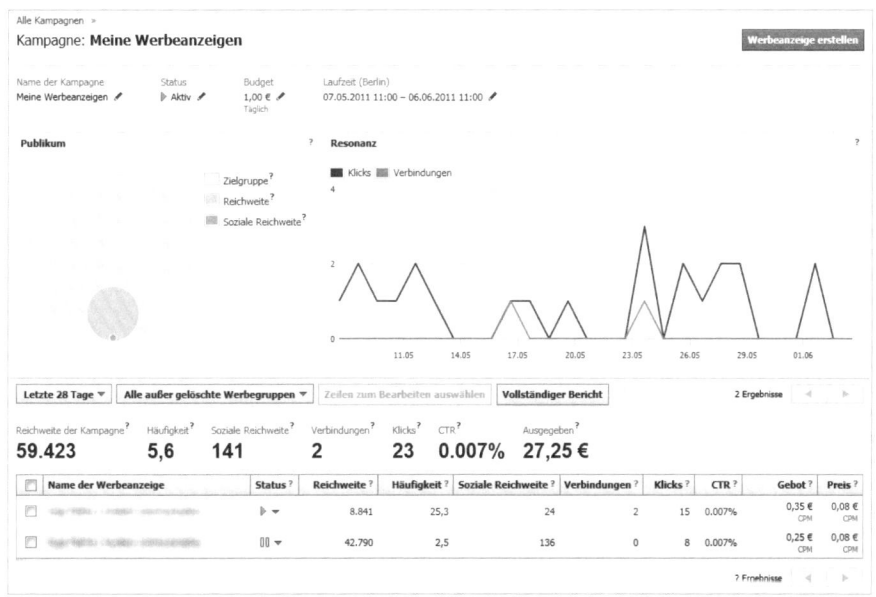

Der Werbeanzeigenmanager auf Facebook.

Beobachten Sie also Ihre Anzeigen und passen Sie sie gegebenenfalls an. Es empfiehlt sich, unterschiedliche Anzeigen zu schalten, um zu prüfen, welches Konzept das erfolgreichste ist. Achten Sie insbesondere beim CPK-Modell darauf, dass Ihre Anzeige nicht von der Bildfläche verschwindet. Meist reicht es schon, nach ein paar Tagen das Bild auszutauschen. Anzeigen, die keine Klicks erzielen, bringen Facebook keine Einnahmen und tauchen auf Dauer nicht mehr auf. Der Anzeigenmanager von Facebook bietet Ihnen zahlreiche Auswertungen.

Berichte über Ihre Anzeigen

Zum Verwalten Ihrer Werbeanzeigen gelangen Sie über die Startseite Ihres Profils über die Konto- und Privatsphäre-Einstellungen oder geben *http://www.facebook.com/ads/manage* in die Betreffzeile ein..

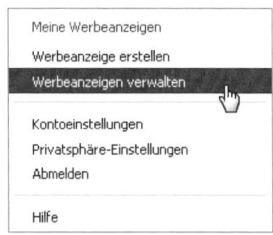

Verwalten Sie Ihre Werbeanzeigen.

Facebook unterscheidet vier verschiedene Berichtarten. Diese können in einer HTML-Ansicht angezeigt oder als CSV-Datei heruntergeladen werden.

➤ *Leistung der Werbeanzeigen*: Auswertungen über Impressionen, Klicks, Durchklickrate (CTR) und Kosten. Zwar werden die Ergebnisse auch im Werbeanzeigenmanager angezeigt, dort stehen sie jedoch nicht zum Download zur Verfügung.

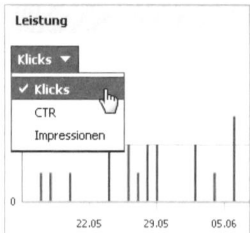

Grafische Darstellung der Anzeigenleistung im Werbeanzeigenmanager.

➤ *Demografie der Antwortenden*: Auswertungen, die für die Optimierung der Zielgruppenauswahl verwendet werden können.

➤ *Profile der Antwortenden*: Auswertungen, die auf den angegebenen Interessen der Benutzer in ihrem persönlichen Profil basieren.

➤ *Besuchsaktionen und Impressionszeit*: Auswertungen über die Anzahl an Aktionen, nachdem auf eine Anzeige geklickt wurde, und Angabe der Zeitspanne zwischen Klick und Aktion auf der Facebook-Seite.

Wählen Sie den für Sie relevanten Bericht.

Neben ganzen Kampagnen können die Berichte auch für einzelne Anzeigen erstellt werden. Auch bietet Facebook die Option, Berichte im Vorfeld zu planen und per E-Mail zu verschicken.

Vergeben Sie Nutzerrechte für die Verwaltung Ihrer Anzeigen

Falls Ihre Mitarbeiter mit der Auswertung der Berichte betraut werden, können Sie ihnen das Recht zuweisen, die Berichte zu lesen, ohne die Anzeigen selbst bearbeiten oder gar neue Anzeigen schalten zu können. Noch feiner lassen sich die Nutzerrechte über die Ansicht *Alle Konten* einstellen, indem Sie spezielle Kontogruppen anlegen (*http://www.facebook.com/ads/manage/accounts.php*).

Neu: der Power Editor für Anzeigen

Power Editor

Mit diesem Editor lassen sich unter anderem Anzeigen im Stream erstellen. Um ihn zu nutzen, muss der Editor zunächst aktiviert werden. Der Editor kann nur über den Chrome-Browser bedient *werden. Um ihn zu installieren, rufen Sie den Werbeanzeigenmanager unter https://www.facebook.com/ads/manage* auf und gehen in der Linkleiste auf Power Editor.

Rufen Sie über den Anzeigenmanager den Power Editor auf.

Optisch kommt der Editor (noch) etwas rudimentär daher. Dafür sind die Auswahloptionen für die Zielgruppen identisch mit denen im Werbeanzeigenmanager.

Die Optionen im Power Editor

➢ mehrere Kampagnen lassen sich gleichzeitig verwalten

➢ über den Bulk uploader können mehrere unterschiedliche Anzeigen gleichzeitig geschaltet werden

➢ Anzeigenschaltung im Stream ist jetzt möglich

➢ Unter Images zeigt Facebook eine Auswahl an Vorschlägen für Bilder der administrierten Seiten an, zur Verwendung für Anzeigen

➢ Werber können auswählen, wo ihre Anzeigen angezeigt werden sollen

Wo können Anzeigen geschaltet werden?

Über Placements können Sie entscheiden, ob ihre Anzeigen überall, nur auf dem Computer oder nur in den Neuigkeiten – im Stream der Nutzer – sichtbar sein sollen. Bei Anzeigen als Sponsored Story haben Sie bei den Neuigkeiten zusätzlich noch die Wahl zwischen Computer oder Handy oder beides.

Wählen Sie, wo Ihre Anzeige erscheinen soll.

Es wird davon ausgegangen, dass gerade Anzeigen im Stream in Zukunft häufiger auftreten werden, ist doch gerade der Stream mit der begehrteste Werbeplatz überhaupt.

Beiträge für Ihre Facebook-Seite direkt über den Editor schalten

Auch wird über den Editor die Option angeboten, neue Seiten-Beiträge zu verfassen. Die Page Posts werden wie gewohnt angeboten als Statusmeldung, Link, Photo und Video.

Dafür fehlen Optionen wie einen Beitrag für ein zukünftiges Datum zu schalten oder als Meilenstein anzulegen.

Beiträge für Seiten direkt im Editor verfassen.

Von der Verwendung dieser Funktion ist aktuell allerdings eher abzuraten. Bei meinem Test wurde mir eine Fehlermeldung angezeigt, dass etwas schiefgelaufen sei, und der Page Post nicht geschaltet würde.

Kurz darauf erschien er dann doch, und zwar auf meinem privaten Profil und nicht, wie eigentlich geplant, auf meiner Facebook-Seite. Am besten also erst einmal in einer Testumgebung ausprobieren.

7.4 Hilfestellungen von Facebook für erfolgreiche Anzeigenkampagnen

Wie bereits beschrieben, ist es gut, wenn Sie Ihre Anzeigen beobachten und gegebenenfalls anpassen. Denn auch mit verhältnismäßig kleinen Budgets lassen sich gute Ergebnisse erzielen.

NABU schaltet eine erfolgreiche Anzeige mit geringem Budget

Der NABU schaltete Anfang 2011 für die Facebook-Seite Willkommen Wolf (*http://www.facebook.com/WillkommenWolf*) eine Anzeige im niedrigen dreistelligen Bereich. Als Zielgruppe wurden bundesweit Tierliebhaber mit dem Schwerpunkt Hundefreunde ausgewählt.

Die Anzeige des NABU für die Facebook-Seite Willkommen Wolf.

183

Während der vierwöchigen Laufzeit erzielte die Facebook-Seite rund 10.000 neue Fans und wuchs auf insgesamt knapp 20.000 Fans.

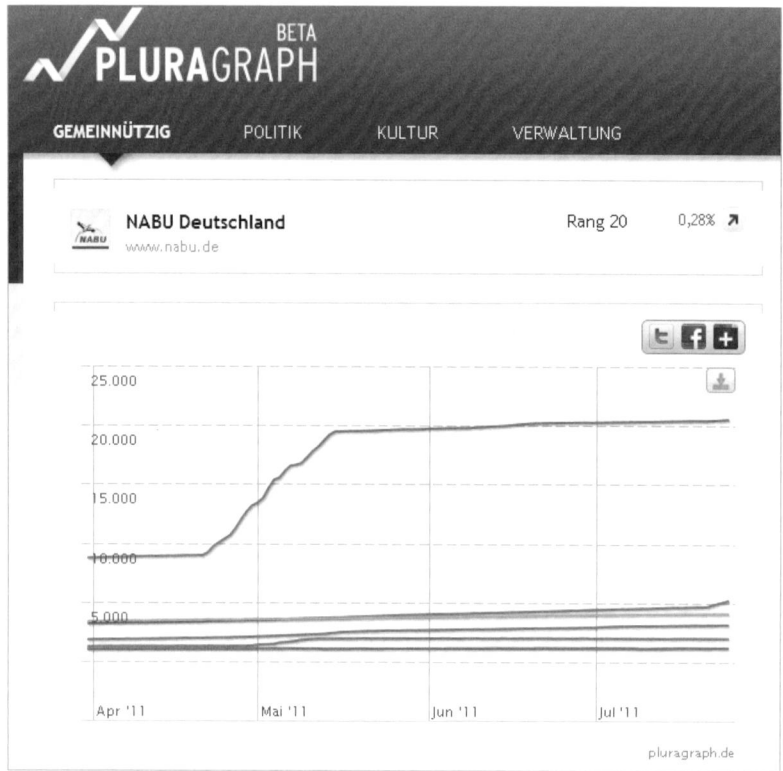

Wachstum der Fanzahlen des NABU für die Seite Willkommen Wolf während der Anzeigenlaufzeit.

Die Hilfeseiten von Facebook für erfolgreiche Anzeigenkampagnen

Facebook erweitert ständig die Hilfethemen rund um das Thema Anzeigen. Nachstehend die umfangreichen Angebote:

➢ *http://www.facebook.com/advertising*: Die Seite für Einsteiger mit ein paar Fallbeispielen. Von diesem Link aus können auch neue Anzeigen erstellt und laufende bearbeitet werden.

➢ *http://www.facebook.com/ads/manage*: Über diesen Link geht es direkt zum Dashboard für die Anzeigenverwaltung.

➢ *http://www.facebook.com/adsmarketing*: Umfangreiche Informationen mit vielen Tipps zu Themen wie Zielsetzung, Zielgruppenanalyse, Arten von Werbeanzeigen, Erfolgsgeschichten und vieles andere mehr. Außerdem wird ein Webinar-Bereich mit verschiedenen Themengebieten angeboten. Die Webinare sind kostenfrei und dauern ca. 15 bis 20 Minuten.

➢ *http://www.facebook.com/help/adshelp*: Der allgemeine Hilfebereich von Facebook für Werbeanzeigen.

http://www.facebook.com/FacebookWerbeanzeigen: Eine deutschsprachige Seite mit Informationen rund um das Erstellen erfolgreicher Kampagnen mit Fallbeispielen.

Weiterhin empfehlenswert sind noch die beiden Seiten *http://www.facebook.com/marketing* und *http://www.facebook.com/FacebookAds*. Auf beiden kommuniziert Facebook unter anderem Erfolgsstorys und gibt branchenspezifische Tipps.

Whitepaper zum Thema Berichte von Facebook Werbeanzeigen

Das Whitepaper *Facebook Werbung – Umgang mit den Ad-Berichten und deren effiziente Auswertung zur Optomierung von Ad Kampagnen* von Jana Fischer, Finnwaa GmbH (*http://www.finnwaa.de*) enthält ausführliche Informationen zum Thema. Sie finden es bei allfacebook.de unter *http://tinyurl.com/3ra9bn2*.

Kleiner Exkurs: Achten Sie auf die Vorgaben!

Auch für Anzeigen gilt es, Spielregeln einzuhalten. So empfiehlt es sich, vor Ihrer ersten Anzeigenschaltung auf Facebook die Werberichtlinien aufmerksam durchzulesen (*http://www.facebook.com/ad_guidelines.php*) und sie gegebenenfalls in die Planung und Umsetzung anderer Werbemaßnahmen mit einzubeziehen. Denn nichts ist ärgerlicher, als wenn Ihre sorgsam durchdachte Kampagne in allen Medien erscheint und nur zu guter Letzt ausgerechnet von Facebook abgelehnt wird. So geschehen Ende 2010 bei Aktion Mensch.

Facebook lehnt Anzeigenkampagne der Aktion Mensch ab

Dies ist eines der bekanntesten Beispiele für nicht genehmigte Anzeigen. Die Kreativen hatten sich wirklich Mühe gegeben und wollten sich bewusst ein wenig provokant darstellen, um Aufmerksamkeit zu erzielen.

Doch Facebook verweigerte die Genehmigung der Anzeigen mit der Begründung, die provokanten Überschriften verstoßen gegen die hausinternen Regeln, wonach sich Benutzer hatten beleidigt oder verletzt fühlen können. Eine Entscheidung, die für große Enttäuschung unter den Initiatoren dieser Kampagne sorgte, zumal man sich mit Vertretern der Wohlfahrtsverbände und Selbsthilfeorganisationen im Vorfeld für diese Kampagne entschieden hatte. Dass ausgerechnet Facebook nicht zustimmen könnte, damit hatte niemand gerechnet.

Die Anzeigenkampagne der Aktion Mensch entsprach nicht den Facebook-Richtlinien.

Sorgsame Auswahl der Texte

Facebook legt Wert darauf, dass Anzeigen keinesfalls irreführend in jeglicher Form sein dürfen. Dies wird damit begründet, dass sich die Benutzer nicht durch Anzeigen belästigt fühlen dürfen und die Anzeigen auch zu einer positiven Nutzererfahrung beitragen sollen.

So wird neben rechtlichen Vorgaben unter anderem auch das Verfassen von Texten genau reguliert. Dazu gehören:

➢ Grammatik, Satzstruktur, Rechtschreibung und Zeichenabstände

➢ Großschreibung

➢ Zeichensetzung

➢ Symbole

Ebenso unterliegen Anzeigen den Datenschutzrichtlinien und der Erklärung der Rechte und Pflichten. Außerdem müssen Anzeigen den Richtlinien zur Facebook-Plattform entsprechen.

8. Wie interagiere ich am besten mit meinen Fans?

Ihre Seite ist fertig eingerichtet, die Content-Strategie gibt die Richtung vor, und der Redaktionsplan wartet jetzt nur noch darauf, endlich in die Praxis umgesetzt zu werden. Alle Mitarbeiter sind informiert, und in größeren Unternehmungen wurden die Social-Media-Guidelines sorgfältig ausgearbeitet, erklärt und ausgehändigt. Der große Moment ist gekommen – Ihre Seite auf Facebook wird veröffentlicht! Ein Grund zum Feiern, denn die ersten Schritte haben Sie erfolgreich hinter sich gebracht. Freuen Sie sich nun auf die eigentliche Arbeit.

8.1 Wichtig, wichtig: die Sache mit den relevanten Inhalten

Gut und schön, Ihre Inhalte sollten schon relevant für Ihre Fans sein. Doch lässt sich das nicht mal eben so auf einen einzigen Nenner bringen. So fallen relevante Inhalte für ein Handelsunternehmen sicherlich anders aus als für eine soziale Einrichtung oder ein Dienstleistungsunternehmen.

Bei großen Marken landen Fans in der Regel aufgrund ihres Bekanntheitsgrads von allein auf die Seite. Die Popularität und die damit verbundene größere Reichweite auf Facebook wird dann meist hauptsächlich über Anzeigen, die Integration von Gewinnspielen und die Kommunikation ihrer Offlinemaßnahmen erzielt. So wirken die auf diesen Seiten zusätzlich generierten Inhalte auf den ersten Blick nicht wirklich relevant, doch täuscht der erste Eindruck.

Gerade Marken überlassen nichts dem Zufall

Selbst Coca-Cola (*http://www.facebook.com/cocacola*), die die Liste der Seiten mit den meisten Fans auf Facebook anführt, bringt sich immer wieder in regelmäßigen Abständen ein.

Auch die Statusmeldung von Coca-Cola, dass im Moment Millionen von Menschen auf der Erde lächeln, brachte zahlreiche *Gefällt mir*-Klicks und Kommentare.

Das von Coca-Cola veröffentlichte Foto einer Benutzerin mit zahlreichen Kommentaren.

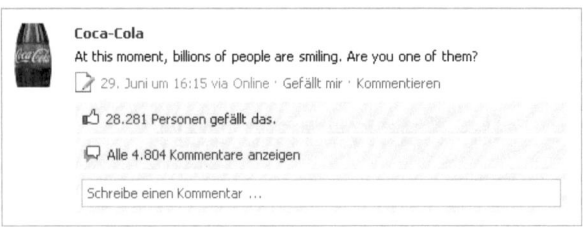

Coca-Cola postet Statusmeldungen zu allgemeinen Themen.

Im Kontext von Coca-Cola sind derartige Beiträge durchaus als relevant zu betrachten. Dabei achtet die Marke sorgfältig darauf, ihr Hauptthema „Happiness" auf allen Ebenen zu kommunizieren und zu pflegen. Coca-Cola ist nicht einfach nur ein Getränk, sondern ein Lebensgefühl, das es zu vermitteln gilt, was sich in den zahlreichen Fanbeiträgen auf der Pinnwand widerspiegelt.

Doch wie verhält es sich bei erklärungsbedürftigen Produkten und Dienstleistungen zum Beispiel von Anwälten und Steuerberatern? Oder bei Geschäften wie dem Blumenladen um die Ecke oder dem Friseur, um nur einige Beispiele zu nennen? In diesen Fällen dürften beispielsweise Inhalte über das Markieren von Seiten auf Bildern wohl eher nicht zum gewünschten Erfolg führen. Es sei denn, sie verfügen bereits über eine aktive Community auch mit einer geringeren Anzahl als der magisch beschworenen Mindestanzahl von 1.000 Fans.

Interaktion ist gefragt bei den Fans

Laut der Studie „2010 Cone Consumer New Media Study" des Marktforschungsinstituts Cone Ende 2010 bestätigen rund 60 % der Befragten, dass sie eine engere Bindung zu Unternehmen haben, mit denen sie auch interagieren können. Diese enge Bindung lässt auf entsprechendes Kaufverhalten schließen.

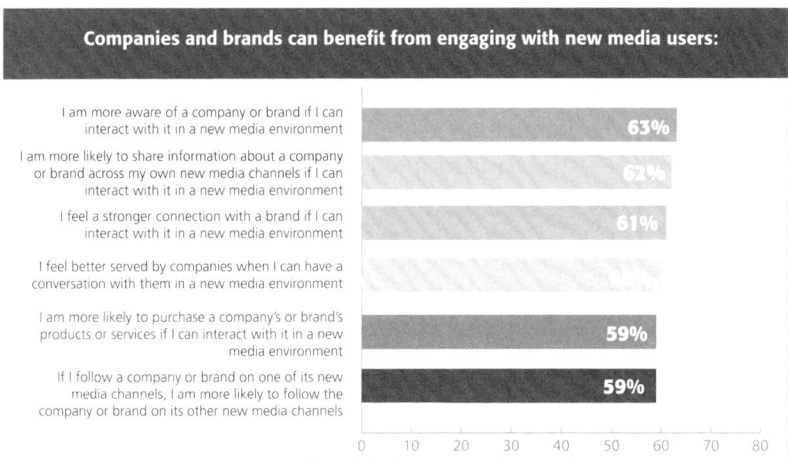

Quelle: Cone (http://www.coneinc.com).

Weiterhin brachte die Studie das Ergebnis, dass die meisten Benutzer Gewinne, Gutscheine und Angebote erwarten, gefolgt von Kundenservice. An dritter Stelle steht der Dialog, vor allem Mit der Möglichkeit, Feedback über Produkte geben zu dürfen.

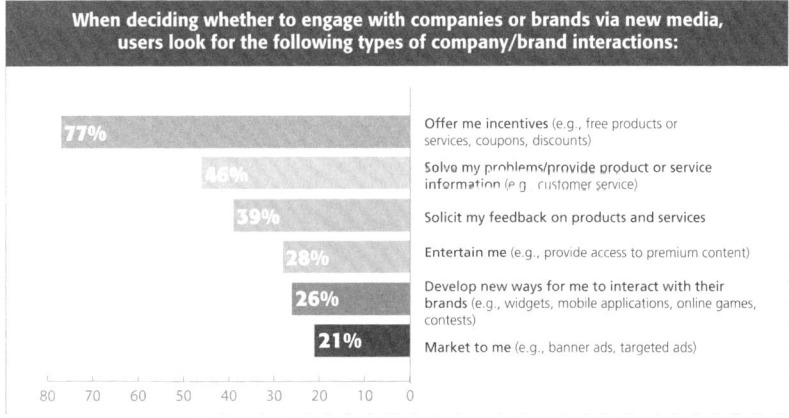

Quelle: Cone (http://www.coneinc.com).

Lediglich ein Viertel der Befragten möchte nur unterhalten werden. Hierunter fallen auch Spiele und Umfragen. Der Wunsch nach Interaktion und Dialog ist also verhältnismäßig groß und gibt Anlass, sich darüber Gedanken zu machen. Das *Mitmachweb* etabliert sich also zunehmend, und Zeiten, in denen Konsumenten und Verbraucher sich kein Gehör verschaffen konnten, sind längst Vergangenheit.

Rätsel sind immer beliebt

Nüchtern betrachtet ist Marketing ja nichts anderes als das Drumherum, nicht mehr, aber auch nicht weniger. Und genau hier fängt sie bereits an, die Crux. Denn am liebsten möchte man ja am laufenden Band nur über die eigenen Produkte und Dienstleistungen sprechen. Tun Sie das ruhig, aber lassen Sie das lieber auf Facebook.

Denken Sie lieber darüber nach, wie Sie dem Wunsch Ihrer Fans nach Interaktion begegnen können. Dies kann in Form von einzelnen Beiträgen passieren, indem Sie zum Beispiel Rätselaufgaben stellen.

Original und Fälschung bei Nivea

Menschen lieben es seit jeher zu tüfteln und Rätsel zu lösen. So auch die Nutzer auf Facbeook. Binden Sie sie ein, indem Sie Fragen stellen mit einer Auswahl an vorgegebenen Antworten, wobei eine davon die richtige ist.

Oder bearbeiten Sie ein Foto, stellen es als Original und Fälschung auf Ihre Facebook-Seite und lassen Sie Ihre Fans raten, wie viele Fehler sich auf der Fälschung eingeschlichen haben. So wie in diesem Beispiel von Nivea mit einem Foto aus dem Jahr 1956. Binnen kurzer Zeit gingen zahlreiche Lösungen ein. Wobei die meisten auf sechs Fehler tippten.

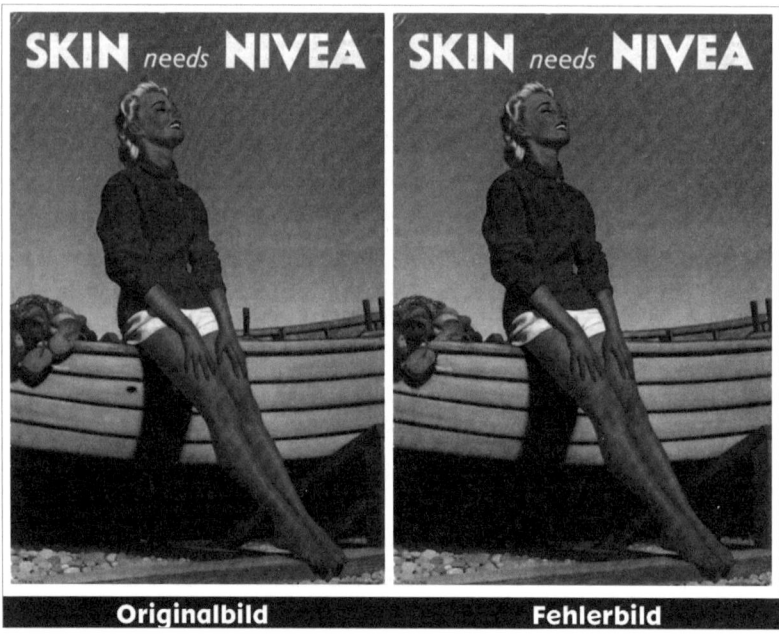

Original und Fehlerbild auf der Facebook Seite von Nivea,
https://www.facebook.com/niveadeutschland.

Stellen Sie regelmäßig Aufgaben an Ihre Fans und fördern Sie damit die Interaktion. Fragen Sie Ihre Fans, ob sie selbst auch gute Rätsel wissen. Laden Sie sie ein, Ihnen die Rätsel zu schicken, und publizieren Sie eine Auswahl auf Ihrer Facebook-Seite. Das Auffordern, Inhalte zu liefern, bietet sich für die unterschiedlichsten Themen an. So habe ich Buchautoren erlebt, die ihre Fans auffordern, ihnen ein Fanbild zu schicken, um es auf der Facebook-Seite zu veröffentlichen, und mich gewundert, wie viele Fans davon Gebrauch machen.

Laufend Neues bei STREET ART UTOPIA

Regelrecht auf die Spitze in Sachen Interaktion treibt es die Facebook-Seite STREET ART UTOPIA (*https://www.facebook.com/streetartutopia*) von Vidar Egnér. Die Seite lebt allein davon, dass Nutzer aus aller Herren Länder sich ihre Bilder über STREET ART zuschicken.

STREET ART UTOPIA auf Facebook.

Jedes auf der Facebook-Seite vorgestellte Bild wird auch auf der dazugehörigen Webseite präsentiert, *http://www.streetartutopia.com*. In den Beiträgen wird auf den Fotografen verwiesen, wenn vorhanden mit Link und auch mit einem Dankeschön.

Selbstredend, dass mit allen Beiträgen auf dieser Seite sehr häufig interagiert wird. Nicht selten werden sie über tausend Mal geteilt.

Zugegeben, diese Seite ist an sich eher Hobby, und es steht kein Produkt und keine Dienstleistung dahinter. Doch zeigt sie eindrucksvoll auf, welche Dynamik entsteht, wenn Nutzer zu Themen, die sie interessieren, aktiv eingebunden werden. Am folgenden Beispiel zeige ich auf, dass derlei Vorgehen auch in Verbindung mit einer Unternehmung erfolgreich machbar ist.

Ein Beitrag auf der Facebook-Seite von STREET ART UTOPIA.

Auch Unnützes Wissen bindet die Fans aktiv mit ein

Denn die Facebook-Seite *Unnützes Wissen* (*https:// www.facebook.com/unnutzeswissen*) tut nichts anderes, als Beiträge mit Wissen zu posten, das der Mensch nicht wirklich braucht. Und laufend werden auch Beiträge von Nutzern publiziert, welche fleißig ihre Vorschläge an *Unnützes Wissen* schicken. Mit dem Hinweis *eingereicht von* ... landen einige von ihnen dann auf der Chronik. Dahinter steckt die Agentur Pulpmedia. Ihre Facebook-Seite hat gerade mal knapp 1.300 Fans. Wohingegen Unnützes Wissen mit über 700.000 Fans aufwartet.

Unnützes Wissen auf Facebook.

Wie bereits eingangs erwähnt, ist Marketing das Drumherum um das, worum es Ihnen eigentlich geht. Firmen wie Pulpmedia gelingt es eindrucksvoll, solch ein Drumherum mit Leben zu füllen, Nutzer aktiv mit einzubinden und obendrauf noch mit keinem Wort ihre eigenen Produkte zu erwähnen.

Telekom geht mit ihrem Kundenservice in die öffentliche Offensive

Wie sehr sich ein öffentlicher Kundenservice auf Facebook etablieren kann, zeigen die Fanzahlen der Deutschen Telekom. Die Serviceseite *http://www.facebook.com/telekomhilft* liegt mit gut 31.000 Fans um rund 8.000 Fans vor der regulären Facebook-Seite *http://www.facebook.com/deutsche telekom* des Unternehmens. Eine recht beachtliche Zahl, die zu denken gibt.

Das Profilbild auf der Seite *Telekom hilft* zeigt das Team, das die Fragen beantwortet, sowie die Zeiten, zu denen das Team auf Fragen und Reklamationen der Fans antwortet.

Service pur bei Telekom hilft auf Facebook.

Interessant ist, dass sich auch viele Fans an der Beantwortung der Fragen beteiligen. So nimmt es auch kaum einer übel, dass an den Wochenenden niemand vom Telekom-Team antwortet.

Kundenserviceseiten laufen fast von allein

Gewiss, es gehört schon Mut dazu, seinen Kundenservice öffentlich über Facebook zu kommunizieren. Und gerade bei Reklamationen fällt das nicht wirklich leicht. Doch ein öffentlicher Kundenservice auf Facebook bietet auf jeden Fall den Vorteil, dass Sie es größtenteils mitbekommen, wenn Ihre Kunden nicht so zufrieden sind. Denn anstatt sich in anderen Foren auszutauschen, werden sie sicherlich den Weg zu Ihnen auf Ihre Seite finden in der Gewissheit, auch eine Antwort zu erhalten. Ein weiterer Vorteil liegt darin, dass Sie sich um die Generierung von relevanten Inhalten bei einer Kundenserviceseite auf Facebook weitaus weniger Gedanken machen müssen. Hier sorgen die Fans durch ihre Fragen für regen Austausch auf der Seite.

Die Anwendung SupportTab für optimalen Service

Mit der mehrsprachigen Anwendung SupportTab (*http://www.facebook.com/supporttab*) lässt sich Ihr Serviceangebot auf einen eigenen Reiter umleiten. Fans können Fragen stellen, diesen folgen und sie teilen sowie angeben, ob Antworten hilfreich sind. Auch eine Suchfunktion ist integriert.

Kleiner Exkurs: der EdgeRank auf Facebook

Was bei Google der PageRank ist, ist bei Facebook der EdgeRank. Vermutungen zufolge schaffen es 95 % der Statusmeldungen nicht, in den begehrten Hauptmeldungen auf der Startseite der Benutzer angezeigt zu werden. Der EdgeRank ist ein Algorithmus, der sich aus verschiedenen Merkmalen zusammensetzt:

➤ **Benutzeraffinität:** Wenn Fans Ihre Seite des Öfteren besuchen, Ihre Statusmeldungen kommentieren, *Gefällt mir* anklicken oder selbst einen Beitrag auf Ihrer Seite verfassen, geht Facebook davon aus, dass Ihre Inhalte für den Benutzer interessant sind.

➤ **Gewicht:** Jegliche Interaktion durch Ihre Fans, also *Gefällt mir*-Angaben, Teilen oder Kommentieren, bekommt eine Gewichtung zugeordnet und addiert sich zu einem Gesamtgewicht. Einem Kommentar wird dabei wohl mehr Gewichtung zugeschrieben als einem *Gefällt mir*.

➤ **Aktualität:** Die Bedeutung einer Interaktion schwindet, je älter sie ist. Es handelt sich also hier um eine Art Verfallsdatum. Auch hängt die Aktualität von der Anzahl der Freunde Ihrer Fans ab. Je nach Größenordnung verschwindet Ihre Statusmeldung mehr oder weniger schnell auf deren Startseite.

Hilfreiche Tipps zur Optimierung Ihres EdgeRank finden Sie bei Socialmediaexaminer unter *http://www.socialmediaexaminer.com/6-tips-to-increase-your-facebook-edgerank-and-exposure*.

Die Reichweite Ihrer Beiträge

Entsprechend der neuen statistischen Auswertungen zeigt Facebook Ihnen bei jedem Beitrag die Reichweite Ihrer Statusmeldungen, Links, Fotos oder Videos an.

1.063 Impressionen · 0,28 % Feedback

28. Februar um 08:02 · Gefällt mir · Kommentieren · Teilen

Die Anzahl der Impressionen kann derzeit weiterhin über den Export abgefragt werden. Weitere Informationen über die neuen Statistiken auf Facebook erhalten Sie auf Seite 149.

Die Mär vom Abverkauf auf Facebook

Wer auf seiner Facebook-Seite lediglich seine Produkte anbietet, wird es wohl eher nicht zum Erfolg bringen.

Soziale Netzwerke wie Facebook leben von Interaktion und Empfehlungen. In diesem Umfeld einfach nur Produkte anzubieten, wäre fatal. Facebook ist kein Ladenlokal, und die Benutzer gehen nicht in erster Linie dorthin, um einzukaufen. Gewiss, Kaufentscheidungen werden mehr und mehr über soziale Netzwerke getroffen. Doch bedeutet das bei Weitem nicht, dass Facebook als Regalfläche für Ihre Produkte fungiert und Sie sie nur hübsch sortiert einzustellen brauchen.

Goldene Regeln für erfolgreiche Interaktion:

➢ **Liefern Sie regelmäßig Inhalte!**
Damit Ihre Fans überhaupt interagieren können, brauchen sie Inhalte von Ihnen. Versorgen Sie Ihre Fans daher regelmäßig mit aktuellen Inhalten. Streuen Sie ruhig zur Auflockerung auch mal etwas am Rande ein, dadurch wirkt die Seite authentischer und lebendiger auf Ihre Fans und kommt nicht so statisch daher

➢ **Kommentieren Sie Ihre Links!**
Wenn Sie eine Statusmeldung als Link verfassen, tun Sie gut daran, etwas dazu zu schreiben. Fragen Sie Ihre Fans, was sie von den Inhalten halten, bitten Sie um Feedback.

➢ **Bieten Sie Sonderangebote an!**
Stellen Sie preisliche Angebote exklusiv nur für Ihre Fans zu Verfügung. Definieren Sie einen fixen Zeitraum für das Angebot. Kündigen Sie das nächstes Angebot vorher an.

➢ **Stellen Sie einen Kundenservice zur Verfügung!**
Facebook eignet sich ideal für Ihren Kundenservice. Der Vorteil liegt auf der Hand: Ihre Fans und Ihre potenzielle Käuferschaft sehen in Echtzeit, ob und wie Sie auf Fragen reagieren und Hilfestellungen bieten. Das schafft Vertrauen.

➢ **Machen Sie Umfragen!**
Binden Sie Ihre Fans mit ein, indem Sie Fragen zu Ihren Produkten und Dienstleistungen stellen. Oder geben Sie Ihren Fans die Möglichkeit, abzustimmen.

➤ **Fordern Sie Erfahrungsberichte von Ihren Fans!**

Bitten Sie Ihre Fans um Erfahrungsberichte mit Ihren Dienstleitungen bzw. Produkten. Hat Ihr Service geholfen? Tragen Ihre Produkte dazu bei, das Leben angenehmer zu gestalten?

➤ **Belohnen Sie Ihre Fans mit exklusiven Inhalten!**

Stellen Sie bestimmte Inhalte nur für Ihre Fans auf Ihrer Seite zur Verfügung. Benutzen Sie dazu das Fangating.

➤ **Sagen Sie auch mal Danke!**

Bedanken Sie sich bei Ihren Fans, zum Beispiel für viele Kommentare und das Klicken des *Gefällt mir*-Buttons oder wenn eine bestimmte Anzahl von Fans erreicht ist.

➤ **Antworten Sie auf Kommentare von Ihren Fans!**

Berücksichtigen Sie den Wunsch Ihrer Fans nach Interaktion. Und wenn schon jemand endlich etwas auf Ihrer Pinnwand einträgt, reagieren Sie, auch wenn es vielleicht einmal nicht direkt zu Ihrem Thema passt. Denken Sie daran, dass Sie so positiv in Erinnerung bleiben.

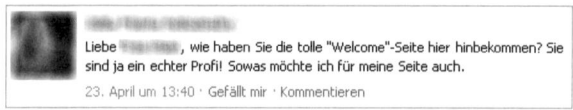

Liebe ▓▓▓▓▓, wie haben Sie die tolle "Welcome"-Seite hier hinbekommen? Sie sind ja ein echter Profi! Sowas möchte ich für meine Seite auch.

23. April um 13:40 · Gefällt mir · Kommentieren

Oft passiert es, dass nicht auf Einträge reagiert wird.

➤ **Bauen Sie einen Spannungsbogen auf!**

Machen Sie Ihre Fans neugierig, indem Sie große Ereignisse in Häppchen ankündigen.

Denken Sie stets daran, dass sich Facebook-Benutzer in erster Linie mit ihren Freunden austauschen wollen. Verabschieden Sie sich also schnell von dem Gedanken, Ihre Facebook-Seite als Option zum reinen Abverkauf zu betrachten. Denn das funktioniert nicht.

Verkaufen ist Erzählen

Mir hat vor Jahren mal jemand erzählt, dass es bei einer Weinprobe nicht unbedingt der Wein selbst ist, sondern das ganze Drumherum – wo der Wein angebaut wird, wie alt er ist, Anekdoten aus der Familiengeschichte, geschichtliche Ereignisse etc. Je mehr man über die Geschichte des Weins erfuhr, umso besser schmeckte er. Und so wurde aus jedem Glas Wein ein Erlebnis. Genau das Gleiche gilt auch für Inhalte auf Ihrer Facebook-Seite. Nahezu jedes Produkt bietet Stoff für relevante Informationen. Dies gilt insbesondere für kleinere Unternehmungen. In der Regel stehen diese sowieso in engem Kontakt zu ihrer Klientel und pflegen Beziehungen. Übertragen Sie diese Geschichten auf Facebook und lassen Sie Ihre Fans auch dort daran teilhaben.

Schauen Sie malerdeck über die Schulter!

Ein tolles Beispiel ist die Präsenz auf Facebook von Malermeister Deck (*http://www.facebook.com/malerdeck*). Er zeigt auf, dass es sich auch für Handwerker durchaus lohnt, in Social Media präsent zu sein. Auf seiner Seite findet reger Austausch statt, und das mit gerade mal rund 270 Fans. Laufend stellt er Inhalte ein, die im Kontext zu seinem Angebot stehen. Wissenswertes, Anekdoten und manchmal auch Nachdenkliches findet der Leser auf seiner Seite in lockerer Reihenfolge.

malerdeck wartet ständig mit relevanten Inhalten auf der Facebook-Seite auf.

Sein Beispiel zeigt auf, wie Offlinekontakte zusätzlich online gepflegt werden können. Dabei ist das Serviceangebot auf allen Kanälen präsent.

malerdeck ist laut eigener Aussage:

➢ besonders freundlich,

➢ äußerst pünktlich,

➢ sehr zuverlässig,

➢ penibel sauber,

➢ angenehm höflich,

➢ arbeitet erstklassig

➢ und erstaunlich preiswert.

Genau das spiegelt sich in seinen Inhalten auf Facebook wider. Ein rundum gelungenes Marketingkonzept. Gerade für ortsansässige Unternehmungen lohnt es sich, die Seite näher zu betrachten und es malerdeck getrost gleichzutun. Auch wenn er den Vorteil genießt, einer der ersten zu sein, vergessen Sie nicht, dass er nicht an allen Orten auf der Landkarte seinen Service als Maler anbieten kann.

Ein Interview mit diesem rührigen Handwerker finden Sie in Kapitel 14 auf Seite 325.

Fragen fördern die Interaktivität mit Ihren Fans

Wer fragt, der führt, daran hat sich nichts geändert. Mit Einführung der Umfragefunktion, die gleichermaßen auf Seiten, Gruppen und Profilen angeboten wird, ist es ganz leicht, Umfragen zu den verschiedensten Themen anzustoßen.

Umfragen auf Facebook.

Natascha Ljubic nutzt Umfragen auf ihrer Seite Social Media für Unternehmen (*http://www.facebook.com/forbusinesses*) besonders kreativ. So stellte sie ihren Fans eine Frage dazu, welche Tipps der Fans sie bei einem bevorstehenden Vortrag zum Thema Social Media den Teilnehmern aus der Immobilienbranche mitbringen könne. Auf diese Frage erhielt sie zahlreiche wertvolle Informationen.

Natascha Ljubic nutzt Umfragen besonders kreativ.

Was machen Ihre Fans am Wochenende?

Die meisten Berufstätigen freuen sich auf das Wochenende. Schicken Sie Ihre Fans doch einfach jeden Freitag mit einem netten Spruch ins Wochenende. Fragen Sie ruhig Ihre Fans, was sie vorhaben, und berichten Sie auch von Ihren eigenen Vorhaben.

Vermeiden Sie es aber, in diesen Beiträgen auf Ihre Produkte hinzuweisen, das entlarvt Sie dahingehend, dass Sie sich nicht wirlich interessieren, sondern nur wieder über Ihr Produkt sprechen wollen. Beiträge so nach dem Motto: *Wir wünschen unseren Fans ein schönes Wochenende, am besten mit unserem tollen Getränk aus dem Sortiment XY* kommen nicht wirklich gut an. Oder fänden Sie das toll, wenn Sie das so lesen? Wohl eher nicht. Prüfen Sie hier Ihren eigenen Blick von außen.

Beim Crossposting scheiden sich die Geister

Crossposting, das Publizieren gleicher Inhalte auf verschiedenen Social-Media-Kanälen, wird in der Regel von Beratern alles andere als befürwortet. Teils gar als das Unsäglichste abgetan, was Unternehmen ihren Fans, Followern, Abonnenten und wie sie auch heißen mögen, antun können.

Überzeugen Sie sich selbst

Die Betreiber der bereits erwähnten Facebook-Seite Unnützes Wissen (*https://www.facebook.com/unnutzeswissen*) publizieren auf Google+ (*https://plus.google.com/u/0/101484280765804835421*) wortgenau die gleichen Inhalte. Machen Sie sich selbst ein Bild davon und stellen Sie fest, dass dies alles andere als abträglich ist.

Dies mit der Begründung, dass ein jedes Netzwerk anders, eben weil eigene Community sei. Doch mal ehrlich, lässt sich bei aktuell knapp einer Millarde Nutzern auf Facebook überhaupt noch von einer eigenen Community sprechen? Sicherlich nicht, tummeln sich dort doch Menschen jeglicher Coleur.

Aber es könnte ja sein, dass sich Nutzer beschweren, weil sie sowohl auf Facebook als auch auf Google+, Twitter & Co. die gleichen Inhalte in ihrem Stream von Unternehmen vorfinden. Und wenn schon, ich behaupte, dass Sie auf solche Fans und Follower mit ruhigem Gewissen verzichten können.

Natürlich ist es alles andere als förderlich, wenn Sie alle halbe Stunde allerorts darüber berichten, wie toll Ihr Unternehmen ist und welchen neuen Kunden Sie gerade an Land gezogen haben. Erstens interessiert das keinen und zweitens werden Meldungen über Sie als Spammer nicht lange auf sich warten lassen.

Mangel an Recourcen für unterschiedliche Strategien

Doch darum geht es gar nicht, sondern um das Für und Wider, ein- bis zweimal am Tag einen Beitrag bei Facebook zu verfassen und diesen auch in anderen Netzwerken wie Google+ und Twitter oder vielleicht auch XING und LinkedIn zu kommunizieren. Denn gerade für unterschiedliche Strategien in verschiedenen Netzwerken stellt sich doch in nullkommanix die Bereitstellung ausreichender Recourcen als unüberwindbares Fragezeichen mitten ins Herz des Geschehens. Ein Umstand, der im Übrigen nicht nur KMUs betrifft. Selbst Unternehmen wie MC Donald's Deutschland (*https://plus.google.com/u/0/105635599829575558461*) schaffen es, ambitioniert auf Google+ zu starten, um den Kanal dann doch eher verwaisen zu lassen, denn zu pflegen.

Diskussion unter Experten

Auch in der Facebook-Gruppe SocialMediaMeeting (*https://www.face book.com/groups/315735338500211*) unter der Leitung von Onlinemarketingspezialist Björn Tantau (*http://bjoerntantau.com*) wurde dieses Thema diskutiert.

Lesen Sie dazu einen Auszug der Meinungen:

➢ Grundsätzlich gehört jeder Inhalt in jeden Kanal, denn warum sollte ich einen Kanal ausschließen? Natürlich werde ich oft Informationen an User doppelt (oder mehrfach) ausliefern. Na und? Wenn jemand mein Thema interessiert, wird er damit umgehen können. Was man nicht machen darf, ist, denselben Text, dasselbe Bild, denselben Inhalt auf allen Plattformen identisch und vielleicht noch zeitgleich zu posten. Das ist kontraproduktiv.

Der Hauptinhalt, mit den ausführlichsten und besten Informationen, gehört auf die eigene, selbst kontrollierte Plattform (Homepage, Shop etc.). Nur hier kann ich meinen User technisch sauber identifizieren und qualifizieren. Hier entsteht mein Vorteil (Verkauf, Kontakt etc.).

Abgewandelte und gekürzte Informationen gehören auf die Social-Media-Plattformen. Hier muss man die Ansprache anpassen. Das kann vom einfachen Wechsel des Du in Sie gehen, bis hin zum vollständigen Umschreiben des Textes. *Thomas Wagner* von *http://www.mi-service.de*.

➢ Crosspostings sind genauso schlecht wie Blogger, die Geld verdienen. Von wegen! Weder noch würde ich meinen. Crosspostings sind okay. Hie und da den Text etwas verändern und gut. Gerne auch nicht immer alle Kanäle nutzen. *Matthias M. Meringer http://www.pressehof.de*.

➢ Ich zum Beispiel publiziere bei Google + anders als bei Facebook, das liegt unter anderem daran, dass ich bei Facebook weitaus mehr Leute erreiche und die Kommunikation bei Facebook anders ist. Dort fragen bzw agieren Fans ganz anders als meine Kontakte in Kreisen bei Google +. Ich finde schon, dass man rausfiltern sollte, welche Zielgruppe einem auf welchem Kanal folgt und sich dementsprechend anpassen sollte.

Und immer 1:1 die gleichen Inhalte auf den Kanälen zu verbreiten, macht nicht so viel Sinn, da das für immer wiederkehrende Follower, Fans, Kontakte schnell zu viel werden kann. Es ist ja möglich, den gleichen Beitrag von Facebook an einem anderen Tag bei Google+ zu veröffentlichen.

Genau aus diesen Gründen ist es wichtig, eine Struktur für den Social-Media-Auftritt zu haben und nicht einfach loszulegen. *Maxi Wittop, https://www.facebook.com/ms.socialmediam.*

➢ Ich denke, im Kern muss unterschieden werden, zwischen unterschiedlichen Strategien und unterschiedlichem Wording. Tendenziell ist es sicherlich so, dass der Hauptteil der Inhalte auf allen Netzwerken geteilt wird. Wenn ich z. B. einen Corporate Blog führe, werde ich ja auf allen Kanälen diesen verbreiten.

Das Wording in den Netzwerken sollte aber durchaus unterschiedlich gewählt werden. Im Zweifelsfall präsentiert man die Sachen z. B. auf XING durch ein Sie, wobei man auf Twitter sicherlich ein Du verwenden würde. *Kai Thrun, https://www.facebook.com/KaiThrunsBlog.*

➢ Also ich entscheide das von Fall zu Fall. Manches geht auf mehreren Ebenen. Für die von mir betreuten Kunden entscheide ich situativ, ob Crossposting sinnvoll ist oder nicht. Auch wenn ich berate, gebe ich das so weiter. Dabei kommt es auf die Wichtigkeit des Themas an, aber auch auf das Thema an sich. Wenn zum Beispiel bestimmte Aktionen laufen, bietet sich das auf jeden Fall an. Was ich aber auch als Ratschlag mitgebe: Auch wenn es theoretisch eine Menge Arbeit spart – keine automatisierten Postings rauszuschießen bzw. dies nur im Notfall zu tun. Zum einen ist oftmals die Ansprache in den verschiedenen Netzwerken eine andere (beispielsweise bei Facebook lockerer als bei XING), zum anderen sollte man sowieso ein Auge auf die Beiträge haben und schnell reagieren können. *Stefanie Bamberg, https://www.facebook.com/LiebeundDetail.*

Die Meinungen lassen insgesamt verlauten, dass gleiche Inhalte auf unterschiedlichen Netzwerken nicht grundsätzlich von Nachteil sind. Wichtig ist nur, dass Ihre Fans nicht den Eindruck bekommen, sie würden mal eben so husch husch Inhalte in den Kanälen publizieren. Egal, was Sie wie kommunizieren, eines ist von elementarer Bedeutung: Vermitteln Sie Ihrer kompletten Leserschaft, egal ob diese nun Fan bei Facebook, Follower bei Google+ und Twitter oder Kontakt bei XING ist, das Wissen um Ihre Ernsthaftigkeit.

8.2 Landen Sie mit besonderen Aktionen den großen Wurf

Es gibt viele Anlässe für besondere Aktionen. Das müssen übrigens nicht immer groß angelegte Kampagnen sein. Meist reicht eine kleinere Aktion als Dankeschön für Ihre treuen Fans oder als Überraschung einfach so und ohne besonderen Anlass.

Nutzen Sie zum Beispiel Gewinnspiele und Coupon-Aktionen, um bei Ihren Fans im Gespräch zu bleiben oder um einfach Danke zu sagen. Oder tun Sie Gutes und binden Sie Ihr soziales Engagement in eine Facebook-Aktion mit ein.

Verlosung über E-Mail als einfachste Variante

Nivea Deutschland (*http://www.facebook.com/niveadeutschland*) zum Beispiel bedankt sich bei 75.000 Fans auf ihrer Seite und verlost unter allen einen Artikel aus der neuen NIVEA Fan-Kollektion.

NIVEA verlost Artikel der NIVEA Fan-Kollektion.

Die Fans werden aufgefordert, eine E-Mail mit dem Betreff *Sommer* an NIVEA zu schicken, um an der Aktion teilzunehmen. Interessant ist, dass, obwohl es sich um verhältnismäßig kleine Preise handelt, die Fans auf der Seite total begeistert sind von der Aktion. Es lohnt sich also, immer mal wieder kleinere Gewinnaktionen einzustreuen, um die Fans bei guter Laune zu halten.

Verlosung über die eigene Webseite

Wer zunächst keine Applikation auf Facebook für ein Gewinnspiel schalten möchte, kann dies auch über seine eigene Webseite tun. So suchte Senseo Deutschland (*http://www.facebook.com/senseodeutschland*) Kaffeepad-Tester für die neuen Filter ihrer Kaffeepads.

Die Fans konnten sich auf der Webseite des Unternehmens für die Teilnahme am Gewinnspiel anmelden. Auf Facebook wird lediglich dafür geworben, was aber positiven Kommentaren auf der Seite keinen Abbruch tut.

Senseo sucht Kaffeepad-Tester mit einem Gewinnspiel.

Was hat Fisch mit Kino zu tun?

Eigentlich nichts, trotzdem freuen sich die Fans von Nordsee Deutschland, *https://www.facebook.com/Nordsee.Deutschland*, und machen mit. Auch hier reicht eine E-Mail mit der Angabe *Piraten-Box* in der Betreffzeile, um am Gewinnspiel teilzunehmen.

Nordsee Deutschland verlost 10 x 2 Kinogutscheine auf Facebook.

Nicht wirklich spektakulär, aber es funktioniert. So eine kleine Gewinnaktion ist schnell eingestreut, eignet sich auch für kleinere Unternehmungen und entspricht den Richtlinien zu Promotion-Aktionen von Facebook.

Ein echtes Schmuckstück aus der Serie *jewelcookie* von der Goldschmiede LeTü

Dass selbst kleinere Unternehmungen mit Aktionen punkten können, zeigt dieses Beispiel auf. Bei LeTü | Goldschmiede & Atelier (*http://www.face book.com/Gold.LeTue*) wurde ein jewelcookie-Schmuckstück von LeTü verlost.

Die Verlosung wurde mit den Worten angekündigt, dass es umfänglicher Vorbereitungen bedarf und die Fans sich bitte noch ein klein wenig gedulden mögen.

Ankündigung der Verlosung bei LeTü | Goldschmiede & Atelier.

Mit einem kurzen Video dokumentierte die Seitenbetreiberin Ulrike Lessing-Tig die Verlosung und stellte es auf die Pinnwand. Eine kleine, doch kreative Aktion, die für Aufmerksamkeit sorgte.

Die gefilmte Verlosung von LeTü.

Bekanntgabe von Gewinnern in einem Video auf Facebook grenzwertig

Die Bekanntgabe von Gewinnern innerhalb eines Videos auf der Pinnwand von Facebook-Seiten wird jedoch als grenzwertig betrachtet, da sich die Bekanntgabe durch die Verlinkung nicht gänzlich außerhalb von Facebook befindet, weil die Linkfunktion von Facebook verwendet wurde. Wer also ganz auf Nummer sicher gehen möchte, setzt das Video auf seine Webseite oder sein Blog und verlinkt nicht direkt mit dem Video, sondern mit dem Artikel. Alternativ kann das Video auch innerhalb einer Anwendung auf Facebook eingebunden werden. Xperia Social Xperiment – das Experiment von Sony Ericsson in Australien

Etwas Außergewöhnliches hat sich Sony Ericsson in Australien ausgedacht, um das Image ihrer Smartphones aufzubessern. Denn diese stießen nicht nur auf positive Resonanz bei den Fans, was sich in negativen Kommentaren auf der Pinnwand bemerkbar machte.

Eine Microsite mit Facebook-Funktionen

Mit der Kampagne „Xperia Social Xperiment" stellte das Unternehmen eine Microsite ins Netz, die über verschiedene Facebook-Funktionen wie den *Gefällt mir*-Button und *Facebook Comment* verfügte. Ziel dieser schon optisch sehr ansprechenden Seite war es, den Kommunikationsstrom von der Facebook-Seite *http://www.facebook.com/sonyericssonau* auszulagern.

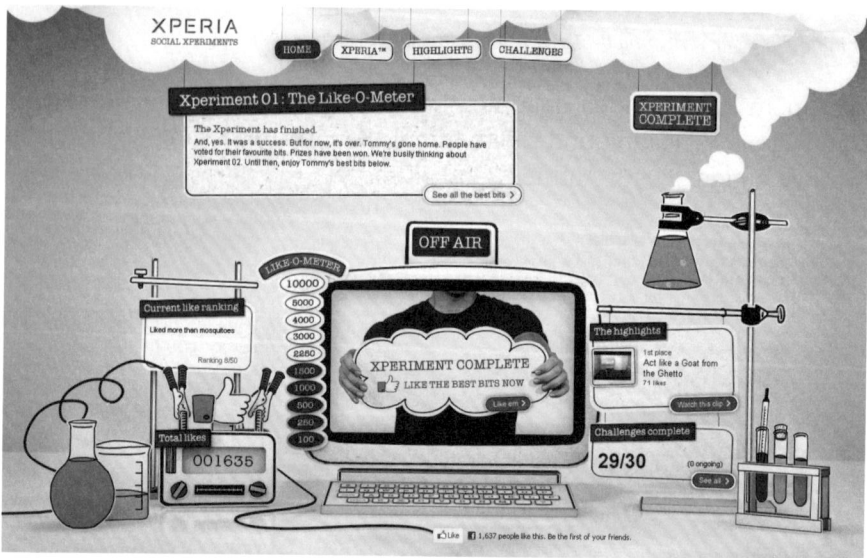

Xperia Social Xperiments von Sony Ericsson Australien.

Kern des Geschehens auf der Microsite war Tommy Little, ein angesagter australischer Comedian. Während der Kampagne „lebte" er in einem Raum und konnte beobachtet werden. Seine erste Aufgabe war es, innerhalb von acht Stunden so viele Fans wie möglich zu bekommen. Das Fanbarometer zeigte den aktuellen Stand an. Dabei erhöhten sich nicht die Fanzahlen auf Facebook, sondern es wurde nur dieser Microsite gezählt.

Tommy Little muss sich seine Fans verdienen

Fans konnten mit Tommy Little chatten und ihm Aufgaben stellen, womit er sich die Klicks des *Gefällt mir*-Buttons verdiente. Viele machten davon Gebrauch, sodass er einige Aufgaben zu bewältigen hatte, wie einen Song zu rappen oder sein T-Shirt auszuziehen und sich wie Tarzan zu geben.

Das Experiment ist gelungen

Über *Facebook Comment* gingen auf der Microsite rund 2.600 vor allem positive Kommentare ein, die auch in den Profilen der Fans angezeigt wurden. Mit dieser Kampagne wurde das Ziel von Sony Ericsson erreicht und das Image verbessert. Für weitere Informationen hat Iris Sydney auf der Videoplattform Vimeo eine Fallstudie (Case-Study-Video unter *http://vimeo.com/23242468*) der Kampagne publiziert.

Coupon beschert dm gut 22.000 neue Fans an einem Tag

Zum Dank für 250.000 Fans auf der Facebook-Seite *http://www.facebook.com/dm.Deutschland* schaltete dm-drogerie markt Deutschland eine Coupon-Aktion. Einen Tag lang konnten Fans jeweils einen Coupon für eine Original-alverde-Pflegedusche nach Wahl ergattern und diesen Coupon bis zum 20. August innerhalb Deutschlands einlösen.

Begleitet von einer gleichzeitig geschalteten Anzeige, gewann dm über den Coupon gut 22.000 neue Fans während des Aktionstags. Zahlreiche begeisterte Kommentare auf der Pinnwand des Unternehmens bestätigen den Erfolg dieser Aktion.

Einen Tag lang konnten sich die Fans bei dm einen Coupon einlösen.

8.3 Veranstaltungen den richtigen Rahmen geben

Mal ehrlich, würde Sie zu einer Finissage in München von einem Ihnen unbekannten Künstler gehen, wenn Sie selbst in Hamburg wohnen? Oder zu einem Monatshighlight an einem Ort, der Ihnen überhaupt nicht bekannt vorkommt? Sicherlich nicht. Zugegeben, die Einladung zu einem mir bekannten Zirkus kommt da schon etwas vertrauter daher. Doch liegt Wien für mich als Düsseldorferin nicht wirklich um die Ecke.

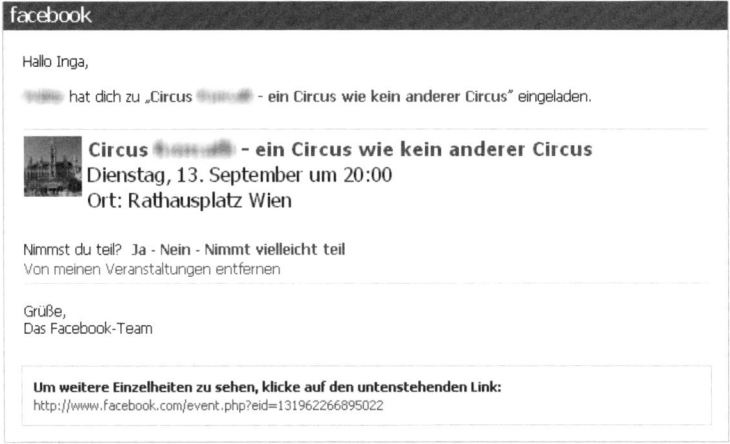

Einladung zu einem Circus, der allerdings weit entfernt von Düsseldorf gastiert.

Eine Veranstaltung ist an sich auf Facebook schnell erstellt. Dazu gehen Sie links unter dem Profilbild Ihrer Seite auf den Reiter *Veranstaltungen*. Rechts oben erscheint in dieser Ansicht der Button *+Veranstaltung erstellen*. In die Bearbeitungsmaske geben Sie das Datum, den Namen Ihrer Veranstaltung und die Anschrift ein.

Das Aufmöbeln Ihrer Veranstaltung

Achten Sie darauf, dass Sie im Feld *Wo?* zusätzlich zum Veranstaltungsort auch noch die Stadt eintragen. Diese wird in der Einladung später mit angezeigt. Das Feld *Weitere Informationen?* dient der ausführlichen Beschreibung. Mit einem schönen Veranstaltungsfoto geben Sie Ihrem Event auch optisch noch etwas Feinschliff.

Über den Button *Gäste auswählen* können Sie alle Ihre Freunde zu Ihrer Veranstaltung einladen. Hier können Sie auf Ihre Listen zurückgreifen und so einfach nur die Freunde einladen, die sich in der Nähe Ihres Veranstaltungsorts befinden. Allerdings zeigt sich das zugegeben als etwas mühseliges Unterfangen, weil Sie jeden Freund einzeln anklicken müssen.

Fügen Sie Ihrer Einladung eine persönliche Nachricht hinzu

Sehr selten wird in der Einladungsmaske die Option *Persönliche Nachricht hinzufügen* verwendet. Dabei eignet sich gerade diese Möglichkeit hervorragend dazu, noch ein wenig über die Veranstaltung in der Einladung zu erzählen.

Ich selbst nutze die persönliche Nachricht auch noch zusätzlich dazu, den Eingeladenen einen Hinweis mit Angabe meiner E-Mail-Adresse zu hinterlassen, dass Sie mir eine Nachricht schicken können, wenn sie nicht mehr eingeladen werden möchten.

209

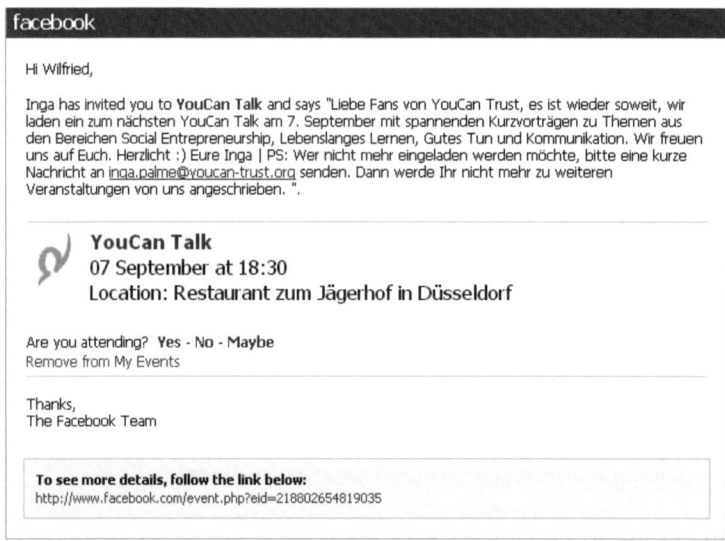

Eine Einladung mit persönlicher Nachricht.

Zugegeben, der Aufwand ist größer, aber Sie punkten sicherlich bei Ihren Freunden mit diesem Service.

Ein Veranstaltungskalender mit mehreren Terminen

Schön ist es, sollten Sie mehrere Veranstaltungen anbieten, diese mit unterschiedlichen Veranstaltungsfotos zu versehen. Ihre Fans erhalten so einen schnellen Überblick über die Vielfältigkeit Ihres Angebots, wenn sie den Reiter *Veranstaltungen* auf Ihrer Seite besuchen.

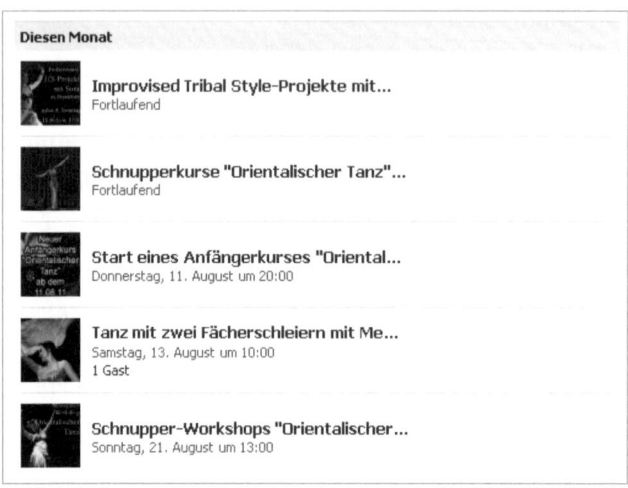

OT Pur macht mit unterschiedlichen Veranstaltungsfotos auf das vielfältige Angebot aufmerksam (http://www.facebook.com/OTpur?sk=events).

Bei vielen Veranstaltungen ist es ratsam, nicht jedes Mal Ihre Freunde einzuladen – zumal jede neu erstellte Veranstaltung ja auch auf der Pinnwand Ihrer Facebook-Seite angezeigt wird.

Nutzen Sie die Pinnwand Ihrer Veranstaltungsseite für Interaktionen

Wenn Sie Ihren Gästen beim Einrichten das Hinzufügen von Beiträgen auf der Veranstaltungsseite erlaubt haben, sollten Sie immer mal wieder dort nachschauen. Zwar können Sie sich von Facebook eine Nachricht schicken lassen, sobald jemand auf der Pinnwand der Veranstaltung etwas eingetragen hat, doch funktioniert dies zurzeit nicht überall, und Sie erhalten keine Nachricht.

Nutzen Sie die Veranstaltungsseite für Interaktionen und antworten Sie auf die Beiträge. Sie werden sicherlich punkten mit Ihrem zusätzlichen Service.

Antworten vom Veranstalter auf Beiträge der Fans auf der Veranstaltungsseite.

8.4 Richtiger Umgang mit kritischen Kommentaren auf Ihrer Seite

Nicht immer äußern sich Fans wohlwollend auf Facebook-Seiten. Die Ursachen hierfür sind unterschiedlicher Natur. Sie basieren wiederum in der Regel auf der Tatsache, dass Erwartungen nicht erfüllt werden.

Interessenten oder gar Kunden erwarten von einem Unternehmen, dass es sie ernst nimmt, denn schließlich möchte das Unternehmen von dem meist hart erarbeiteten Geld profitieren. Bei Produkten wird erwartet, dass sie, falls sie zum Beispiel technischer Natur sind, auch funktionieren. Beim Kundendienst wird erwartet, dass Fragestellungen kompetent beantwortet und Probleme gelöst werden. Bei einer Hilfsorganisation wird erwartet, dass Hilfsgüter auch wirklich bei den Bedürftigen ankommen.

Es kann nicht immer alles richtig funktionieren

Wo gehobelt wird, fallen bekanntlich Späne. Trotz aller Betrebungen geht also immer mal wieder etwas schief. Es passiert, dass ein Smartphone defekt ist, der Telefonanschluss wochenlang auf sich warten lässt und Hilfsgüter nicht ankommen.

In solchen Fällen spielt sich bei allen Betroffenen das gleiche Szenario ab: Man ärgert sich und nimmt Kontakt zum Unternehmen auf. Im besten Fall wird das Problem bei der ersten Kontaktaufnahme behoben, wodurch sich das Vertrauen sogar noch vertiefen kann. Und meist ist der Ärger schnell wieder verflogen.

Achten Sie darauf, dass aus anfänglichem Ärger kein Misstrauen wird

Doch ist dies nicht der Fall, verwandelt sich der Ärger in Misstrauen. Und Misstrauen ist tückisch, weil es tiefer sitzt und sich nicht mal eben wieder verflüchtigt. Um wieder Vertrauen zu bekommen, dauert es seine Zeit. Wir alle kennen das und wissen, wie lange es dauert, bis ein einmal verlorenes Vertrauen wieder da ist.

Gerade im Umgang mit sozialen Medien wie Facebook bedeutet dies, Verbindlichkeiten zu kommunizieren. Gibt es eine Fragestellung oder gar ein Problem, gilt es, innerhalb einer angemessenen Zeit zu reagieren. Die Meinungen hierzu, was angemessen ist, gehen allerdings auseinander.

Welche Reaktionszeiten erwarten Ihre Fans?

Laut einer Umfrage von Thomas Hutter (*http://www.facebook.com/thomas hutterblog*) zum Thema Reaktionszeiten bei KMU-Unternehmen erwarten 83 % der Teilnehmer eine Antwort innerhalb von 24 Stunden, wobei ein recht hoher Anteil sogar eine Reaktionszeit von zwei Stunden erwartet.

Umfrage von Thomas Hutter über erwartete Reaktionszeiten bei KMU.

Schnelligkeit ist also gefragt, insbesondere bei Problembehandlungen. Hier ein paar goldene Regeln:

➢ Teilen Sie Ihre Reaktions- und Öffnungszeiten auf Facebook mit.

➢ Nehmen Sie Probleme und Reklamationen ernst.

➢ Falls das Problem nicht sofort gelöst werden kann, bieten sich verbindliche Aussagen über den Zeitpunkt einer Rückmeldung an, um den aktuellen Stand mitzuteilen.

➢ Seien Sie aktiv und antworten Sie nicht erst nach mehrfacher Aufforderung.

➢ Nette Worte helfen in den meisten Fällen. Entschuldigen Sie sich für eventuell entstandene Unannehmlichkeiten.

Für größere Unternehmen gilt es zusätzlich, die interne Kommunikation dahin gehend zu optimieren, dass Redakteure der Facebook-Seite fachspezifische Antworten einholen können, falls ihnen selbst dazu das Know-how fehlt.

> **Whitepaper bei allfacebook.de über den Umgang mit Kritik auf Facebook**
>
> Auf allfacebook.de können Sie ein Whitepaper, das sich mit dem Thema Umgang mit Kritik und negativen Äußerungen auf Facebook befasst, unter *http://allface book.de/pages/whitepaper-umgang-mit-kritik-und-negativen-auserungen-auf-facebook* abrufen.

An sich kann das Rad nicht neu erfunden werden, doch lohnt es sich gerade in diesem Punkt, den Qualitätsstandard ständig zu verbessern. Sehen Sie es als Herausforderung, sich durch erstklassigen Service und schnellste Reaktionszeiten vom Wettbewerb abzuheben.

Was tun, wenn Fans falsche Behauptungen aufstellen?

Etwas anders stellt es sich dar, wenn Fans schlichtweg falsche oder beleidigende Kommentare auf Ihrer Seite veröffentlichen. Hier gilt es, zunächst zu prüfen, ob und wie kritisch solche Kommentare sind bzw. ob eine Antwort wirklich nötig ist. Vermeiden Sie es, in die Offensive zu gehen und sich zu verteidigen, sondern fragen Sie nach, worauf sich angebliche Vergehen begründen. Bleiben Sie vor allen Dingen sachlich und werden Sie auf keinen Fall persönlich.

Krisenmanagement beim WWF Deutschland

Manchmal kann es passieren, dass Dinge ein wenig aus dem Ruder geraten. So geschehen beim WWF Deutschland (*http://www.facebook.com/wwfde*). Aufgrund einer Fernsehreportage, die sich gegen den WWF stellte, füllte sich die Pinnwand binnen kurzer Zeit mit zahlreichen mehr oder minder wütenden Kommentaren. Der WWF Deutschland zog zunächst die Notbremse auf Facebook, sperrte die Pinnwand für Kommentare und leitete die Diskussion zu einem Forum auf der eigenen Webseite, um dort auf die vielen Fragen und Forderungen nach Aufklärung einzugehen. Lediglich auf Statusmeldungen des WWF konnten die Fans weiterhin antworten.

Eine Beantwortung aller Beiträge war nicht möglich

Schnell stellte sich heraus, dass die Zusammenhänge beim WWF recht komplexer Natur sind und es für die Redakteure zunächst nicht möglich war, die erhitzten Gemüter zu beruhigen. Bei einem derart geballten Ansturm war es nicht möglich, einzeln auf alle Forderungen zur Aufklärung einzugehen, zumal sich diese in zahlreichen Kommentaren wiederholten.

In solch einer Situation gilt es vor allem, Ruhe zu bewahren und für Aufklärung zu sorgen. Der WWF bemühte sich um Transparenz in den Antworten, wobei an manchen Stellen um Geduld gebeten wurde, weil komplexere

Sachverhalte für die Beantwortung entsprechend aufbereitet werden sollten. Um aufzuzeigen, dass es sich auch bei den Redakteuren um Menschen handelt, wurde ein Foto des Teams auf Facebook veröffentlicht.

WWF Deutschland lädt ein Teamfoto der Redakteure auf Facebook hoch.

Immer wieder wies der WWF Deutschland in seinen Statusmeldungen auf das Diskussionsforum auf der Webseite hin. Vor allem wurde um sachlichen Umgang gebeten.

Es wird um sachliche Diskussion gebeten.

Auf die Vorwürfe im Film wurde im Detail eingegangen und ein Faktencheck auf der Webseite veröffentlicht mit entsprechenden Gegendarstellungen.

Der WWF-Faktencheck soll die Aussagen im Film widerlegen.

Als weitere Maßnahme lud der WWF Deutschland Interessierte nach Berlin ein, um die Diskussion in persönlichen Gesprächen fortzuführen.

Facebook-Seite ist wieder für Fanbeiträge geöffnet

Mittlerweile ist die Seite wieder geöffnet und wird von beiden Parteien aktiv genutzt. So finden sich zahlreiche Befürworter und Gegner des WWF in vielen unterschiedlichen Pinnwandeinträgen. Ganz aufklären werden sich die Sachverhalte sicherlich nicht, doch hat es der WWF Deutschland durch sein offensives und konsequentes Verhalten immerhin geschafft, dass anhaltende Diskussionen verstärkt konstruktiv verlaufen.

9. Gewinnspiele in der Praxis

Richtig eingesetzt, sind Gewinnspiele auf Facebook ein tolles Mittel, um die Anzahl an Fans und die Interaktion auf Ihrer Seite zu vergrößern. Neben der strikten Einhaltung der Richtlinien für Promotion gibt es weitere Faktoren, die über Erfolg und Nichterfolg einer solchen Kampagne entscheiden. Es folgen einige Beispiele dazu.

9.1 Gewinnspiele von Mellerud – klein, fein und klasse

Die Mellerud Chemie GmbH, ein Unternehmen, das Produkte zur Oberflächenreinigung aller Art vertreibt, weist rege Aktivitäten auf ihrer Seite auf. Pünktlich zum Frühjahrsputz startete das Unternehmen mit der Markteinführung der neuen Bioserie ein erstes Gewinnspiel auf der eigenen Facebook-Präsenz *http://www.facebook.com/mellerudbio*. Die Kampagnen werden alle von der Agentur Thielker + Team betreut und umgesetzt (*http://www.thielkerteam.de*).

Das erste Gewinnspiel von Mellerud.

Über neun Wochen wurden jeweils 150 Testpakete unter den Teilnehmern vergeben. Zunächst konnten sich die jeweils Schnellsten auf ein Testpaket freuen, was aber zur Überbelastung des Servers führte.

Die Fans nehmen den Serverabsturz gelassen.

Mellerud reagierte sofort auf die Anregung der Fans, das Verfahren auf Verlosung umzustellen, was wiederum sehr positiv von den Fans aufgenommen wurde.

Mellerud reagierte sofort und kündigte Verlosungen an.

Die Fans fühlten sich einbezogen und verstanden, und so verlief die Aktion im weiteren Verlauf sehr erfolgreich. Auch über User Generated Content konnten sich die Verantwortlichen der Kampagne freuen. Viele Benutzer machten davon Gebrauch und veröffentlichten die Testergebnisse auf ihren Blogs.

User Generated Content über die Bloggerszene.

Laut Mellerud war es das erklärte Ziel, mit der Aktion rund 1.000 Fans zu erreichen. Über dann 2.200 Fans war das Unternehmen positiv überrascht. Die Fans waren sehr aktiv, und das Feedback konnte direkt in die Produktentwicklung einfließen. Unter den Fans befinden sich auch Verkäufer/-innen aus den Baumärkten, in denen die Produkte angeboten werden. Erstmalig konnte Mellerud über die Facebook-Seite so einen direkten und vor allem wertvollen Kontakt zu ihnen herstellen.

Gewinnen Sie Verkäufer vor Ort als Markenbotschafter für Ihre Produkte

Seien Sie stets achtsam in der Interaktion mit Ihren Fans auf Facebook. Denn wie das Beispiel von Mellerud zeigt, können sich unter Ihren Fans auch Verkäufer befinden, die letztendlich im Verkaufsgespräch das Zünglein an der Waage ausmachen können. Insofern ist es sicherlich von Vorteil, die eigenen Produkte als Gewinne auszuloten. Eine Facebook-Seite, prall gefüllt mit Lob von den Fans, bleibt sicherlich auch im Gedächtnis der Verkäufer vor Ort haften.

Eine der vielen positiven Rückmeldungen.

219

Auch die Mitarbeiter waren laut Mellerud mit vollem Einsatz dabei, was darauf schließen lässt, dass sie wirklich gut in die Kampagne mit einbezogen wurden. Das Unternehmen selbst sieht dies als unabdingbar, um erfolgreich den Dialog mit dem Kunden auf Facebook zu suchen. So antworteten zum Teil auch Mitarbeiter direkt aus dem Labor, um fachkundigen Rat aus erster Hand zu liefern.

Auf in die zweite Runde!

Kurze Zeit nach Ablauf dieser Kampagne startete Mellerud mit der zweiten Aktion mittels Voting. Votings sind ein Verfahren, das auf Facebook immer wieder für Diskussionsstoff sorgt. Doch nicht so bei diesem Unternehmen. Zwar kann wie üblich abgestimmt werden, doch sehen die Benutzer zum Beispiel nicht die Abstimmungsergebnisse.

Der Clou ist: Jeden Dienstag pünktlich ab 12 Uhr werden drei verschiedene Tipps zum Thema Reinigen zur Wahl gestellt. Die Benutzer können ihren Favoriten auswählen, und mit etwas Glück ist ihr Tipp der meistgewählte, sodass sich die Chance auf ein Mellerud-Reinigungspaket im Wert von 50 Euro weiter erhöht. Auch kann während der Abstimmung ein eigener Reinigungstipp abgegeben werden. So erhalten die Benutzer nicht nur die Option auf einen Gewinn, sondern gleichzeitig noch wertvolle Reinigungstipps.

GEWINNER-TIPPS

KW 17 | Tipp C
Hartnäckige Ablagerungen im WC? *Urin und Kalkstein Entferner* und *Schimmel Entferner* gemeinsam anwenden und über Nacht einwirken lassen.

KW 18 | Tipp C
Kalk am Duschkopf? Den Bio Schnell Entkalker kannst du auch zum Entkalken von Duschköpfen, Perlatoren und Armaturen verwenden.

KW 19 | Tipp C
Haarfarbe im Waschbecken, Reste vom Badeöl in der Wanne? Der Bio Schimmel Entferner beseitigt Ablagerungen und Verfärbungen.

KW 20 | Tipp B
Kühlschrank sicher entkeimen? Mit dem Bio Schimmel Entferner lassen sich unerwünschte Bewohner wie Bakterien und Pilze effektiv beseitigen.

Die Gewinnertipps der Vorwochen bei Mellerud.

Interessant ist, wie Mellerud das im Mai eingeführte Verbot, den *Gefällt mir*-Button einzusetzen, innerhalb einer Promotion-Kampagne umsetzt und so die Einhaltung der Richtlinien für Promotions gewährleistet ist.

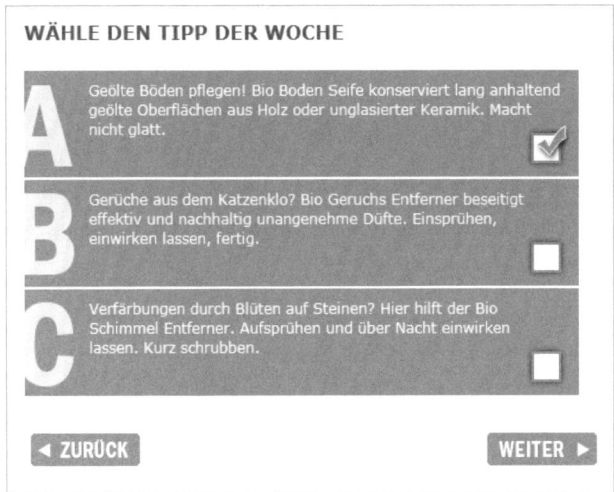

Abstimmung bei Mellerud ohne den Gefällt mir-Button.

Was vielleicht fehlt, ist die Option, die Teilnahme am Gewinnspiel auf der eigenen Pinnwand zu teilen, um einen zusätzlichen viralen Effekt zu erzielen. Auch ist auf der Internetseite von Mellerud kein Social Plugin installiert. Hier vertritt das Unternehmen die Philosophie, dass der Einsatz zielgerichtet sein sollte, man sich aber für die Zukunft die Einbindung durchaus vorstellen kann.

Erst nach Bestätigung der Kenntnisnahme wird die Weitergabe des Tipps freigeschaltet.

In den Teilnahmebedingungen verweist Mellerud auch auf den von Facebook vorgegebenen Passus, dass das Gewinnspiel in keinerlei Zusammenhang zu Facebook steht. Erst nach Anklicken der drei Kontrollkästchen erfolgt die Freigabe des eigenen Tipps.

ordnungsgemäße Durchführung der Auslosung beeinflussen. Ein
Anspruch des Teilnehmers auf Durchführung einer Ersatzauslosung
besteht in den vg. Fällen nicht.

8. Sonstiges

Diese Teilnahmebedingungen können jederzeit ohne gesonderte
Benachrichtigung des Teilnehmers geändert werden. Sollten einzelne
Bestimmungen der Teilnahmebedingungen ungültig sein oder ungültig
werden, bleibt die Gültigkeit der übrigen Teilnahmebedingungen
unberührt. An ihre Stelle tritt eine angemessene Regelung, die dem
Zweck der unwirksamen Bestimmung am ehesten entspricht.

9. Abstandserklärung

Diese Promotion steht in keiner Verbindung zu Facebook und wird in
keiner Weise von Facebook gesponsert, unterstützt oder organisiert. Der
Empfänger der von Dir bereitgestellten Informationen ist nicht Facebook,
sondern die MELLERUD CHEMIE GMBH. Die MELLERUD CHEMIE GMBH
stellt Facebook von jeglichen Ansprüchen Dritter frei. Sämtliche Fragen,
Kommentare oder Beschwerden zur Promotion sind nicht an Facebook zu
richten, sondern direkt an biotest@mellerud.de.

10. Rechtsweg

Der Rechtsweg ist ausgeschlossen.

Ja, ich habe die Teilnahmebedingungen gelesen und akzeptiert.

Von Facebook vorgeschriebene Abstandserklärung innerhalb der Promotion.

Mellerud verdient das Prädikat Sehr gut

An diesem Beispiel zeigt sich, dass alles wohldurchdacht ist und aktiv gesteuert wird. Auffallend auch das schlanke Design und die unkomplizierte
Bedienung der Applikation für die Teilnehmer an der Promotion. Die Richtlinien für Promotions werden durchgängig eingehalten.

Doch vor allem konzentriert sich das Unternehmen auf sein Kerngeschäft,
bindet Kundenservice intelligent in seine Applikation mit ein und stellt so
immer wieder den Bezug zu den hauseigenen Produkten her. Alles in allem
nicht wirklich spektakulär, was es aber auch nicht muss. Letztendlich sind,
den Aussagen begeisterter Fans nach zu urteilen, wohl die Produkte selbst
spektakulär und überzeugend in ihrer Wirkung. Eine schöne Seite auf Facebook, die organisch wächst und nicht in erster Linie darauf abzielt, eine
möglichst hohe Anzahl Fans in möglichst kurzer Zeit zu erlangen.

9.2 Pünktlich nach Ostern startet Senseo Deutschland so richtig durch

Zum Jubiläum von zehn Millionen verkauften Kaffeemaschinen fährt Senseo zweigleisig mit einem einfachen, doch interessanten Konzept.

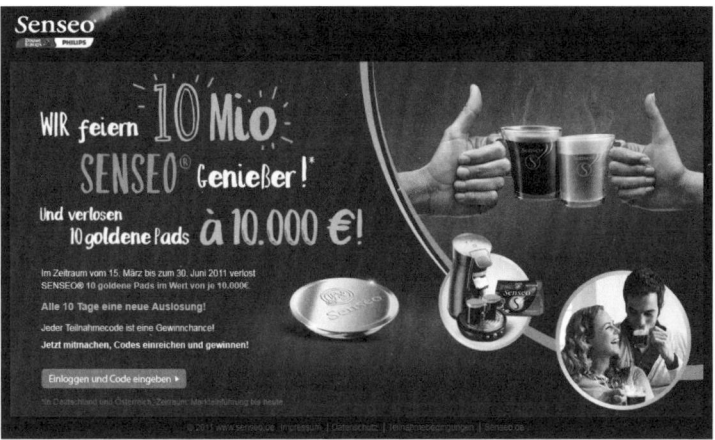

Das Gewinnspiel von Senseo Deutschland unter http://gewinnspiel.senseo.de/jubilaeum.

Die eigentlich lohnenswerten Gewinne hat Senseo gänzlich aus Facebook ausgelagert. Lediglich ein Link auf der Fanseite weist auf die Aktion hin und führt zu einer Anwendungsseite. Von dort aus gelangt der Benutzer auf die Webseite von Senseo.

Hier erfährt der Benutzer, dass er auf den Senseo-Packungen einen Code findet, den er auf der Webseite einträgt, um mit etwas Glück einen von zehn Goldpads im Wert von jeweils 10.000 Euro zu gewinnen. Nicht wirklich spektakulär, doch auf jeden Fall verkaufsfördernd. So legte sich manch ein Fan einen Vorrat zu, um auch jede Woche mitspielen zu können.

Gesucht wird der Senseo-Botschafter auf Facebook

Pünktlich nach Ostern rief Senseo Deutschland (*http://www.facebook.com/ senseodeutschland*) zur ersten großen Gewinnspielaktion auf Facebook auf. Im Vorfeld heizte das Unternehmen seinen Fans erst einmal ein, platzierte diverse Beiträge, die die große Aktion ankündigte, und steigerte so von Tag zu Tag den Spannungsbogen.

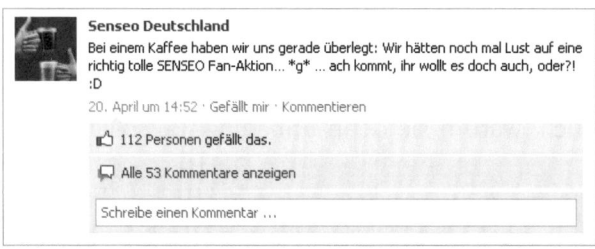

Senseo steigert bei seinen Fans die Vorfreude auf die große Aktion.

Noch eine Vorankündigung am gleichen Tag.

Am 28. April lüftete Senseo das Geheimnis, das allerdings nicht nur auf Gegenliebe stieß.

Nicht alle Fans mögen Votings.

Doch waren die negativen Stimmen im Verlauf des Wettbewerbs eher in der Minderzahl. Für die Teilnahme am Gewinnspiel wurden die Benutzer aufgefordert, ein Foto von sich in Verbindung mit Senseo hochzuladen, versehen mit einem kreativen Spruch, warum sie denn unbedingt Botschafter von Senseo werden müssten.

Botschafter gesucht bei Senseo.

Über zwölf Wochen bis einschließlich 5. Juli konnten die Teilnehmer ihre Vorschläge hochladen und für sich abstimmen lassen. Am 28. April, zwei Tage nach Beginn des Wettbewerbs, schnellte die Anzahl der Fans innerhalb weniger Stunden von rund 5.000 Fans auf knapp 21.000 Fans – eine Steigerung von gut 400 % innerhalb von 24 Stunden.

Senseo schaltet die Anzeige mit provokanter Aussage.

Der Löwenanteil dieses sprunghaften Anstiegs geht wohl auf das Konto dieser Anzeige mit einer recht provokanten Aussage. Seitdem wuchs die Seite kontinuierlich, und die Fans luden jede Woche neue Bilder hoch, um Senseo-Botschafter zu werden. Dabei war der ausgelotete Preis vergleichsweise gering. Lediglich dem Hauptgewinner, der aus den Botschaftern der Woche ermittelt wurde, winkte ein Preis in Höhe von 1.000 Euro.

Die Senseo-Seite wächst kontinuierlich

Trotzdem füllt sich seitdem die Seite parallel zum Gewinnspiel mehr und mehr mit Beiträgen der Fans. Meist sind es Hymnen auf die Senseo-Maschinen, manchmal auch technische Fragen.

Zwischendurch wirft Senseo den einen oder anderen Artikel ein, die mit zahlreichen Kommentaren belohnt werden. Senseo hat es geschafft, eine lockere Atmosphäre auf seiner Facebook-Präsenz zu etablieren.

Alles in allem für eingefleischte Marketinggurus vielleicht nicht wirklich spektakulär, dafür aber ein in sich schlüssiges Konzept. Die Inhalte, insbesondere die Gewinnspiele, konzentrieren sich auf das Kerngeschäft.

Nicht alle glauben an die Existenz des Weltmilchtags.

Man kommt, sagt kurz Hallo und verschwindet wieder. An der einen oder anderen Stelle gibt's auch schon mal Kritik zu Senseo, die aber meist von den Fans selbst wieder geradegebogen wird.

9.3 Auf in die Schweiz!

Das Unternehmen Schweiz Tourismus (*http://www.facebook.com/MySwitzerland*) sorgte im Frühjahr mit ihrer ausfeilten Kampagne für Furore. Zu gewinnen gab es eine einwöchige Reise auf eine Schweizer Berghütte ohne Internet und Mobilempfang. Der Gewinner durfte zehn Freunde mit auf die Hütte nehmen. An sich nichts wirklich Besonderes, könnte man meinen, wären da nicht die beiden Protagonisten Sebi und Paul.

Sebi und Paul chatten über Facebook.

Die Kampagne beginnt mit einem Film, der aus zwei Teilen besteht. Es dreht sich um Sebi und Paul, zwei urwüchsige Schweizer Gestalten, die sich in einem Café mittels Facebook-Chat unterhalten.

Der Benutzer kann den Chatverlauf am Bildschirm mitverfolgen.

Witzig ist, dass der Chatverlauf der beiden rechts im Bildschirm eingeblendet wird. Gegen Ende des ersten Teils wird der Benutzer aufgefordert, Facebook Connect zu betätigen und so seine Daten für die Applikation freizugeben.

Der Benutzer wird Teil der Interaktion

Im zweiten Teil wird der Benutzer selbst in das Gespräch mit einbezogen. Sebi und Paul unterhalten sich über das Profil des Benutzers, und man sieht unter anderem sein eigenes Profil im Film.

Im zweiten Teil werden die Daten des Benutzers mit in die Geschichte eingebaut.

Im Verlauf des Chats wird den beiden klar, dass der Benutzer zu oft im Internet verweilt und eine analoge Auszeit verdient hat.

Schnell stellen Sebi und Paul fest, dass der Benutzer zu viel Zeit im Internet verbringt.

So schlagen denn Sebi und Paul dem Benutzer vor, am Gewinnspiel teilzunehmen. Und mit einem möglichst kreativen Satz, warum man unbedingt in die Berge muss, wird die Bewerbung abgeschickt.

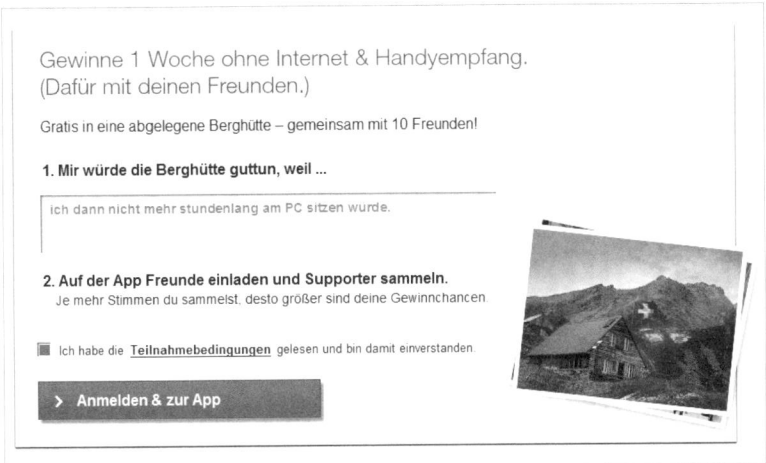

Mit einem pfiffigen Spruch nimmt der Benutzer am Gewinnspiel teil.

Wer möchte, kann im Anschluss die Teilnahme auf der eigenen Pinnwand mit seinen Freunden teilen.

Die eigene Teilnahmeseite zum Teilen und Einladen von Freunden.

Zusätzlich können in 40er-Paketen die eigenen Freunde zum Voting eingeladen werden.

Facebook schaltet die Promotion plötzlich und ohne Angabe von Gründen ab

Binnen kurzer Zeit verteilte sich diese Anwendung wie im Flug auf Facebook. Nach drei Tagen wurde sie ohne Vorwarnung gesperrt, dann am 23. Mai wieder freigeschaltet, um zwei Tage später dann doch wieder gesperrt zu werden. Schließlich verlief das Gewinnspiel dann ab dem 25. Mai ohne weitere Vorfälle.

Die Fans nahmen das Sperren und Freischalten der Promotion gelassen. Selbst die Tatsache, dass alle bis zur ersten Sperre erfolgten Teilnahmen gelöscht wurden, wurde ohne Proteste hingenommen. Die Schweizer nehmen es wohl anscheinend gelassener.

9.4 Pril landete mit seinem Gewinnspiel unfreiwillig in den Schlagzeilen

So schön hatten es sich die Macher der Kampagne von Pril (*http://www.facebook.com/pril*) ausgedacht. Eine Special Edition, schön gestaltet von Benutzern, die Ende 2011 auf den Markt gehen sollte. Über 50.000 Vorschläge wurden eingesandt, die meisten mit Blumen, Vögeln, Schmetterlingen und dergleichen. Die überaus hohe Teilnehmeranzahl war hier unter anderem dem ausgelobten Hauptpreis, einem iPad, zu verdanken.

Doch gab es auch Einsendungen, die nicht so recht ins Bild passten, so ein Vorschlag mit einem Hähnchen und der Aufschrift: *Schmeckt lecker nach Hähnchen.* Ausgerechnet dieser Designvorschlag erzielte die meisten Stimmen, was die Macher der Pril-Aktion sicherlich mehr als überraschte.

Dieses Design hätte es nach den gesetzlichen Bestimmungen niemals in den Handel gebracht.

Peter Breuer, der das Design eingereicht hatte, meinte darüber: „Es sollte nicht länger als zwei Minuten dauern." Laut eigener Aussage hielt er es nicht für richtig, wenn er den Wettbewerb letztendlich gewonnen hätte, und daher nahm er seinen Vorschlag mit dem Hähnchen letztendlich von sich aus wieder aus dem Rennen.

Unabhängig davon, hätte das Layout aufgrund der gesetzlichen Bestimmungen gar nicht in den Handel kommen dürfen. Ein wichtiger Hinweis, der zwar von Anfang an in den Teilnahmebedingungen vermerkt, aber erst spät auf der Facebook-Seite von Pril kommuniziert wurde.

Das Debakel nahm seinen Lauf

Im Verlauf des Wettbewerbs kam es zu Unstimmigkeiten bei der Anzahl der Stimmen. Das Votingsystem wurde unterlaufen, denn es kam zu häufigen Mehrfachvotings pro Benutzer für einen Designvorschlag, was die Ergebnisse verfälschte. Pril bereinigte die Votes, was zu massivem Unmut unter der Fangemeinde führte und auf der Pinnwand von Pril für zahlreiche Einträge auch übler Natur sorgte, sodass sich die Verantwortlichen gezwungen sahen, die Pinnwand kurzfristig für Einträge von Benutzern zu sperren, was natürlich weiteren Ärger verursachte.

Die beiden Gewinnerdesigns sorgen nicht wirklich für Begeisterung.

Zwar hatte sich Pril vorbehalten, mittels einer fünfköpfigen Jury die beiden Sieger unter den zehn besten Einsendungen zu ermitteln, und das auch kommuniziert, doch führte dies erst einmal nicht zur Beruhigung. Schlimmer noch, die Jury ermittelte ausgerechnet die beiden Plätze neun und zehn als endgültige Gewinner und verursachte so weiteren Ärger unter den Fans. Denn diese beiden galten unter den eingeschworenen Fans mit als die langweiligsten, und mancherorts wurde gar verlautet, es handele sich um Pril eigene Designs, die angeblich eingeschleust wurden.

Kapuzenpullis (Hoodies) und Sonderpreise zur Beruhigung

Zur Schadensbegrenzung vergab Pril zumindest 32 Sonderpreise für besonders ausgefallene Designs und teilte bereits vor Bekanntgabe der beiden endgültigen Gewinner mit, dass das von den Fans vielbeachtete Priiiiiil-Design zwar nicht großflächig, dafür aber als Sonderauflage in den Handel gebracht wird. Auch wurden Hoodies unter den Teilnehmern verlost.

So sehen die Pril-Hoodies aus.

Schnell machte der Verlauf des Wettbewerbs die Runde in der Öffentlichkeit und wurde auf zahlreichen Blogs, Onlinezeitungen etc. kommuniziert. Der Ruf nach Professionalität wurde laut, man hätte es besser machen können.

Mit der Priiiiiil-Sonderedition bekommt Pril wieder Rückenwind

Mit Herstellung der Priiiiiil-Sonderedition hat Pril letztendlich doch noch die Kurve zu bekommen. Mehr und mehr häufen sich die positiven Kommentare, und die Spannung steigt, wann und wo diese Edition auf den Markt kommen wird.

Ein kluger Schachzug von Pril, der dazu beitrug, dass sich die Gemüter bis auf Ausnahmen allmählich be-ruhigten und neue Statusmeldungen von Pril wieder positiv aufgenommen wurden.

Die Pril-Fans freuen sich auf die Sonderedition.

Pril hatte einfach Pech

Mit seiner Gewinnspielkampagne hat sich Pril anfangs mutig auf die Generierung neuer potenzieller Kunden begeben. Doch zeigt das Beispiel auf, dass nicht wirklich ausschließlich Fans zugunsten der Marke Pril gewonnen, sondern auch Selbstdarstellern eine optimale Plattform für ihre eigenen Zwecke geboten wurde.

Vor dem Hintergrund von gut 50.000 eingelieferten Designvorschlägen kann diese Kampagne trotzdem als erfolgreich betitelt werden. Obwohl vielleicht nicht wenige der Teilnehmer nur eins im Sinn hatten, nämlich das iPad zu gewinnen. Doch selbst wenn der Wettbewerb reibungslos abgelaufen wäre, gilt es zu überlegen, ob durch Auslobung von Preisen, die nicht in direktem Bezug zum Kerngeschäft stehen, vornehmlich weitere Markenbotschafter erzielt werden können. Wenn allerdings das Hauptziel darin liegt, die Anzahl an Fans zu erhöhen, mag dies sicherlich ein guter Ansatz sein.

9.5 Die Gewinnerwoche bei Tchibo

In der Zeit vom 19. bis 25 Juli führte Tchibo auf seiner Facebook-Seite (*http://www.facebook.com/tchibo.de*) passend zur Themenwoche „Live & in Farbe" ein Gewinnspiel durch. Jeden Tag wurde ein Artikel aus dem umfangreichen Sortiment von Tchibo unter den Teilnehmern verlost.

Hinweis auf ein Produkt im Tchibo-Shop.

In einer 360-Grad-Ansicht sollten Fans den Preis des Tages ausfindig machen. Dazu galt es, hinter verschiedenen blauen Buttons den Preis-Button zu finden. Fuhr man mit der Maus über eine „Niete" öffnete sich ein Vorschaufenster mit einem Tchibo-Produkt, das mit einem Link zum Onlineshop führte.

Auf allen Seiten innerhalb der Anwendung weist Tchibo zusätzlich auf seinen Shop hin. Schön ist, dass die Fans keine Zustimmung zur Abfrage ihrer Daten abgeben mussten.

Hatte man den Gewinner-Button entdeckt, öffnete sich automatisch ein Fenster mit einem Formular zur Eingabe von Name und E-Mail-Adresse.

Eingabemaske für Adressdaten.

Eine schöne kurzweilige Aktion, die von den Fans sehr positiv aufgenommen wurde.

Mitteilung über den Gewinner des Vortags.

Und selbst als die Anwendung an einem Tag nicht richtig funktionierte, reagierten die Fans gelassen. Passend zur Themenwoche, hat Tchibo unter dem Reiter *Themenwelt* eine kleine Auswahl der Produkte von „Live & in Farbe" platziert – wiederum versehen mit einem Link zum Onlineshop von Tchibo.

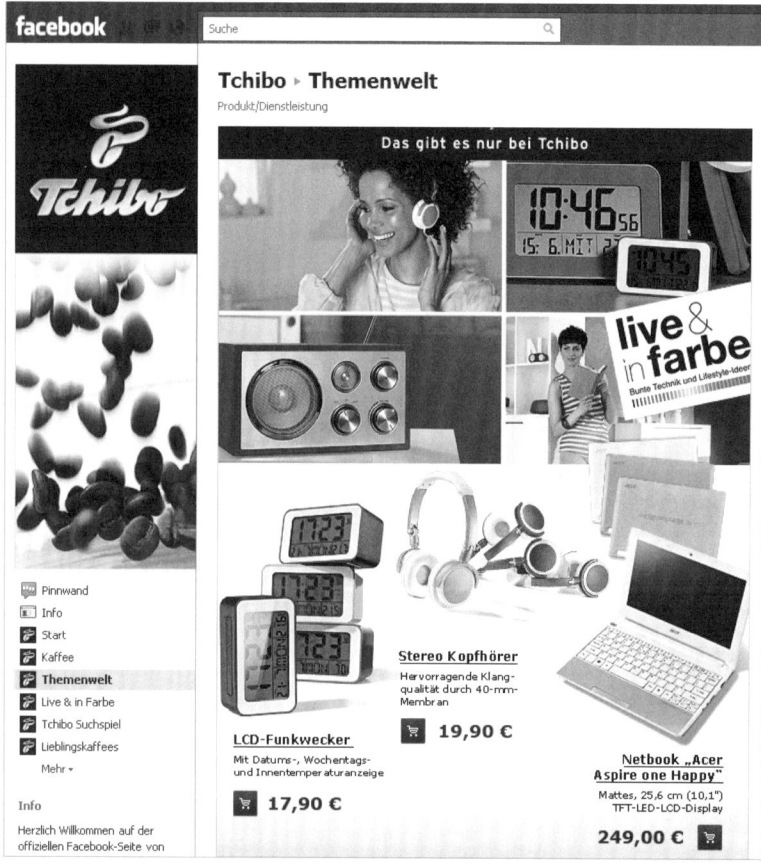

Eine Auswahl der Produkte der Themenwoche Live & in Farbe.

Pünktlich nach Ablauf der Themenwoche „Live & in Farbe" startete Tchibo in die nächste Themenwoche mit neuen Produkten. Zwar ohne Gewinnspiel, dafür mit einem Hinweis auf die neuen Produkte im Onlineshop.

Die neue Themenwoche hat begonnen bei Tchibo.

Gerade bei Tchibo sind es die Kunden gewohnt, wöchentlich über neue Produkte zu erfahren. Insofern können diese auch aktiv auf Facebook kommuniziert werden, ohne dass sich die Fangemeinde belästigt fühlt.

10. Angebote auf Facebook

Die seinerzeit groß angekündigten Facebok Deals für Unternehmen, die als Orte auf Facebook angelegt sind, hat Facebook wieder verworfen. Hier ging es darum, dass zum Beispiel Restaurants spezielle Angebote einstellten, die Nutzer beim Einchecken wahrnehmen konnten.

Nun nimmt Facebook einen neuen Anlauf mit Facebook Offers, um Unternehmen das Einstellen von Angeboten zu ermöglichen. Anders als bei den damaligen Deals erhalten Nutzer Informationen über neue Angebote in ihrem Stream von Seiten, denen sie folgen. Dabei ist es egal, ob es sich um Orte oder um Seiten handelt. Theoretisch kann jede Seite auf Facebook ein Angebot einstellen.

Praktisch sind Facebook Offers lediglich einem exklusiven Kreis von Unternehmen vorbehalten. Ob und wann sich das ändern wird, war zum Redaktionsschluss der Neuflage zu diesem Buch nicht bekannt.

HelloFresh macht den Test

Bei HelloFresh können Kunden sich in einer Tüte jede Woche die Zutaten für 3–5 Gerichte nach Hause kommen lassen und sparen dadurch die Zeit fürs Einkaufen.

Im April schaltete HelloFresh als erstes Unternehmen in Deutschland das Angebot mit einem Preisnachlass von 20,00 Euro auf die erste Tüte. Seitdem werden immer wieder Angebote eingestellt, hier am 1. Juni mit einem Preisnachlass in Höhe von 25.00 Euro während der Fußball EM.

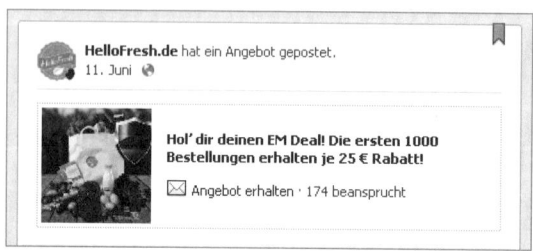

Neues Angebot von HelloFresh.

Nehmen Nutzer das Angebot wahr, so erscheint eine Meldung im Stream ihrer Freunde. Wer es auch wahrnehmen möchte, klickt direkt in der Meldung auf den Link *Angebot erhalten*. Zusätzlich führen die in der Meldung enthaltenen Links zu weiteren Informationen.

Anzeige von beanspruchten Angeboten im Stream.

➢ Klicken Nutzer auf *ein Angebot*, so öffnet es sich in einem neuen Fenster mit allen Kommentaren.

➢ Über den Link *HelloFresh.de* werden Nutzer auf die Facebook-Seite des Unternehmens geleitet.

➢ Klicken Nutzer auf den Titel des Angebots, erhalten sie weitere Informationen.

Auch erscheint in der Chronik des Nutzers eine Meldung im Feld *aktuelle Aktivitäten*.

Anzeige in der Chronik.

Auch über diese Meldung können andere Nutzer das Angebot und auch die Facebook-Seite von HelloFresh aufrufen.

Das Erhalten eines Angebots

Sobald Nutzer auf den Link *Angebot erhalten* gehen, bekommen Sie eine Info, dass eine automatisch generierte E-Mail verschickt wurde.

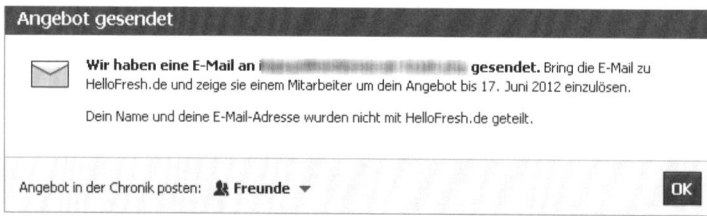

Info, dass eine E-Mail versendet wurde.

In der Nachricht erhält der Nutzer noch einmal alle relevanten Informationen, die das Angebot betreffen.

Nachricht über das erhaltene Angebot.

Das Anlegen eines Angebots

Um ein Angebot anzulegen, nutzen Administratoren das Eingabefeld für neue Statusmeldungen. Wie erwähnt, ist dies aktuell nur einer Auswahl von Unternehmen vorbehalten.

Beschreiben Sie im Titel in kurzen Worten Ihr Angebot und laden Sie ein aussagekräftiges Bild hoch. Geben Sie die Laufzeit ein und fügen Sie noch die Konditionen hinzu.

➤ Für den Titel bietet Ihnen Facebook 90 Zeichen.

➤ Das Bild im Angebot sollte die Maße 90 x 90 Pixel haben. Rechteckiges Bildmaterial wird auf ein Quadrat zugeschnitten.

➤ Für die Konditionen stehen Ihnen bis zu 900 Zeichen zur Verfügung.

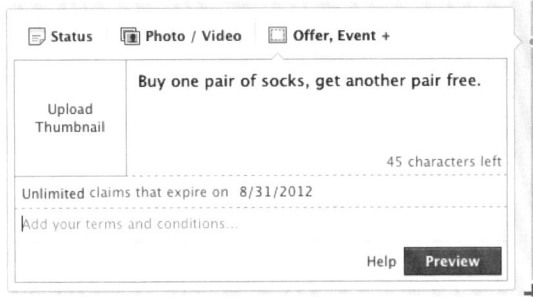

Maske zum Erstellen eines Angebots.

Vorsicht beim Schreiben!

Achtung: Da es sich auch bei Angeboten um eine Statusmeldung handelt, ist auf eine genaue Schreibweise zu achten. Denn ein einmal erstelltes Angebot kann nachträglich nicht mehr bearbeitet werden. Achten Sie also ganz genau darauf, dass Ihr Text stimmig ist und sich keine Tippfehler eingeschlichen haben.

Machen Sie auf Ihr Angebot aufmerksam

Um zusätzlich auf Ihr Angebot aufmerksam zu machen, empfiehlt es sich, es mit einer gesponserten Meldung zu bewerben. Auch bietet sich die Fixierung für sieben Tage oben in Ihrer Chronik an.

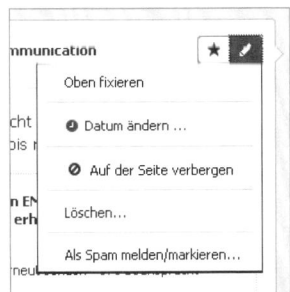

Fixieren Sie Ihr Angebot oben in Ihrer Chronik.

Falls Sie Ihr Angebot vor Ablauf der Laufzeit beenden möchten, so löschen Sie es aus Ihrer Chronik. Das Einstellen eines Angebots ist kostenfrei. Weiteres zu Angeboten lesen Sie in der Facebook-Hilfe unter *https://www.face book.com/help/offers.*

11. Auch das geht: mein eigener Onlineshop auf Facebook

Mal ehrlich, zu Beginn des Internets hat wohl kaum jemand daran gedacht, jemals seine Produkte über das Netz zu verkaufen. Studien über E-Commerce und mögliche Abverkäufe im Netz wären sicherlich niederschmetternd ausgefallen. So ähnlich verhält es sich derzeit auf Facebook. Der Markt an sich ist noch jung und befindet sich im Aufbau. Und so kommt es nicht von ungefähr, dass Erfolgsgeschichten, die rein auf den Einsatz von Facebook beruhen, eher dünn gesät sind. Denn einerseits will das Verkaufen über Facebook geübt sein, und andererseits braucht es von den Benutzern überhaupt erst einmal ein Bewusstsein dafür, auf Facebook einkaufen zu können.

Bieten Sie Ihre Produkte auch auf Facebook an

Mischen Sie aber ruhig jetzt schon mit und integrieren Sie Ihren Shop auf Facebook. Denn sonst kann es passieren, dass der Zug später ohne Sie abfährt. Und für den Anfang muss es ja nicht gleich die komplett eigene Programmierung sein.

Beachten Sie dabei, dass ein Shop auf Facebook nicht einfach als eine in sich geschlossene Verkaufsstation verstanden werden darf. Vielmehr ist es wichtig, den Shop in alle Kommunikationsaktivitäten auf Facebook mit einzubinden.

11.1 Die Planung ist das A und O für Ihren Shop

Stellen Sie sich vor, Sie gehen spazieren und treffen zufällig auf ein Restaurant, das von außen einen netten Eindruck macht. Doch drin im Restaurant beschleicht Sie direkt ein seltsames Gefühl. Auf den Tischen keinerlei Deko, der Kellner wirkt unmotiviert, und überhaupt macht alles einen mehr als dürftigen Eindruck. Aber Sie haben Durst und möchten gern etwas zu trinken bestellen. Der Kellner bringt Ihnen wortlos die Karte mit Preisen, die Sie eher in einem Sternerestaurant erwarten.

Genau so fühlt sich ein Benutzer auf Facebook, wenn er den Eindruck hat, dass das Unternehmen lediglich auf Verkauf aus ist, ohne selbst wirklich etwas dafür zu tun. Es reicht also bei Weitem nicht aus, einfach mal Produktangebote auf Facebook einzustellen, und das in der Annahme, dass der Kunde schon kaufen wird.

Ein paar goldene Regeln für Ihren erfolgreichen Shop auf Facebook:

➤ Bauen Sie zunächst eine Fangemeinde auf Ihrer Seite auf.

➤ Geben Sie nach dem Aufbau Ihren Shop als weiteres Serviceangebot bekannt.

➤ Bieten Sie spezielle Produkte exklusiv nur in Ihrem Facebook-Shop an.

➤ Stellen Sie immer mal wieder Sonderaktionen bereit, zum Beispiel Goodies bei einer Bestellung.

➤ Binden Sie in Ihre Beiträge über den Shop zusätzlichen Mehrwert mit ein.

➤ Behandeln Sie den Shop als einen Teil des Ganzen auf Facebook.

➤ Denken Sie daran, dass sich Ihre Fans erst einmal daran gewöhnen müssen, auch über Facebook Ihre Produkte zu kaufen.

Die Gretchenfrage: Wollen Benutzer auf Facebook überhaupt einkaufen?

Aus der am 15. Juni 2011 veröffentlichten Studie „Warum Internet-Nutzer zu Fans werden" von Fittkau & Maaß (*http://www.w3b.org*) geht hervor, dass die meisten Benutzer vor allem deswegen Fans von einer Marke werden, um Neuigkeiten über das Unternehmen zu erfahren. Ein weiterer großer Anteil von knapp 45 % möchte als Fan seine Verbundenheit mit der Marke kundtun.

Studie von Fittkau & Maaß 15. Juni 2011
(http://www.w3b.org/web-20/warum-internet-nutzer-zu-fans-werden.html).

Rund 30 % der Befragten wünschen sich besondere Angebote und Schnäppchen über die Facebook-Seite. Also kann schon einmal zumindest grundsätzlich von potenziellen Käufern über Facebook gesprochen werden. Die Frage ist allerdings: Wie werden aus Fans auch Käufer?

11.2 Seien Sie zu Gast bei NIVEA!

Am Beispiel von Nivea Deutschland (*http://www.facebook.com/niveadeutsch land*) lässt sich gut aufzeigen, wie ein Facebook-Shop optimal aufgesetzt und kommuniziert werden kann. Betrachtet man zunächst die Facebook-Seite unter dem Aspekt der Benutzerwünsche, ergibt sich folgende Beobachtung:

Über den Reiter *Nivea Aktuell* erhalten Nutzer alle wichtigen Inhalte auf einen Blick in Form einer Magazinseite. Auf dieser Seite werden Optionen zum Mitmachen angeboten, zum Beispiel die Teilnahme an einer Umfrage oder das Bestellen eines Newsletters. Ebenso finden sich Informationen zum Thema CSR auf der Magazinseite. Optisch klug gelöst, weil die Platzierung nicht an letzter Stelle erfolgt.

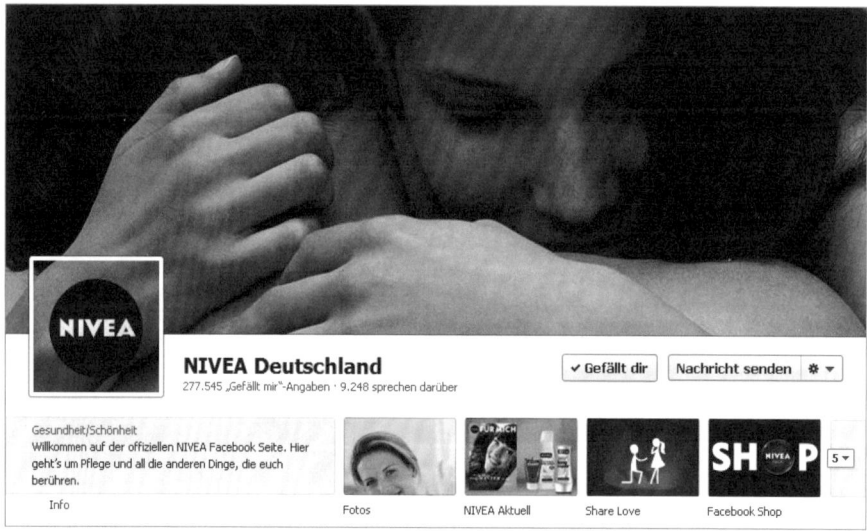

Die Facebook-Seite von Nivea unter https://www.facebook.com/niveadeutschland. .

NIVEA bietet Service von Anfang an

Weiterhin informiert NIVEA über die Existenz des neuen Shops auf Facebook mit dem Hinweis, dass Fans sich exklusive Vorteile im Shop sichern können. In der Anfangszeit wurde die Bewerbung des Shops zusätzlich über das Profilbild der Seite mit aussagekräftigen Infos unterstützt.

Die Benutzerwünsche auf der Seite von NIVEA sind unter anderem:

Benutzerwunsch	Umsetzung Magazinseite	Umsetzung Pinnwand	Umsetzung Shop
Neuigkeiten zu Marken/Unternehmen erfahren	Link zu Produkten von NIVEA Info, dass der Shop neu ist Hinweis auf besondere Produktreihe	Infos über neue Produkte Mitmachaktionen News zum Teil als Erstes auf Facebook publizieren	Info: Shop jetzt auch auf Facebook
Etwas umsonst oder vergünstigt bekommen	Hinweis auf exklusive Vorteile im Shop Persönliches Willkommensgeschenk	Hinweis auf Gratisente im Shop Verschiedene Aktionen	Gratisente bei jeder Bestellung über Facebook-Shop
Serviceleistung	Newsletter bestellen	Fragen werden beantwortet	Link zu FAQ
Empfehlungen, Werbung, Angebote	Produktinfos	Vorstellung von Angeboten unter anderem vom Shop	Die beliebtesten NIVEA-Artikel
Feedback und Bewertungen abgeben		Testprodukte für Fans	Produkte können mit Freunden geteilt werden
Kontaktaufnahme mit dem Unternehmen		Kommentare auf Pinnwand	
Unterhalten werden	Umfrage Mitmachaktion für 10.000 Bäume	Verschiedene Mitmachaktionen	

Die Tabelle zeigt deutlich die Verzahnung der verschiedenen Aktivitäten auf der Seite von Nivea Deutschland auf. Dabei ist der Shop ein Teil des Ganzen und wird über Beiträge immer wieder gezielt in Erinnerung gebracht.

Beiträge, die den Shop zum Inhalt haben, liefern auch stets ein Goodie mit. Mal ist es der Hinweis, dass mittels E-Mail Fanartikel gewonnen werden können. Ein anderes Mal werden den Fans, die kein Glück bei der Verlosung hatten, die Artikel im Shop angeboten.

Beitrag über neue Fanartikel im Shop und die gleichzeitige Gewinnoption.

Beitrag über Facebook-Shop von NIVEA auch in Verbindung mit einem Gewinnspiel.

Auch Fanbeiträge werden vereinzelt von Nivea Deutschland dazu genutzt, um auf den Shop hinzuweisen.

Nachfrage durch einen Fan auf der Pinnwand nach der NIVEA-Ente.

Die Shopansicht von Nivea Deutschland auf http://www.facebook.com/niveadeutschland.

Bis einschließlich Produktansicht befindet sich der Benutzer bei NIVEA im Shop auf Facebook. Der Bestellprozess selbst wird derzeit über den regulären Shop von NIVEA abgewickelt.

Produktansicht im Facebook-Shop von Nivea Deutschland.

Auch ein Warenkorb ist nicht integriert, eine Mehrfachauswahl an Produkten ist nur im eigentlichen Shop von NIVEA (*http://shop.nivea.de*) möglich. Der Facebook-Shop ist ein Spiegelshop des NIVEA-Haus-Webshops, der seit November 2010 online ist. Benutzer bleiben bis zum Check-out-Prozess im Facebook-Look-and-Feel und werden erst dann auf die NIVEA-Haus-Shopseite umgeleitet. Diese Lösung war für das Unternehmen am einfachsten umzusetzen und bedeutet auch in der Pflege weniger Aufwand.

Der Facebook-Shop von Nivea wird gut angenommen

Der Facebook-Shop ist seit Mitte März online und wird laut Aussage von Michael Senge, Social-Media-Beauftragter bei der NIVEA Haus GmbH, bereits gut angenommen. Die Entwicklung lässt sich nach seiner Einschätzung derzeit noch schwer voraussagen, zumal dies vor allem von den Angeboten und der Usability von Facebook-Shops abhängt. Doch solange Facebook wächst, werden sicherlich auch Shops auf Facebook mitwachsen.

11.3 Im Auge des Betrachters: verschiedene Shopapplikationen auf Facebook einsetzen

Es gibt zahlreiche Optionen dafür, wie Sie Ihre Produkte auf Facebook am besten kommunizieren. Wählen Sie die für Ihr Vorhaben optimale Lösung.

So binden Sie Ihre Produkte bei Amazon und eBay auch auf Ihrer Facebook-Seite ein

Sie verkaufen Ihre Produkte bereits erfolgreich auf Amazon und eBay? Prima, dann spricht ja nichts dagegen, die Angebote Ihren Fans auch auf Facebook zu unterbreiten.

Als Amazon-Partner haben Sie leichtes Spiel

Über das Amazon-Partnernet-Programm können Sie mit ein paar Tricks eine Shopansicht für Ihre Präsenz auf Facebook erstellen. Über den Link *https://partnernet.amazon.de/gp/associates/network/store/manage-your-stores.html* gelangen Sie in die Bearbeitungsmaske Ihres aStore bei Amazon.

Wählen Sie im ersten Schritt die Kategorie und geben Sie an, ob Sie eigene oder fremde Produkte oder ob Sie Produkte aus Ihrer Lieblingsliste anbieten möchten.

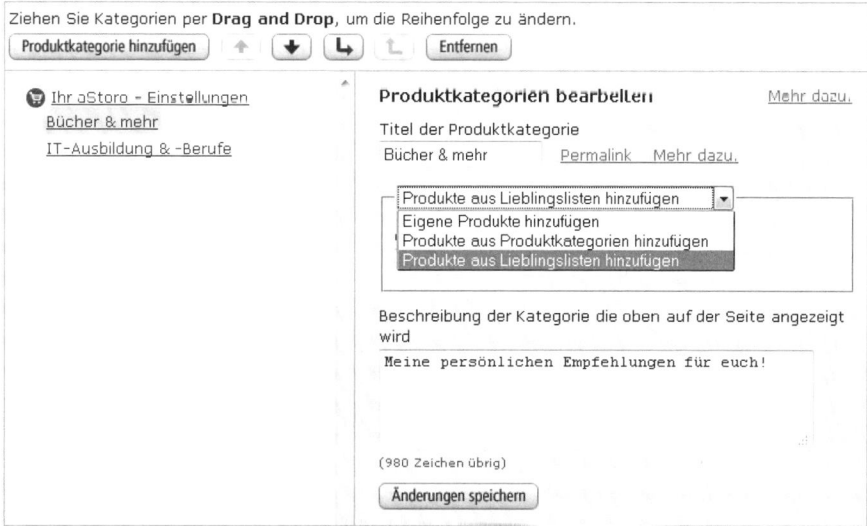

Wählen Sie die passende Kategorie und die passenden Produkte.

Im nächsten Schritt können Sie die Shopansicht optisch verändern. Dazu braucht es ein paar Anpassungen im CSS, damit vor allem Ihr Shop auch in der Breite richtig in das freie Feld auf Facebook passt. Wählen Sie als Breite 815 Pixel für die Klasse *wrap* und 815 Pixel für die Klasse *main*.

In Schritt zwei wird das Design angepasst.

Voreingestellt ist der Frame auf 4.000 Pixel. Sollten Sie nicht so viele Produkte anbieten, verringern Sie die Anzahl Pixel entsprechend. Im dritten Schritt geben Sie die Inhalte für die Seitenleiste an, und im letzten Schritt kopieren Sie den Code für die Integration auf Ihrer Facebook-Seite. Wählen Sie hier die Option *Meinen Shop über einen iframe integrieren*. Der fertige Code sieht dann zum Beispiel so aus:

```
<iframe src="http://astore.amazon.de/meine-kenn-nummer" width="90%"
height="4000" frameborder="0" scrolling="no"></iframe>
```

Am setzen Sie besten die Breite noch auf 100 %.

Sollten Sie nicht selbst eine Anwendung für den Shopreiter erstellen wollen, können Sie auf fertige Anwendungen für die Integration des Codes zurückgreifen, zum Beispiel auf die kostenlose Anwendung vn Woobox (*http://woobox.com/statichtm*).

Ein Vorteil ist, dass auf der Facebook-Seite ein Warenkorb angezeigt wird und so mehrere Produkte direkt über Facebook ausgewählt werden können. Erst bei Bezahlung wird der Benutzer auf Amazon weitergeleitet.

Dies ist grundsätzlich eine Option, um mit recht einfachen Mitteln einen funktionsfähigen Shop zu integrieren, und vor allem geeignet für Anbieter, die keinen eigenen Shop über ihre eigene Webseite vertreiben.

Beispiel für eine fertige Shopansicht von Amazon

Beispiel für eine detaillierte Produktansicht.

Die Vorteile:

➢ Geeignet für Unternehmungen, die ihre Produkte sonst nur auf Amazon anbieten.

➢ Kein Aufwand für die Programmierung.

➢ Die Auswahl von mehreren Produkten ist direkt auf Facebook möglich.

➢ Potenzielle Kunden erfahren auch auf Ihrer Facebook-Seite über Ihre Angebote.

➢ Der integrierte Amazon-Shop lässt sich leicht pflegen.

➢ Es werden nur Ihre eigenen Produkte angezeigt, da die Kategorienauswahl ausgeblendet ist.

➢ Die Shopansicht von Amazon ist vielen bekannt und schafft Vertrauen.

Die Nachteile:

➢ Eingeschränkte Möglichkeiten, die angebotenen Produkte in die Kommunikation auf Ihrer Seite mit einzubeziehen.

➢ Nur wenig optische Anpassungsmöglichkeiten.

➢ Kategorien müssen komplett ausgeblendet werden, weil der Shop sonst zu breit wäre und nicht in die Freifläche passte.

Für ganz Eilige: Amazon Items und eBay Items

Ohne großen Aufwand lassen sich Ihre Produkte über die beiden Anwendungen Amazon Items und eBay Items einbinden. Für Amazon Items besuchen Sie die Anwendungsseite unter der URL *http://apps.facebook.com/amazonitems*

und fügen diese Ihrer Seite hinzu. Tragen Sie in die Bearbeitungsmaske der Anwendung auf Ihrer Seite Ihre Amazon-Seller-ID ein und wählen Sie die geeignete Sortierreihenfolge aus. Optional ist das Eintragen eines Texts.

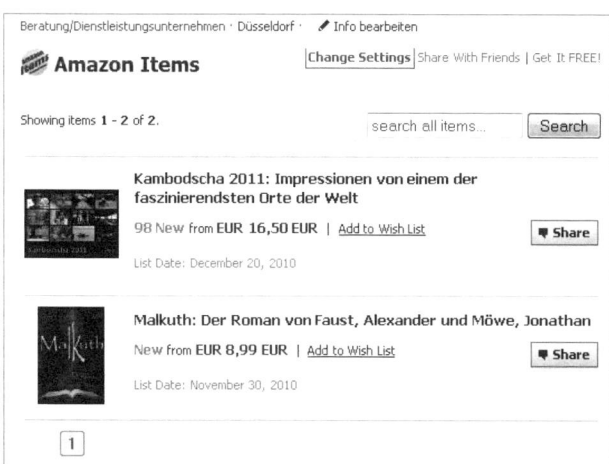

Bearbeitungsmaske von Amazon Items.

Das war es auch schon. Sie finden die neu angelegten Produkte aus Ihrem Amazon-Angebot links unter Ihrem Profilbild über den Reiter *Amazon Items*.

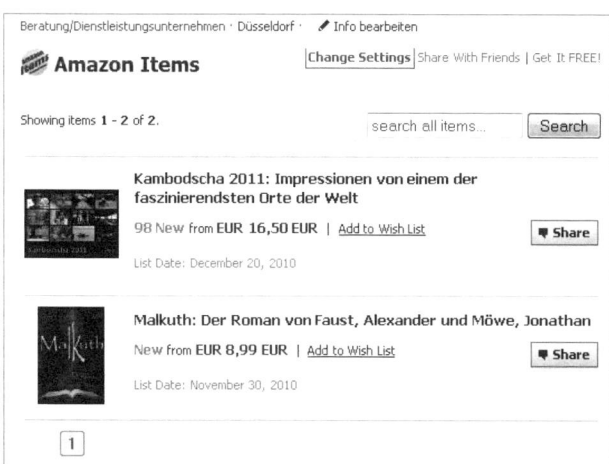

Ansicht Ihrer Produkte über die Anwendung Amazon items.

Ganz ähnlich ist das Verfahren zur Einbindung Ihrer Produkte von eBay. Dazu fügen Sie die Anwendung eBay Items über die Anwendungsseite *http://www.facebook.com/eBayItems* hinzu. In der Bearbeitungsmaske tragen Sie Ihren Mitgliedsnamen ein, und fertig ist die Integration.

Sie können zwischen Listenansicht und Thumbnails wählen, außerdem die Preisspanne.

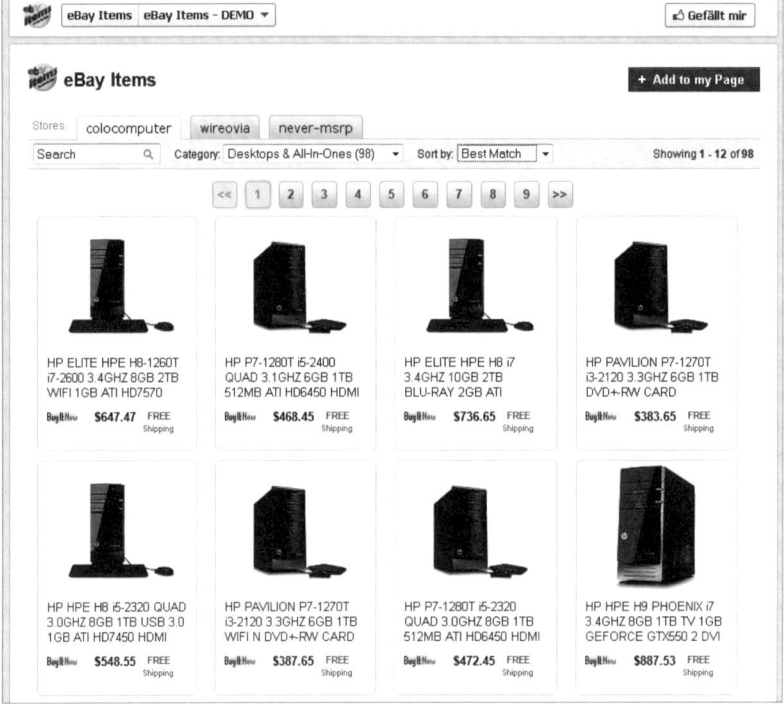

Produktansicht über die ebay items Integration mit Thumbnail-Ansicht.

Alles in allem sind Amazon Items und eBay Items jeweils Anwendungen, die Ihnen schnell zu einer Darstellung Ihrer Produkte auf Facebook verhelfen. Die Einrichtung nimmt also nicht viel Zeit in Anspruch.

Wer mag, kann auch noch die Bezeichnung der Reiter ändern, zum Beispiel in *Unsere Produkte*. Dazu gehen Sie über die Anwendungsübersicht Ihrer Seite auf den Link *Einstellungen bearbeiten*.

Ändern Sie die Bezeichnung des Reiters nach Ihren Wünschen.

Liefern Sie produktrelevante Themen

Glauben Sie aber nicht, dass Sie jetzt automatisch Ihre Produkte über Facebook verkaufen. Diese Option ist lediglich als eine Art Schaufenster zu betrachten. Wenn Sie schon über Ihre Produkte berichten möchten, ist es wichtig, in erster Linie Ihren Fans laufend produktrelevante Themen zu liefern. Hier und da können Sie auch einen Hinweis auf Ihre Produkte geben.

Exklusives von DaWanda jetzt auch komplett auf Facebook

Seit Neuestem bietet der Communityshop-Anbieter DaWanda seine App als vollständige Integration bei Facebook an.

Mit der Anwendung DaWanda Shop erhalten Verkäufer die Option, ihren Fans auf Facebook ihre Produkte direkt auf Facebook zum Kauf anzubieten. Sprich: Nutzer bleiben während des gesamten Kaufprozesses auf Facebook. Alle Informationen zur Installation der Anwendung finden sich direkt bei DaWanda unter *http://de.dawanda.com/info/show/faq_webshop*.

sonst noch was?

Ein Beispiel für einen schönen DaWanda-Shop ist das Projekt *sonst noch was?* Hier ist der Name Programm, wird doch optisch Ansprechendes in ebenso ansprechender Form präsentiert. Sei es auf der Webseite *http://www.sonst-noch-was.de*, im Blog oder eben im DaWanda-Shop auf Facebook.

Der DaWanda-Shop von sonst noch was? auf Facebook
http://www.facebook.com/pages/Sonst-noch-was/136754239729668.

255

Ihr Shop komplett auf Facebook mit Payvment

Sollten Sie überlegen, einen kompletten Shop auf Facebook einzurichten, bietet sich Payvment an. Die über *https://www.facebook.com/mypayvment* zu installierende Anwendung verfügt über alle nötigen Module zum Einrichten eines Shops.

Über das Dashboard lassen sich Versandkosten, Produkte, Produktvarianten, Steuerklassen, Kategorien etc. anlegen und verwalten.

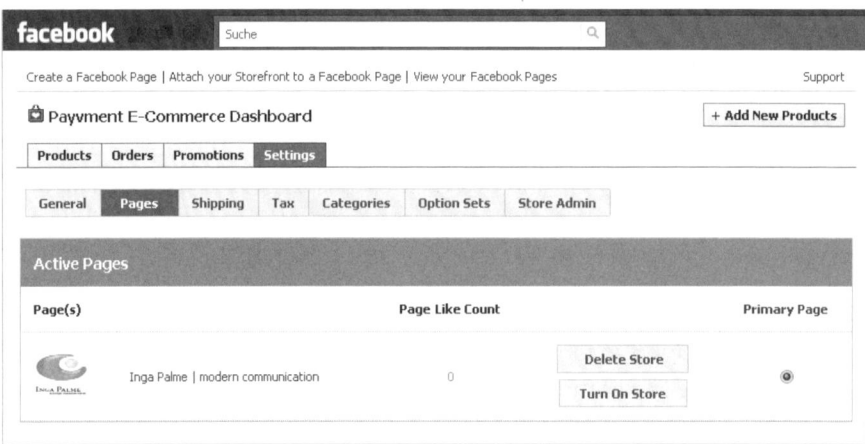

Dashboard von Payvment.

Payvment ist komplett kostenfrei und verfügt über einen Support, allerdings in englischer Sprache. Mit dem Einsatz von Payvment wickeln Sie sämtliche Aktionen komplett über Ihre Facebook-Seite ab. Zusätzlich können Sie Ihre Angebote auch für die Hauptseite von Payvment freischalten.

Social Shopping mit Sellaround

Sellaround (*http://www.sellaround.net*) als soziales Verkaufsportal bietet Widgets an, die Werbebanner und Minishops in einem sind. Das Start-up, das bei der e-challenge 2010 für die Finalrunde nominiert wurde, setzt in seinem Shop-Widget ganz auf virales Marketing.

Jeder kann jedes Widget teilen oder auf seiner eigenen Seite einbinden. Als Optionen stehen iFrame und Flash zur Verfügung. Jeder Verkäufer erhält bei Sellaround eine eigene Microsite, und der QR-Code für das Produkt wird auch direkt mitgeliefert. In allen Widgets ist ein Button integriert, um selbst einen Shop einzurichten.

Sellaround setzt mit seinen Widgets auf virales Marketing.

Zahlreiche Einrichtungsfunktionen und virale Effekte

Als Zahlungsoption wird PayPal angeboten. Pro Widget können mehrere Produkte eingestellt werden. Auch Produktvarianten sind möglich. Unterschieden wird zwischen physischen Produkten und digitalem Download.Bei fünf Produkten ist der Shop kostenfrei. Erst bei einer Bestellung wird eine Vermittlungsgebühr in Höhe von 6 % der vom Käufer geleisteten Gesamtsumme berechnet.

Die verschiedenen Einsatzmöglichkeiten:

➢ Einbindung auf der eigenen Webseite bzw. dem eigenen Blog.

➢ Facebook-Benutzer können das Widget von überall dort, wo es eingebunden ist, mit ihren Freunden teilen.

➢ Ebenso wird das Teilen auf Twitter angeboten.

➢ Sperrung des Kaufprozesses so lange, bis das Widget zu einer vorher festgelegten Anzahl geteilt wurde.

➢ Viele fertige Widgets können für Wiederverkäufer genutzt werden.

Ansicht des Widgets von Sellaround.

257

Vor allem die *Teilen*-Funktion ist interessant. Denn das Widget erscheint voll funktionsfähig auf der eigenen Pinnwand. Die Freunde können direkt auf Facebook Produkte bestellen und wiederum selbst das Widget teilen. Sellaround unterstützt die Verkäufer und stellt neue Widgets auf seiner Facebook-Seite ein (*http://www.facebook.com/sellaround*).

Das fertige Widget in die eigene Facebook-Seite einbinden

Auf Facebook lässt sich über die Anwendung Sellaround Shop (*http://www.facebook.com/apps/application.php?id=139755169397373&ref=ts*) ein Reiter auf der eigenen Facebook-Seite mit dem fertigen Widget einrichten.

Ein ideales Feature, das leicht zu bedienen ist, und zwar ohne Aufwand für Pflege und Wartung der Software.

Die kostenlose API macht Sellaround auch für größere Unternehmen interessant

Unternehmen, die bereits über einen Onlineshop verfügen, können auch die Vorteile von Sellaround nutzen, indem sie mittels API die Kaufprozesse in ihre eigene Warenwirtschaft einbinden und darüber abwickeln. Für Magento zum Beispiel gibt es eine eigene Extension.

11.4 Weitere spannende Applikationen für verschiedene Branchen

Immer mehr werden Applikationen speziell für einzelne Branchen zur Verfügung gestellt. Meist sind es selbst Portalbetreiber, wie booking.com, die ihren Kunden über derlei Anwendungen das leichte Einbinden ihrer Angebote bei Facebook ermöglichen. Gleichzeitig liefern sie auf diese Weise Kundenservice in eigener Regie.

Immobilien ganz weit vorn

Für Makler bietet Immobilienscout seit Ende 2010 die Anwendung Meine Immobilien bei ImmobilienScout24, die sich mit zwei Klicks in die eigene Seite integrieren lässt. Mittlerweile gibt es zahlreiche Makler auf Facebook, die von dieser praktischen Anwendung Gebrauch machen.

Über den Link *http://apps.facebook.com/meine_immobilien/?ftc=6505AAAA* gelangen Sie direkt zur Installationsseite. Dort wird Neueinsteigern auf Facebook sogar erklärt, wie eine Seite auf Facebook anzulegen ist. Und das Beste ist: Die Anwendung aktualisiert automatisch die Objektdaten der Makler, wobei keine Zusatzkosten anfallen.

Die Anwendung für Makler auf der Seite von DONAU TREUHAND
(http://www.facebook.com/DONAUTREUHAND).

Neu und charmant: Immotell für Makler

Ein weiteres Angebot liefert Immotell. Die kostenpflichtige Anwendung präsentiert sich mit einer ansprechenden Oberfläche für Makler (*http://www. facebook.com/apps/application.php?id=159806270703608*). Die Anwendung unterstützt gängige Immobiliensoftware, die einen OpenImmo-Export zulässt. Auf der Seite *http://www.immotell.de* wird alles genau beschrieben.

Wedow Immobilien (http://www.facebook.com/wedow.immobilien) nutzt
die Anwendung von Immotell.

Für Ausgeschlafene: Hotelbuchung direkt über Facebook

Gleich zwei große Anbieter machen es den Hoteliers leicht: Praktisch ist es, Zimmerbuchungen fürs Hotel direkt auf der Facebook Seite mittels Anwendung anzubieten. Die Anwendung Booking Button von booking.com gibt es derzeit in 40 Sprachen und lässt sich mit zwei Klicks in die Seite integrieren. Über *http://www.facebook.com/apps/application.php?id=139678382761854& sk=info* gelangen Hotels auf die Anwendungsseite und können von dort aus mit der Installation beginnen, sofern sie über eine ID bei booking.com verfügen.

*Das relaxa Hotel Bellevue
(http://www.facebook.com/relexa.hotel.Bellevue) nutzt die Anwendung von booking.com.*

Ebenso wartet hotel.de mit ihrer Anwendung booking app auf und ermöglicht es Fans, direkt auf Facebook das gewünschte Hotelzimmer zu buchen (*http://www.facebook.com/apps/application.php?id=145728125495947&sk=info*).

Alles auf einen Blick für Musiker und Clubs

Aus dem Hause rebvernation (*http://www.reverbnation.com*) kommen die beiden kostenfreien Anwendungen Band Profile (*http://www.facebook.com/ rn.mybandapp*) und Venue Profile (*http://www.facebook.com/venueprofile*).

Band Profile wartet auf unter anderem mit *Teilen*-Button, Playlist, Tourdaten, Pressestimmen, Bandbeschreibung, Videos und vielem mehr.

Die Beispielseite von Band Profile auf Facebook.

Auch können Produkte über einen Shop, der gemeinsam mit Audiolife (*http://ww.audiolife.com*) entwickelt wurde, angeboten werden. Hier sollte jedoch besonderes Augenmerk auf unsere Rechtsprechung gelegt werden.

Unter anderem Veranstaltungsdaten, Mailingliste, *Teilen*-Button und Ticketsystem bietet die Anwendung Venue Profile für Clubs.

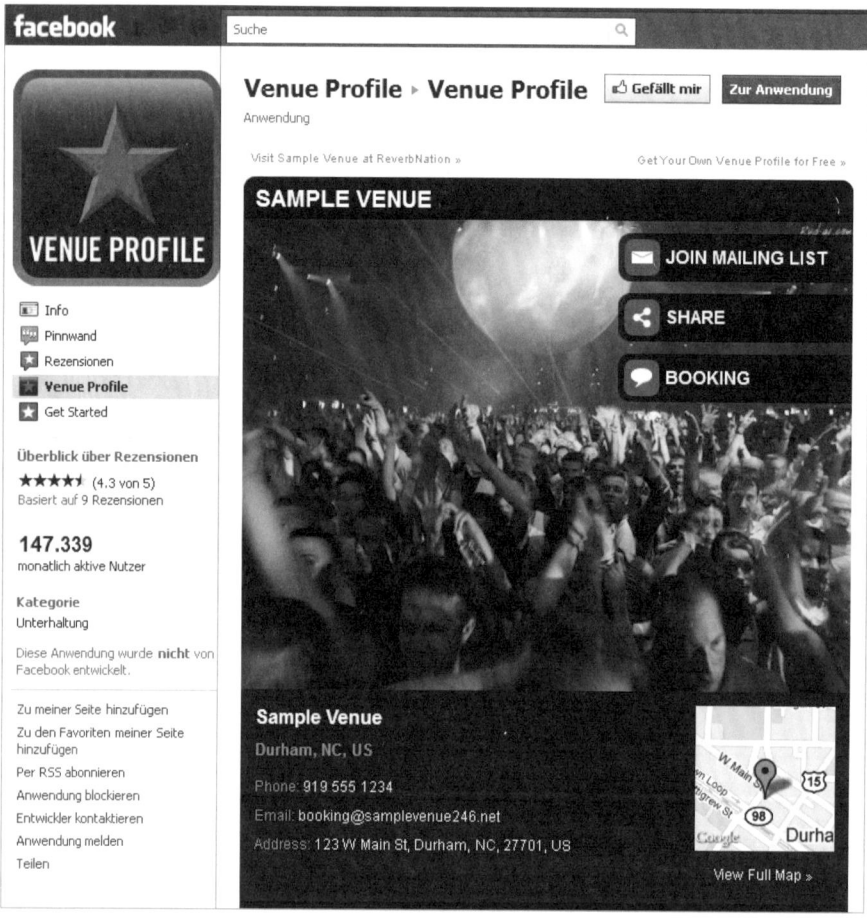

Die Beispielseite von Venue Profile auf Facebook.

Beide Anwendungen verfügen über kostenfreie Statistikmodule sowie Buzz Tracking, um zu erfahren, was über Sie im Netz gesprochen wird.

11.5 Beispiele aus der Praxis

Die nachfolgenden Beispiele zeigen unterschiedliche Ansätze auf, um Verkäufe über Facebook zu generieren.

Deichmann zeigt sie her, die Schuhe

Bei Deichmann, Europas größtem Schuheinzelhändler, dreht sich bekanntlich alles um Schuhe. Das Deichmann-Profil auf Facebook (*http://www. facebook.com/Deichmann*) bietet eine komplette Erlebniswelt rund um das Thema Schuhe, um die verschiedenen Wünsche der Fans zu erfüllen.

Über den Reiter *Facebook Shop* gelangen Fans zur Kategorieansicht des umfangreichen Angebots. Die Detailansicht der Produkte leitet über den Button *Zum Deichmann Shop* weiter auf den Onlineshop des Unternehmens.

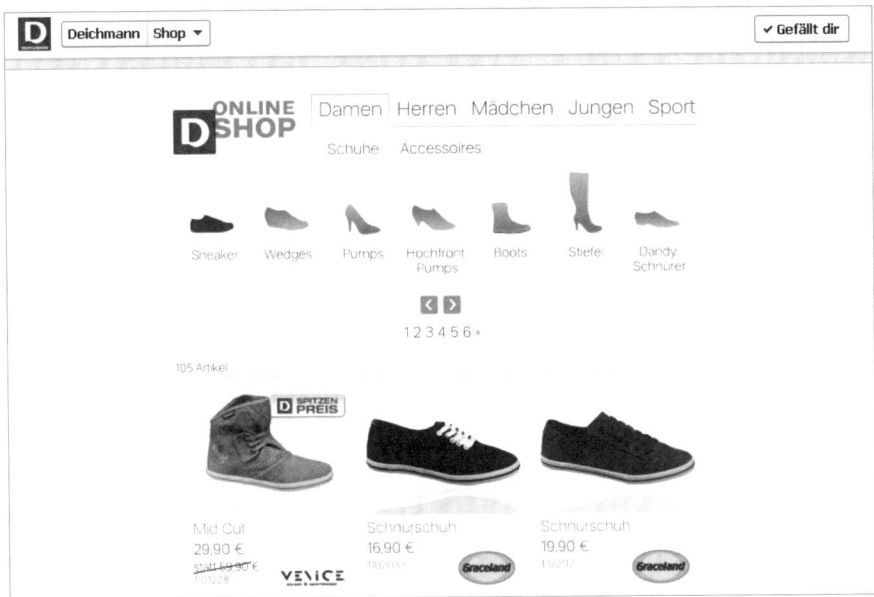

Der Shop von Deichmann auf Facebook.

Die Bezeichnung des Buttons ist gut gewählt, denn so wissen Fans sofort, dass sie weitergeleitet werden. Außerdem können sie Schuhe, die ihnen besonders gut gefallen, mit ihren Freunden teilen

Teilen-Option mit vorgefertigten Inhalten.

Der Reiter zum Shop ist an oberster Stelle platziert unterhalb von *Pinnwand* und *Info*. Den Reiter weiter oben zu platzieren, lässt Facebook nicht zu.

Der Reiter zum Facebook-Shop wird unter den Favoriten in der ersten Reihe angezeigt. Parallel zum Shop bietet Deichmann eine komplette Erlebniswelt rund um das Thema Schuhe, um die verschiedenen Wünsche der Fans zu erfüllen. Beispiele der Aktionen auf der Seite von Deichmann:

➢ **Schuh des Monats**

Jeden Monat wird eine Auswahl an Schuhen gezeigt, für die abgestimmt werden kann.

➢ **I love Deichmann**

Deichmann-Fans können ihre Liebe zu Deichmann an verschiedenen Plätzen Deutschlands per Videobotschaft kundtun. Für jede Stadt findet eine eigene Abstimmung statt.

➢ **Die Schuh-Fee**

Eine Anwendung, die über die Weisheit des Tages immer wieder Schuhe kommuniziert.

➢ **Eventkalender**

Tageskalender mit einer Auflistung der zielgruppenorientierten Events in ganz Deutschland.

➢ **Schuhrausch**

Ein Spiel, bei dem möglichst viele Schuhe angeklickt werden müssen, um den Highscore zu knacken.

➢ **Newsletter & Mehr**

Unter diesem Reiter finden die Fans die Option zur Newsletter-Anmeldung, einen Link zum Deichmann-Trendblog und zur Onlineversion des Kundenmagazins Shoe Fashion von Deichmann.

➢ **Karriere**

Der Link führt zu den Stellenangeboten von Deichmann.

➢ **YouTube Channel**

Der Deichmann-Channel für TV-Spots, Making-ofs sowie aktuelle Aktionen (*I love Deichmann*).

Mit diesen einzelnen Modulen gelingt es Deichmann, auf die unterschiedlichsten Bedürfnisse einzugehen. Über die Facebook-Seite werden die verschiedenen Maßnahmen gebündelt kommuniziert. So streut Deichmann zu den einzelnen Aktionen immer wieder passende Beiträge auf der Seite ein, sodass das Unternehmen stets mit unterschiedlichen Themen in seinen Beiträgen aufwartet. Und zwischendurch fließt auch immer mal wieder ein Beitrag über den Shop mit ein.

Beitrag von Deichmann über den Shop auf Facebook.

Das Beispiel Deichmann zeigt auf, dass es mit einem Shop allein auf Facebook nicht getan ist. Das Unternehmen kommuniziert die Marke gekonnt zusätzlich auf verschiedenen Kanälen und sorgt so für größere Reichweiten. Dabei werden die Fans laufend mit produktrelevanten Themen versorgt.

Deichmann liefert Service auf allen Ebenen

Über die beiden Internetauftritte Shoe Fashion *http://www.dm.communi code.de/site/de/schuhfashion* und Trendblog (*http://www.deichmann.com/ corp/trendblog/DEde*) erhalten Deichmann-Fans als zusätzliches Serviceangebot aktuelle Infos aus der Modewelt. Auch ist auf beiden Seiten die Facebook-Like-Box omnipräsent integriert.

Der Schwerpunkt liegt auf Kommunikation

Der Schwerpunkt bei Deichmann liegt ganz klar auf der Kommunikation, die die verschiedenen Komponenten miteinander verknüpft. Einzeln betrachtet, sind die Aktionen nicht wirklich spektakulär, doch das tut dem Ganzen keinen Abbruch. Denn gerade durch die Vielfältigkeit an Aktionen und Modulen entsteht rund um Deichmann eine lebendige Erlebniswelt, die optimal auf die unterschiedlichen Bedürfnisse der breit gefächerten Zielgruppe eingeht.

Monatliche Highlights mit der Douglas-Box-of-Beauty

Die Box-of-Beauty-Aktion von Douglas (*http://www.facebook.com/parfuemerie.douglas*) ist ein interessantes Beispiel dafür, wie ein Dialog zu Produktneuheiten auf Facebook gestaltet werden kann. Bei der Aktion handelt es sich um eine Box, die ein Originalprodukt und vier Luxusproben beinhaltet. Bestellt werden kann die Box über den Onlineshop von Douglas (*http://www.douglas.de*). Sie trifft genau den Nerv der Fans, betrachtet man die zahllosen positiven Kommentare auf der Facebook-Seite. Jeweils um den 20. eines Monats wird die von den Fans schon sehnsüchtig erwartete Box zum Preis von 10 Euro ausgeliefert. Zusätzlich erhalten die Abonnenten einen 10%igen Rabatt beim Nachkauf des Originalprodukts oder der Probeprodukte.

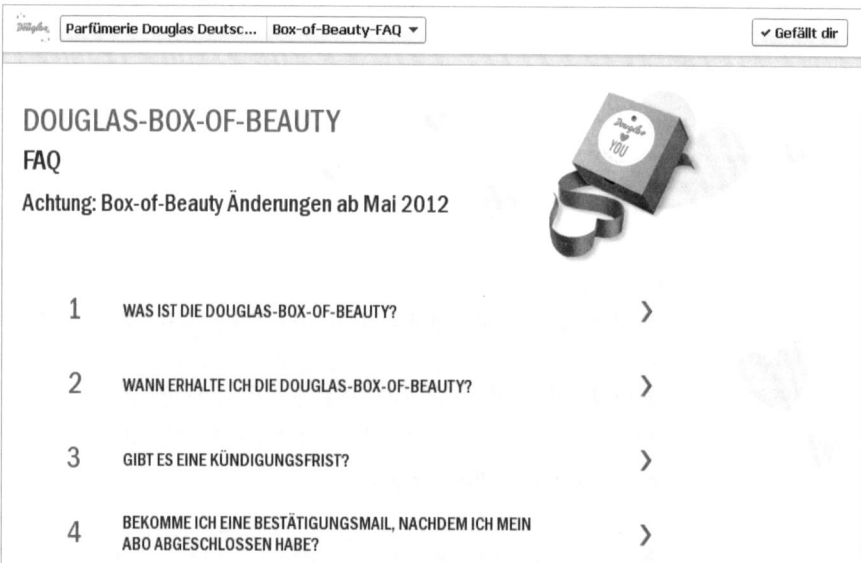

Die Box-of-Beauty von Douglas.

Douglas kündigt die Douglas-Box-of-Beauty an.

Die Aktion wurde im Mai 2011 eingeführt und erfreut sich großer Beliebtheit. Viele Fans hinterlassen ihre positiven Kommentare über den Erhalt der Box-of-Beauty und tauschen sich über den Inhalt der Box aus.

Bei näherer Betrachtung ist zu erkennen, wie es die Box-of-Beauty durch ihre Eigenschaften ganz einfach erreicht, dass Fans zu Kunden werden:

➢ Die Box wird regelmäßig versandt.

➢ Die Box kann an jede Wunschadresse versandt werden.

➢ Das Abonnement kann jederzeit wieder gekündigt werden.

➢ In der Box sind ein Originalprodukt und vier Testprodukte enthalten.

➢ Abonnenten können sich darauf einstellen, weil die Box immer um den 20. eines Monats geliefert wird.

➢ Dabei entwickeln sie Vorfreude, weil sie nicht wissen, was jeweils in der Box enthalten ist.

➢ Viele Fans auf Facebook bedanken sich, wenn sie die Box erhalten haben. Das schafft Vertrauen und reizt auch andere Fans, mitzumachen und die Box zu bestellen.

➢ Mit Informationen, zum Beispiel über die aktuellsten Beauty-Highlights, wird zusätzlich Neugierde geweckt.

So nehmen die Fans die Botschaft wahr:

➢ Ich bekomme die tollsten Beauty-Highlights bequem nach Hause geschickt.

➢ Toll, dass ich mitmachen und testen darf.

➢ Ich gehöre zu den Ersten, die die neuen Produkte testen können.

➢ Ich gehe kein Risiko ein, denn ich kann ja jeden Monat wieder kündigen.

➢ Ich bin schon gespannt darauf, was in der nächsten Douglas-Box-of-Beauty enthalten sein wird.

➢ Das ist ein tolles Angebot, ich habe bestimmt viel gespart.

➢ Ich gehe kein Risiko ein.

Einmal im Monat fragt Douglas über eine Umfrage nach, welches Produkt in der Box der jeweilige Favorit unter den Abonnenten war.

Umfrage zu den Produkten in der Box-of-Beauty.

Durch das Abonnement tritt der Bestellprozess mehr oder weniger in den Hintergrund. Zumal zehn Euro monatlich eine überschaubare Summe darstellen. Im Vordergrund stehen die Produkte, und diese werden eifrig kommuniziert. Selbst über die Verpackung der Box wird berichtet und Tipps zur weiteren Verwendung ausgetauscht.

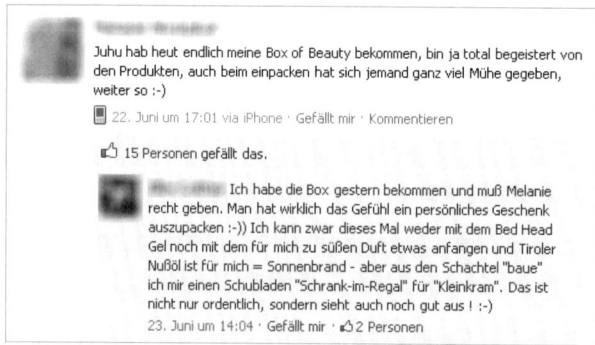

Fans geben sich gegenseitig Tipps, was sie mit der Verpackung anstellen sollen.

Alles in allem ist die Douglas-Box-of-Beauty ein sehr gut durchdachtes und vor allem nachhaltiges Konzept, das sich aktuell zum Selbstläufer entwickelt.

Zeit zu lesen auf Facebook

Über PayPal kann die aktuelle Ausgabe von Zeit Online (*http://www.facebook.com/zeitonline*) direkt über Facebook im *Kiosk* bestellt und im Anschluss gelesen werden.

Die Zeit auf Facebook lesen.

Alternativ steht die aktuelle Ausgabe auch als PDF zum Download bereit. Die alten, bereits gekauften Ausgaben stehen weiterhin zur Verfügung.

Über PayPal die aktuelle Ausgabe der Zeit bestellen.

Youniik setzt auf Sellaround

Youniik, der Service der 4Tronix Entertainment GmbH, ist Anbieter von Designfolien für Handys und andere elektronische Geräte. Anfang 2011 hat das Unternehmen das Shop-Widget von Sellaround auf seiner Facebook-Seite (*http://www.facebook.com/Designfolien?sk=app_139755169397373*) installiert. Die Entscheidung für das Widget fiel vor allem aufgrund des viralen Ansatzes des Widgets. Eine richtige Entscheidung, denn mittlerweile bestellen rund 25 % der Fans über das Widget das neue Design für ihr Handy.

Das installierte Widget von Sellaround auf der Facebook-Seite von Youniik.

Social Shopping ist mehr und mehr im Kommen

Geschäftsführer Friedbert Frey ist sicher, dass sich Social Shopping über Widgets, wie sie von Sellaround angeboten werden, auf Dauer durchsetzen. Allerdings bedarf es einer Mittelfriststrategie und einer damit verbundenen Vorlaufzeit. Es reicht bei Weitem nicht aus, einfach das Widget zu schalten und sich dann zurückzulehnen und auf Abverkäufe zu warten. Den Menschen muss die Möglichkeit gegeben werden, sich an neue Kaufmechanismen zu gewöhnen – vor allem in sozialen Netzwerken wie Facebook.

12. So bringen Sie Ihren Verein und Ihre Projekte auf Facebook nach vorn!

Gerade für Hilfsorganisationen und Vereine sind Spenden und Mitgliedsbeiträge ein wichtiger Bestandteil, um Projekte zu unterhalten und zu finanzieren. Mittlerweile präsentieren sich zahlreiche Institutionen auf Facebook, jedoch kommunizieren sie dort in den seltensten Fällen die Tatsache, dass auch finanzielle Unterstützung benötigt wird. Auf der eigenen Webseite wiederum werben Vereine ausdrücklich um Unterstützung. Mitgliedsanträge, Spendenformulare etc. werden omnipräsent kommuniziert. Was spricht eigentlich dagegen, dies auch auf Facebook zu tun? Denn gerade hier stehen Sie ja in direktem Kontakt zu Ihren Fans. Trauen Sie sich und kommunizieren Sie auch auf Facebook klar und deutlich, dass Sie eine Institution sind, die von finanzieller Unterstützung lebt.

12.1 Auf den ersten Blick: Ihr Aufruf zur Unterstützung

Es gibt verschiedene Möglichkeiten, das Thema Spenden in die eigene Facebook-Seite zu integrieren. Eine einfache Lösung ist der direkte Hinweis in den Reitern unter Ihrem Titelbild.

Binden Sie einen Reiter mit in Ihre Linkleiste ein

Praktisch ist es, einen eigenen Reiter für Ihren Unterstützungswunsch in die Linkleiste unter dem Profilbild Ihrer Facebook-Seite zu integrieren. Der Vorteil besteht darin, dass dieser Reiter Ihren Fans stets angezeigt wird, sie müssen also nicht extra auf Ihre Webseite gehen, um sich über Optionen zur Unterstützung zu informieren.

Reiter mit Spendenaufruf unter dem Profilbild.

Dazu können Sie einerseits die in Kapitel 5 beschriebenen Anwendungen nutzen. Alternativ gibt es vorgefertigte Spendenapplikationen, die über externe Anbieter integriert werden.

Erstellen Sie den für Ihre Einrichtung passenden Reiter, zum Beispiel:

➤ *Spenden*

Geben Sie Ihr Spendenkonto an mit Informationen zu Ihrer Einrichtung oder verwenden Sie eine Spenden-Applikation. Setzen Sie einen Link auf Ihre Webseite, falls Sie dort über ein Formular für Spender verfügen.

➤ *Mitgliedsantrag*

Erklären Sie die Eckdaten für den Mitgliedsantrag Ihres Vereins und hinterlegen Sie das Antragsformular als PDF zum Download.

➤ *Patenschaft*

Beschreiben Sie, welche Patenschaften übernommen werden können, und hinterlegen Sie das Antragsformular als PDF zum Download.

➤ *Produkte*

Manche Einrichtungen vertreiben auch Produkte, mit deren Erlös Projekte finanziert werden. Richten Sie einen Reiter ein, damit Ihre Fans wissen, dass Sie auch Produkte anbieten.

Einfach Spenden sammeln mit spendino

Die spendino-Fundraising-App für Facebook-Seiten (*http://www.spendino.de*) ist ein zu 100 % integriertes Spendenmodul für gemeinnützige Einrichtungen. Über die App können Spenden direkt über die Facebook-Seite generiert werden, ohne dass diese verlassen werden muss.

Auf der Webseite von spendino findet sich ein Anmeldelink für die Applikaiton unter *http://www.spendino.de/loesungen/social-media/facebook-app/*. Im Anschluss daran wird um Kontaktaufnahme gebeten.

Ansicht des spendino-Spendenformulars

Fans können bei der Zahlung zwischen SMS oder Kreditkarte und Lastschrift wählen. Die Datenübertragung erfolgt verschlüsselt bei gleichzeitiger Prüfung auf Plausibilität.

Die Fundraisingbox für Spenden über Facebook

Eine weitere Full-Service-Applikation zur Generierung von Spenden über Facebook bietet die Fundraisingbox (*http://www.fundraisingbox.com*). Eine Vorinstallation der Applikation ist nicht möglich.

Einrichtungen können zwischen vielerlei Zahlungsoptionen wählen. So wird neben Lastschrift, Kreditkarte und PayPal unter anderem auch Sofortüberweisung und Help Card angeboten.

Das SOS-Kinderdorf in Deutschland setzt auf seiner Facebook-Seite die Fundraisingbox ein und bietet PayPal sowie das Lastschriftverfahren als Zahlungsmethode an.

Ansicht des Spendenformulars der Fundraisingbox auf der Facebook-Seite des SOS-Kinderdorfs.

Laut eigener Aussage generiert das SOS-Kinderdorf über die Fundraisingbox in sehr zufriedenstellendem Maße Spenden. Interessant ist, dass rund 80 % des Spendenaufkommens über das Lastschriftverfahren generiert werden. Man hatte über Facebook eher ein höheres Spendenaufkommen über PayPal erwartet.

Ihren Mitgliedsantrag auch auf Facebook einbinden

Wenn Sie bereits mit Ihrer Organisation auf Facebook vertreten sind und neue Mitglieder anwerben möchten, spricht nichts dagegen, dies auch auf Facebook zu tun. Mit der Anwendung Woobox (*http://woobox.com/statichtml*) zum Beispiel ist mit ein paar HTML- und CSS-Kenntnissen schnell eine optisch ansprechende Seite erstellt.

KRASS e. V. wirbt über Facebook für Mitgliedsanträge (http://www.facebook.com/KRASS.e.V).

12.2 Schon mal über Crowdfunding nachgedacht?

Crowdfunding ist dem Crowdsourcing ähnlich, jedoch mit dem Unterschied, dass im Gegensatz zum Crowdsourcing nicht über die Menschenmenge zum Beispiel ein Produktdesign erstellt wird, sondern viele Menschen gemeinsam Projekte finanzieren. Das Ganze funktioniert nach dem „Alles-oder-nichts-Prinzip". Das heißt, erst wenn der Gesamtbetrag durch Unterstützer eingegangen ist, wird das Geld ausbezahlt. Ansonsten erhalten die Unterstützer ihre eingezahlten Beträge wieder zurück. Ein weiterer wesentlicher Bestandteil des Crowdfunding ist es, dass Unterstützer eine Gegenleistung erhalten in Form einer Prämie. Es handelt sich beim Crowdfunding also nicht um eine eine reine Spende, sodass Finanzierungen nicht als steuermindernd geltend gemacht werden können. Konstituierend für Crowdfunding-Projekte ist demnach:

➢ eine feste Zielsumme für das Projekt,

➢ ein fester Zeitraum,

➢ eine Prämie bzw. Gegenleistung.

Erste Studie über Crowdfunding

Die erste bundesweit durchgeführte Studie zum Thema Crowdfunding, die vom Institut für Kommunikation in sozialen Medien (*http://www.iko som.de*) durchgeführt wurde, kam unter anderem zu dem Ergebnis, dass vor allem Projekte, die verschiedene Kanäle nutzen, erfolgversprechender verlaufen als Projekte, die nur wenig Kanäle nutzen. Die beliebtesten Kanäle sind die klassische E-Mail, die Internetseite des Projekts und der Einsatz von Facebook.

N=25		
Video	11	44%
Hinweise in Blogs	12	48%
Email an Freunde und Interessierte	18	72,%
Internetseite des Projekts	19	76%
Facebook	18	72%
Twitter	12	48%
Presse	13	52%
Sonstige	10	40%

Tabelle 8: Verwendete Instrumente der Öffentlichkeitsarbeit

Nutzung verschiedener Kanäle für das Crowdfunding.

Insofern ist Facebook als ein nicht unerheblicher Bestandteil zur Generierung von Geldmitteln auch in Verbindung mit Crowdfunding zu betrachten.

Unterstützer werden von Anfang an eingebunden

Mittlerweile gibt es verschiedene Plattformen, national und auch international ausgerichtet, die Crowdfunding anbieten. Vielen Plattformen ist gemeinsam, dass Gelder erst ausbezahlt werden, wenn die Gesamtsumme erreicht wurde. Bereits angesammelte Beträge werden auf den Plattformen kommuniziert. Ein Vorteil von Crowdfunding gegenüber anderen Finanzierungsformen ist, dass die Öffentlichkeit und interessierte Menschen bereits frühzeitig eingebunden werden.

Weiterhin ergab die Studie, dass der durchschnittliche Zahlungsbeitrag beim Crowdfunding höher ist als bei regulären Spenden. Als Motivation ist sicherlich der Hintergrund einer Prämie zu werten. Die vollständige Studie kann direkt bei ikosom unter *http://www.ikosom.de/publikationen* bestellt werden.

Nutzen Sie Ihre Mitglieder als Botschafter für Crowdfunding

Meist verfügen Organisationen und Vereine aus ihrer Natur heraus in der Regel über Botschafter, die Projekte tatkräftig unterstützen und vor allem darüber reden. Nutzen Sie diesen Effekt und geben Sie Ihren Botschaftern die Möglichkeit, sich aktiv zu beteiligen. Doch sollten sich auch Organisationen darüber Gedanken machen, wie die Kommunikation auf Facebook stattfinden soll. Hier ein paar Tipps:

➢ **Negativliste**

Auch für Einrichtungen gilt es zu definieren, welche Inhalte kommuniziert werden dürfen. Eine Negativliste schafft mehr Klarheit als eine Positivliste.

➢ **Interne Kommunikation**

Informieren Sie alle Beteiligten über Ihre Aktivitäten und binden Sie sie mit ein.

➢ **Ansprache**

Klären Sie die Ansprache, also das Du oder Sie, für Statusmeldungen und Kommentare auf Ihrer Facebook-Seite für eine einheitliche Außenwirkung.

➢ **Namensnennung**

Wenn die Seite über mehrere Administratoren verfügt, empfiehlt es sich, Namenskürzel oder die Angabe des Vornamens am Ende eines Kommentars zu vereinbaren. So wissen die Fans, dass die Seite von mehreren Redakteuren gepflegt wird. Auch zeigen Sie damit auf, dass wirklich Menschen hinter den Projekten stehen und diese auch authentisch und erlebbar sind.

➤ **Statusmeldungen im eigenen Profil**

Motivieren Sie Ihre Mitarbeiter, Inhalte über Ihre Einrichtung auch auf ihrem eigenen Profil zu kommunizieren, um so größere Reichweiten zu erzielen.

Zeigen Sie und Ihre Mitglieder, wofür Sie sich einsetzen

Einfach und effektvoll setzen Sie Ihre Organisation über die Profilbilder Ihrer Fans und Mitglieder in Szene. Bei PicBadges (*http://www.picbadges.com*) können Sie kostenlos einen Button zum Beispiel mit Ihrem Vereinslogo in Ihr Profilbild integrieren.

Einige Mitglieder der Organisation YouCan Trust.

Mit dem integrierten Button erhält Ihre Organisation zusätzliche Aufmerksamkeit. Kommunizieren Sie aktiv diese Option unter Ihren Mitgliedern und Fans, denn je mehr mitmachen, umso größer ist der Effekt. Binden Sie ein Widget von Ihrem Button auf Ihre Webseite ein. Sprechen Sie darüber in Ihrem Newsletter. Zeigen Sie allen, dass Sie ein eingeschworenes Team sind.

Widget von PicBadges bei 2aid.org.

Und nicht vergessen: Schreiben Sie einen Kommentar unter Ihr neues Profilbild mit einem direkten Link auf Ihre Facebook-Seite.

Kleiner Exkurs: Social-Media-Guidelines für Non-Profit-Organisationen

Ähnlich wie bei Unternehmen ist auch für größere Organisationen die Entwicklung von Social-Media-Guidelines zu empfehlen. Als erste deutschsprachige Organisationen aus dem gemeinnützigen Sektor hat das Österreichische Rote Kreuz den Entwicklungsprozess ihrer Social-Media-Guidelines öffentlich kommuniziert. Die als Wiki angelegten Guidelines (*http://blog.ro-teskreuz.at/wiki/index.php/Social_Media_Policy*) sind ein gutes Praxisbeispiel für andere Organisationen, die sich mit dem Verfassen von Guidelines beschäftigen.

Ein Leitfaden für die Entwicklung von Guidelines

Einen kostenlosen Leitfaden zur Herangehensweise an Social-Media-Guidelines speziell für Non-Profit-Organisationen bietet das E-Book von Jörg Eisfeld-Reschke und Jona Hölderle von ikosom. Das E-Book wird auf der Webseite von ikosom als PDF-Dokument zum Download unter *http://www.ikosom.de/2010/09/30/ebook-social-media-policies-fur-nonprofit-organisationen* angeboten.

Das International Comedy Film Festival wird dank Crowdfunding durchstarten

Das Team des International Comedy Film Festival hatte sich zur Unterstützung für die Plattform Startnext (*http://www.startnext.de*) entschieden. Startnext, selbst gemeinnützig, bietet Crowdfunding vornehmlich für Künstler, Kreative und Erfinder an. Auf der Projektseite bei Startnext wird das Projekt ausführlich vorgestellt und beschrieben. Eyecatcher ist das Promotion-Video, das als fixer Bestandteil zur Teilnahme bei Startnext gehört.

Die Projektseite des International Comedy Film Festival auf Startnext.

Die rechte Spalte zeigt die Prämien je nach Höhe des Betrags auf. Bei Startnext sind es die Dankeschöns. Gerade die Dankeschöns bieten viel Raum für Kreativität, wodurch Unterstützer dazu neigen, höhere Beiträge zu leisten.

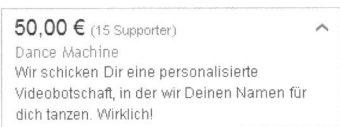

Ein Dankeschön als Gegenleistung für eine Unterstützung in Höhe von 50 Euro.

Startnext unterstützt die eingestellten Projekte zusätzlich auf der eigenen Facebook-Seite (*http://www.facebook.com/startnext*) und gibt Unterstützern über Facebook Connect die Möglichkeit, sich mit ihren Facebook-Daten direkt bei Startnext anzumelden.

Die Seite von Startnext auf Facebook.

Auf der Facebook-Seite des International Comedy Film Festival (*http://www.facebook.com/icoff*) wurde laufend über den aktuellen Stand des Projekts berichtet. Auch Startnext selbst unterstützte das Projekt durch Statusmeldungen auf der Facebook-Seite des Festivals.

Startnext unterstützt das Festival mit eigenen Statusmeldungen.

Als zusätzlichen Anreiz lobte Startnext 1.000 Euro für das beste Promotion-Video auf der Startnext-Plattform aus. Hierzu konnten Fans und Unterstützer auf der Webseite von Startnext für ihr Lieblingsvideo stimmen. Eine weitere Option, um die eigenen Fans und Unterstützer noch einmal zusätzlich zu motivieren.

Das Team des International Comedy Film Festival hat es geschafft und nicht nur die benötigte Summe über Crowdfunding generiert, sondern auch die 1.000 Euro für das beste Promotion-Video erhalten. Schön ist, dass das Team auf der eigenen Facebook-Seite auch auf andere Projekte hinweist, die ebenfalls finanzielle Unterstützung zur Realisierung benötigen.

International Comedy Film Festival

Auf startnext gibt es übrigens noch mehr unterstützenswerte Filmprojekte. Z.B der Film PAPA GOLD. Den gibt's schon, aber er braucht noch Unterstützer, ums ins reguläre Kinoprogramm zu schaffen.
Heute Abend könnt Ihr ihn Euch anschauen:
22:30 Uhr
Kino Moviemento
Kottbusser Damm 22
Kreuzberg

PAPA GOLD - Ein Film will ins Kino - startnext.de
www.startnext.de

Mit nur 2500€ entstand über die letzten 2 Jahre der Spielfilm PAPA GOLD. Darin geht es um einen jungen Mann, der mit ganz vielen Frauen SEX hat.. und ein wenig mehr. Dieser Film ist besser angekommen, als wir je gedacht hätten. Nun soll der Film ins KINO, aber davor muss die rechtliche Lage geklärt

Freitag um 18:37 · Teilen

Das Team des International Comedy Film Festival weist auch auf andere Projekte hin.

Stellen Sie ruhig auch mal andere Projekte vor

Andere Projekte vorzustellen, macht auf jeden Fall einen guten Eindruck und vermittelt vor allem, dass man als Organisation auch über den Tellerrand schaut und die Arbeit anderer wertschätzt. Nutzen Sie diese Option für eine positive Außenwirkung und berichten Sie auf Ihrer Facebook-Seite über andere Institutionen, die Ihnen gefallen. Auch können Sie dazu die @mention-Funktion verwenden und so auf Ihre eigene Facebook-Seite hinweisen.

Interaktion zwischen verschiedenen Kommunikationskanälen

Über Plattformen wie Startnext entsteht eine interaktive Dreiecksbeziehung zwischen den einzelnen Auftritten, beim Projekt International Comedy Film Festival noch zusätzlich ergänzt um eine eigens eingerichtete Microsite (*http://www.comedyfilmfestival.de*). Die verschiedenen Interaktionsmöglichkeiten der einzelnen Auftritte am Beispiel von Startnext und dem International Comedy Film Festival seien hier noch einmal veranschaulicht in einer Tabelle.

startnext.de	Facebook-Seite von Startnext	Facebook-Seite des Festivals	Microsite des Festivals
Übersicht aller teilnehmenden Projekt bei Startnext	Übersicht verschiedener Projekte auf der Landing-Page		
Projektseite des Festivals	Projekten kann der Gefällt mir-Button auf der Landing-Page vergeben werden	Projektvorstellung und Kommunikation	Projektvorstellung
Teilen-Funktion zu Facebook, Twitter, Xing und myspace	Freunden von Startnext erzählen	Aufrufe zur Unterstützung auf der Pinnwand	Link zur Facebook-Seite und zum Twitter-Account
Facebook Connect	Freunde auf Facebook einladen		Facebook-Teilen-Funktion
	Vorstellung verschiedener Projekte auf der Pinnwand	Statusmeldungen von Startnext	Newsletter
Unterstützen über Facebook Connect oder Anmeldung bei Startnext	Unterstützen über Facebook Connect oder Anmeldung bei Startnext	Hinweise auf andere Projekte	
Hinweis über Sonderaktionen auf der Pinnwand 1.000 Euro für das beste Crowdfunding-Video	Hinweis über Sonderaktionen auf der Pinnwand 1.000 Euro für das beste Crowdfunding-Video	Aufrufe zur Unterstützung, um die 1.000 Euro aus der Sonderaktion zu erzielen	Danksagung an alle Unterstützer für das beste Crowdfunding-Video inkl. Preisgeld in Höhe von 1.000 Euro
		Kommunikation: Crowdfunding Karaoke-Party	Offlineerlebnisse: Crowdfunding Karaoke-Party

Betterplace.org hilft beim Spendensammeln

Die aktuell in Deutschland bekannteste Plattform ist sicherlich Betterplace (*http://www.betterplace.org*). Das Prinzip an sich ist denkbar einfach. Vereine, Institutionen und dergleichen stellen ihr Projekt auf der Seite von Betterplace ein und suchen Fürsprecher zugunsten ihres Projekts. Gegenleistungen erfolgen nicht, sodass es sich bei Plattformen wie Betterplace nicht um Crowdfunding im eigentlichen Sinne handelt.

SAHARAWI VOICE – Bloggen aus dem Flüchtlingslager

Unter diesem Namen stellte ZEOK e. V. Anfang Januar 2011 sein Projekt zugunsten saharauischer Jugendlicher aus Flüchtlingslagern in den entlegensten Gebieten der Sarahawüste in Afrika auf der Plattform von better place.org ein. Ziel in dem Projekt ist unter anderem die Kompetenzbildung im Bereich Computer, Internet und neue Medien sowie die Fähigkeit, Vorhaben selbstständig zu planen und durchzuführen.

Projektvorstellung von SAHARAWI VOICE auf betterplace.org.

Über die im Anschluss eingerichtete Seite auf Facebook, *http://www.face book.com/saharawivoice*, wurde das Projekt erfolgreich kommuniziert.

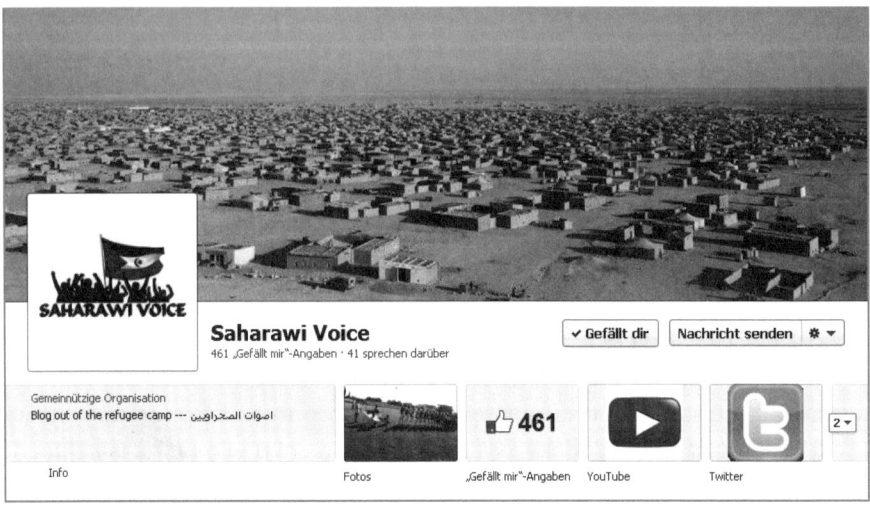

Die Facebook-Seite von SAHARAWI VOICE.

Vor allem deutsche Studenten beteiligten sich aktiv an der Verbreitung, indem sie über ihre eigenen Facebook-Profile auf das Projekt aufmerksam machten.

Deutsche Studenten kommunizieren den Projektverlauf von SAHARAWI VOICE
in ihrem Profil auf Facebook.

Betterplace stellt verschiedene Projekte auf seiner eigenen Facebook-Seite *http://www.facebook.com/betterplace.org* vor. Auf der Webseite von Betterplace werden verschiedene Optionen zum Verbreiten von Projekten dargestellt, zum Beispiel ein Widget für Spenden, das unter anderem auf die eigene Facebook-Seite eingetragen werden kann.

Binnen kurzer Zeit wurde der Gesamtbetrag an Spenden in Höhe von insgesamt 2.000 Euro generiert. Laut Wiebke Niemiec, einer der Projektinitiatorinnen, ist Facebook ein ideales Medium, um derlei Projekte zu kommunizieren und um nach Unterstützung zu fragen.

Betterplace wiederum ist sehr gut für die Projektvorstellung geeignet. Jeder Interessent kann sehen, wie viele Gelder generiert wurden, und sich über den Verlauf des Projekts informieren. Die einzelnen auf betterplace.org dokumentierten Schritte können zusätzlich über Facebook und die eigene Webseite kommuniziert werden, wodurch ein schlüssiger Kommunikationskreislauf entsteht.

Nutzen Sie den Service von anderen für eine erfolgreiche Kommunikation Ihrer Projekte!

Es lohnt sich, Plattformen wie Startnext und Betterplace für die erfolgreiche Finanzierung von Projekten zu nutzen. Die Integration bewirkt vor allem eine größere Reichweite, bedingt durch die Vernetzung der verschiedenen Kommunikationskanäle. Fans und Unterstützer werden von Beginn an beteiligt und erfahren den aktuellen Stand der Projekte. Über Facebook als zentrales Kommunikationsinstrument lassen sich alle Inhalte bündeln und verbreiten.

Doch bei aller Technik, die den Erfolg von Projekten unterstützen soll, ist es wichtig, sich zunächst darüber Gedanken zu machen, wie das Ganze überhaupt kommuniziert werden soll. Um einen Schritt in diese Richtung zu gehen, lohnt ein Blick auf ähnlich gelagerte Projekte, um zu sehen, was jeweils zum Erfolg geführt hat.

12.3 Beispiele aus der Praxis

Patenschaften für Wölfe in Deutschland

Der Naturschutzbund Deutschland e. V. wirbt auf der speziell eingerichteten Facebook-Seite Willkommen Wolf (*http://www.facebook.com/Willkommen Wolf*) für die Ansiedelung von Wölfen in Deutschland. Der letzte Wolf wurde seinerzeit vor rund 150 Jahren erlegt. Seit 1998 gibt es sie wieder in heimischen Landen, und die Population wächst stetig.

Die Facebook-Seite von Willkommen Wolf.

Die Facebook-Seite zugunsten des Wolfs verfügt über rund 20.000 Fans, weitaus mehr als die anderen Seiten von NABU auf Facebook.

Hier findet reger Austausch statt, der geprägt ist von aktiver Teilnahme der Fans. So werden Presseartikel, Fernsehbeiträge, Wolfsspuren und vieles andere mehr auf der Pinnwand veröffentlicht. Die Seite dient für alle Beteiligten als zentrale Wissenssammlung rund um das Thema Wolf. Öffentliche Fachtagungen zum Thema sorgen für Nähe und runden das Ganze zusätzlich ab.

Fachtagung zum Thema Wölfe.

NABU-Mitgliedern wird außerdem die Option geboten, sich als NABU-Wolfsbotschafter einzubringen. Der direkte Austausch unter den Botschaftern findet in der eigens eingerichteten Facebook-Gruppe statt.

Die Gruppe der NABU-Wolfsbotschafter auf Facebook.

Die Tatsache, dass die Wolf-Seite im Gegensatz zu anderen Projektseiten von NABU auf Facebook eine weitaus größere Fanzahl aufweist, liegt laut Markus Bathen, Wolfsexperte bei NABU, darin begründet, dass es bei dieser Tierart sicherlich mit der Nähe zum Hund zu tun hat. Auch besteht eine Affinität durch bekannte Märchen. Die Option, Pate für einen Wolf zu werden, wird auf Facebook sehr gut angenommen. Dies führte zu dem Entschluss, die Facebook-Seite auch zusätzlich mit Anzeigen zu bewerben.

Für sauberes Trinkwasser mit 2aid.org

Der Verein 2aid.org e. V. bezeichnet sich als Social-Media-Non-Profit-Organisation, die es sich zum Ziel gesetzt hat, möglichst vielen Menschen den Zugang zu sauberem Wasser zu ermöglichen. Der gesamte Auftritt im Internet beruht auf diesen Komponenten:

➢ Gründung 2009 durch die Studentin Anna Vikky.

➢ Motto der ehrenamtlichen Mitarbeiter: Erlebe deine Hilfe.

➢ Wasserflasche trinken und helfen.

➢ Laut eigener Aussage die erste deutsche Hilfsorganisation, die zur Verwirklichung ganz auf soziale Netzwerke setzt.

➢ 100 % der Spenden gehen an das Projekt.

Die Internetseite *http://www.2aid.org*, klar und strukturiert aufgebaut, zeigt auf der Startseite unter anderem das aktuelle Spendenvolumen, die Anzahl der Spender sowie die bereits fertiggestellten Projekte.

Startseite der Website von 2aid.org.

Unter dem Menüpunkt *Store* kann der Verein mit der Bestellung von Wasser unterstützt werden. Interessant ist, dass lediglich eine oder zwei Flaschen Wasser bestellt werden können. Der Preis von 2,95 Euro für 330 ml mag nicht gerade günstig anmuten, jedoch reichen zwei Flaschen aus, um einen Menschen 20 Jahre lang mit sauberem Trinkwasser zu versorgen.

Ein Imagefilm unterstützt die Aussagen, und über den *Teilen*-Button lässt sich das Shopangebot mit den eigenen Freunden auf Facebook teilen.

Die Shopseite von 2aid.org.

Auf der Facebook-Seite *http://www.facebook.com/2aidorg* werden laufend relevante Beiträge über die Projekte, aber auch über das Thema Wasser selbst kommuniziert.

Klare und überzeugende Kommunikation vermittelt Kompetenz

2aid.org spricht die junge Sprache von jungen Menschen für junge Menschen. Man ist unter sich und nimmt auch an gemeinsamen Aktivitäten außerhalb des Vereins teil.

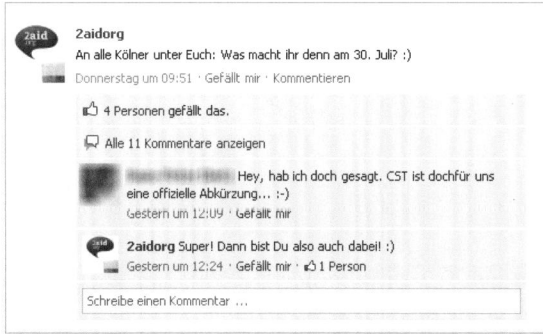

Verabredung zu den Cologne Summer Tunes am 30. Juli in Köln.

Dabei ist jeder eingeladen, mitzumachen. Über den Reiter *Jetzt spenden* gelangen Fans zur Übersichtsmaske für Spenden. Hier können sie sich aussuchen, wie vielen Menschen sie 20 Jahre lang sauberes Wasser spenden möchten.

Formular für die Spendenoptionen bei 2aid.org.

Dabei stehen die beiden Optionen Spenden per Lastschrift und PayPal zur Verfügung. Im ersten Fall werden Spender auf das in der Webseite integrierte Spendenformular weitergeleitet. Bei der zweiten Option öffnet sich das PayPal-Fenster.

Das Konzept von 2aid.org ist schlüssig

Das gesamte Konzept von 2aid.org ist schlüssig und vor allen Dingen durchgängig aufgestellt. Die Kommunikation besticht durch klare Ansprachen, die Kompetenz vermittelt. Unterstützt wird die Organisation durch einen Beirat, bestehend aus Menschen mit weitreichendem Erfahrungsschatz in PR, Kommunikation und Marketing.

subvenio e. V.

Der Verein subvenio e. V. setzt sich für Unfallopfer ein. Auf der Facebook-Seite *http://www.facebook.com/subvenioUnfallopferLobbyDeutschland* wird gleich zweifach auf Spendenmöglichkeiten hingewiesen.

Der Reiter *Spenden* führt zu einer Informationsseite mit Angabe des Spendenkontos. Unter dem Reiter *Spendenaktion* befindet sich eine Applikation von Altruja (*http://www.altruja.de*).

Reiter für Spenden und aussagekräftiger Infotext bei subvenio e. V.

Interessant ist, dass die Spendenseiten farblich dem eigenen CI angepasst werden können. So werden die Formulare auf der Facebook-Seite von subvenio grün angezeigt. Fürsprecher haben die Option, eigene Spendenaufrufe zu starten und dafür eine eigene Seite innerhalb der Altruja-Applikation anzulegen.

Spendenaufruf mit Freunden auf Facebook teilen.

Auf der Hauptspendenseite werden alle Spendenseiten in einer Liste dargestellt. Jede einzelne Spendenseite zeigt den aktuellen Spendenstand an. Per
E-Mail, Twitter und der *Teilen*-Option lassen sich die Spendenaufrufe verbreiten. Auch kann jede Spendenseite einzeln für sich mit Freunden geteilt
werden.

Eine identische Darstellung der Spenden-Applikation findet sich auf der
Webseite von subvenio e. V. (*http://www.subvenio-ev.de/spendenaktionen.
html*) wieder.

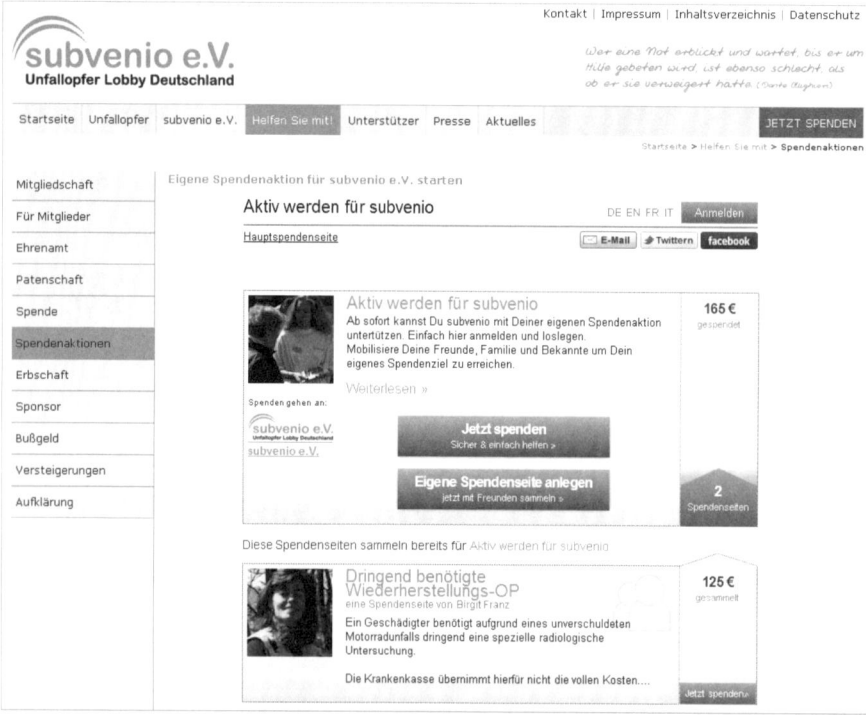

Ansicht der Applikation von Altruja auf der Webseite von subvenio e. V.

Zwar verläuft das Spenden auf Facebook über die Applikation von Altruja zurzeit noch etwas schleppend. Dennoch hält es Stefanie Jeske, die Initiatorin des
Vereins, für äußerst wichtig, gerade auf Facebook klare und deutliche Spendenaufrufe zu kommunizieren. Die Integration der Altruja-Applikation bietet
ihr neben der optischen Anpassung vor allem den Vorteil der zeitgleichen
Darstellung auf Facebook und der Webseite mit Inhalten der Applikation.

13. Tolle Beispiele für erfolgreiche Facebook-Kampagnen

So manch eine Kampagne ist wirklich fantastisch und einzigartig. An dieser Stelle möchte ich Ihnen eine Auswahl gelungener Konzepte vorstellen. Dabei haben auch kleinere Unternehmungen und Einrichtungen einiges zu bieten. Ich wünsche Ihnen viel Spaß und Inspiration beim Stöbern!

13.1 So machen es die Großen

Marken fallen immer wieder durch aufwendige Kampagnen auf – sei es zur Imagepflege oder um ein neues Produkt auf den Markt zu bringen. An Einfallsreichtum mangelt es den Kreativen meist nicht.

Die moderne Postkarte mit Social Memories von DHL

Die Deutsche Post DHL liefert von jeher private Briefe, Postkarten etc. frei Haus aus aller Welt in unsere Briefkästen. Diese sozialen Erinnerungen wollte das Unternehmen auch in die digitale Welt transferieren und vor allem die jüngere Generation erreichen. In Zusammenarbeit mit der Agentur Cosalux (*http://www.cosalux.com*) entstand die Applikation Social Memories (*http://www.facebook.com/socialmemories*).

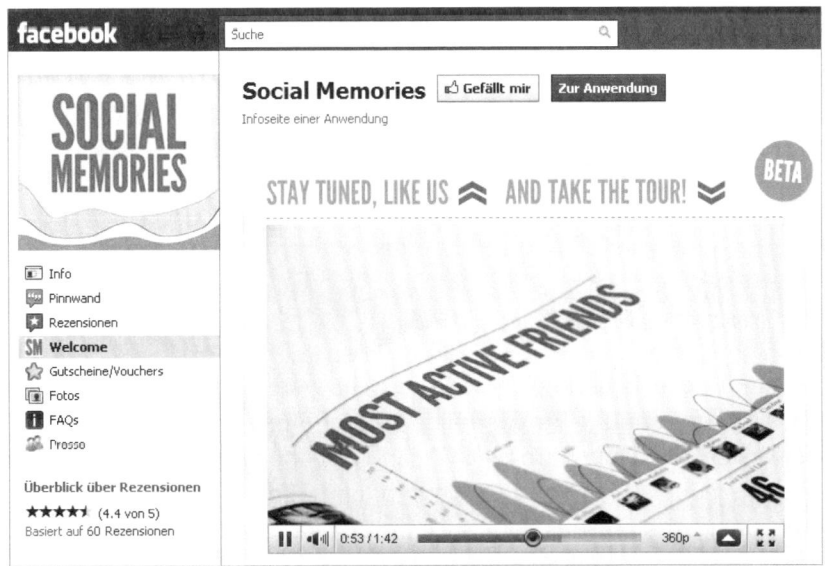

Die App Social Memories von DHL.

Mit der Applikation erstellen Benutzer ein persönliches Buch aus Daten, die in Verbindung mit ihrem Profil stehen. Unter anderem werden Bildmaterial, die am meisten verlinkten Freunde oder das am häufigsten benutzte Wort auf Facebook in ein optisch ansprechendes Format gebracht. Auch ein Zeitfenster kann gewählt werden. Theoretisch wäre es also möglich, zum Beispiel jeden Monat ein neues Buch zu erstellen. Während der ca. fünfminütigen Bearbeitungsdauer erklingt melodische Musik, die das Memory-Gefühl emotional untermauern soll.

Bilder können im Editiermodus ausgetauscht werden.

Fotos können noch nachträglich ausgetauscht werden. Zum Schluss entscheidet sich der Benutzer für das Teilen auf der Pinnwand oder für die gedruckte Version, die für 19 Euro zzgl. Versand zu haben ist. Wobei die Druckversion auch jederzeit nachbestellt werden kann. Bei der geteilten Version wird eine kleine Auswahl aus dem Buch im Profil angezeigt.

Etliche gedruckte Bücher in nur fünf Tagen

Die Kampagne startete in Deutschland und wurde mit einer Anzeige beworben. Die Zielgruppe bestand aus Benutzern im Alter von 19 bis 49, die gern Bücher lesen, Fotos machen und gern Kontakt knüpfen. Im Anschluss startete der internationale Launch mit einer weiteren Anzeige. Hier wurde die Zielgruppe der 18- bis 40-Jährigen gewählt, die im Gegensatz zu ihren Freunden die Applikation noch nicht verwendeten.

Innerhalb von fünf Tagen verbreitete sich die Applikation in rund 120 Länder. In rund 50.000 Tweets und auf über 200 Blogs wurde über sie berichtet. Das Promotion-Video kann bei Facebook Studio unter *http://www.facebook-studio.com/gallery/submission/9213* angeschaut werden. Mit dieser Kampagne hat DHL 2011 den Reddot Design Award gewonnen.

Für die Chronik: der Cover Creator

Mit Einführung der Chronik wurde Social Memories von DHL um den Cover Creator erweitert. Diese Anwendung erlaubt es Nutzern, im Handumdrehen ein ansprechendes Coverbild zu erstellen.

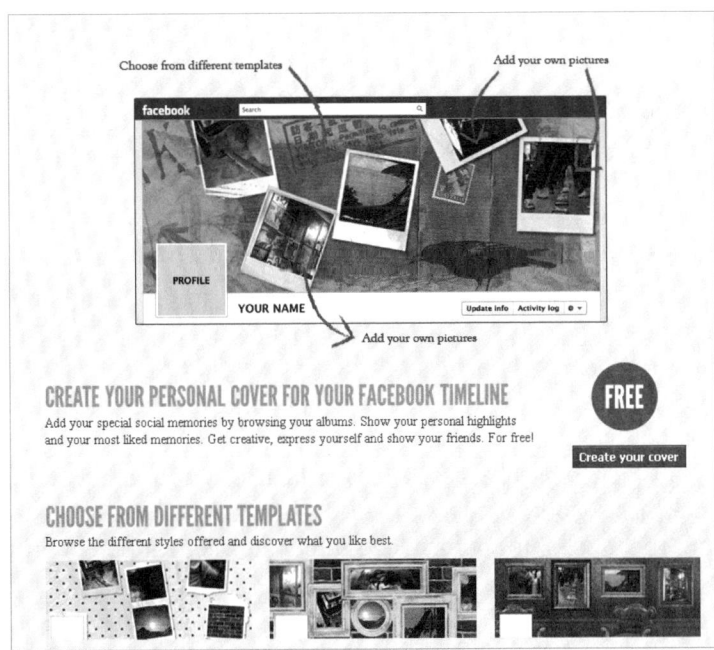

Der Cover Creator von DHL.

Nach Freischaltung des Cover Creator für die Bilder der eigenen Chronik können Nutzer zwischen verschiedenen Layouts wählen und die passenden Bilder an gewünschter Stelle platzieren.

Coca-Cola – WWHSN?

Zugegeben, die Hauptseite von Coca-Cola auf Facebook (*http://www.facebook.com/cocacola*) ist mit ihren rund 32 Millionen Fans auf Facebook an Erreichbarkeit wohl kaum zu überbieten und gerade mit kleinen Unternehmen und Vereinen nicht wirklich vergleichbar. Doch besticht gerade die WWHSN?-Kampagne in ihrer Einfachheit derart, dass man das Gefühl bekommt, diese geniale Idee mal eben so selbst umzusetzen zu können.

Die Abkürzung WWHSN? bedeutet: **W**here **w**ill **h**appiness **s**trike **n**ext? Unter diesem Motto stellt Coca-Cola an verschiedenen Orten die Happiness Machine auf oder macht die Menschen glücklich mit ihrem Happiness Truck. Das Ganze funktioniert so: Man nehme einen handelsüblichen Coca-Cola-Automaten, zum Beispiel in einer Uni-Mensa, präpariert ihn ein wenig und wartet ab, bis sich die erste Studentin eine Coca-Cola aus dem Automaten ziehen möchte.

Am Anfang erstaunt, klingt schon bald schallendes Gelächter durch die Mensa, denn der Automat spuckt förmlich eine Flasche nach der anderen aus, verschenkt Blumen, Pizza und noch vieles mehr.

Coca-Cola macht Menschen glücklich.

Der Coca-Cola-Happiness-Truck zieht durch die Lande

Anfang 2011 startete Coca-Cola mit einer weiteren Aktion in der Reihe und brachte den Happiness Truck auf die Straße. Wer jetzt denkt, es handele sich um den bekannten riesigen Weihnachtstruck, der irrt gewaltig. Nein, es ist ein ganz normales Coca-Cola-Auto, das durch die Lande fährt und scheinbar irgendwo parkt und dann abwartet – so lange, bis einer der Passanten den großen Push-Button auf der Rückseite des Trucks entdeckt und drückt. Fortan spendet der Truck nach jedem Drücken des Push-Buttons eine Coca-Cola nach der anderen, aber auch Surfbretter, Liegestühle und vieles andere mehr.

Es dauert nicht lange, und es versammelt sich eine große Menschentraube um den Truck. Es wird gefeiert, getanzt und gelacht. Die Rechnung geht auf: Coca-Cola verbreitet Freude, und das überall auf der Welt. Eine Aussage, die bei den Menschen ankommt.

Die Videos können auf der Facebook-Seite unter *http://www.facebook.com/cocacola?sk=app_186436108054555* angeschaut werden.

Happiness auf der ganzen Welt

Coca-Cola macht glücklich, eben weil es Coca-Cola ist. Auf Facebook selbst werden die einzelnen Stationen des Trucks und der Happiness Machine in einer App über einen eigenen Tab angezeigt. Die große Weltkugel verdeutlicht, dass Coca-Cola überall auf der Welt ist. Und irgendwie rückt Coca-Cola als Unternehmen ein Stück weit näher an seine Fans heran, wird menschlicher, obwohl in den Kurzfilmen nicht ein menschliches Wesen vom Coca-Cola-Konzern zu sehen ist.

Bezeichnend ist auch die Betreuung der Fans. Diese erhalten Antwort innerhalb kurzer Zeit, und das in ihrer jeweiligen Landessprache.

Fans erhalten umgehend Antwort von Coca-Cola in ihrer eigenen Sprache.

Es wird darauf geachtet, dass jedes noch so kleine Anliegen der Fans von Coca-Cola beantwortet wird. Coca-Cola selbst hält sich mit Statusmeldungen weitestgehend zurück.

Bei KLM als Kachel mit auf großen Flug gehen

Ende April startete die niederländische Airline KLM seine Imagekampagne Tile & Inspire. Die Niederlande sind bekannt für Windmühlen, Holzschuhe und Delfter Kacheln. Die Idee für die Kampagne war, Internet- und Facebook-Benutzern die Option zu bieten, Ihr Profilbild mittels Applikation in eine Delfter Kachel zu verwandeln. 4.000 dieser Kacheln wurden letztendlich ausgewählt und erhielten einen Platz auf einer richtigen Boeing 777-200.

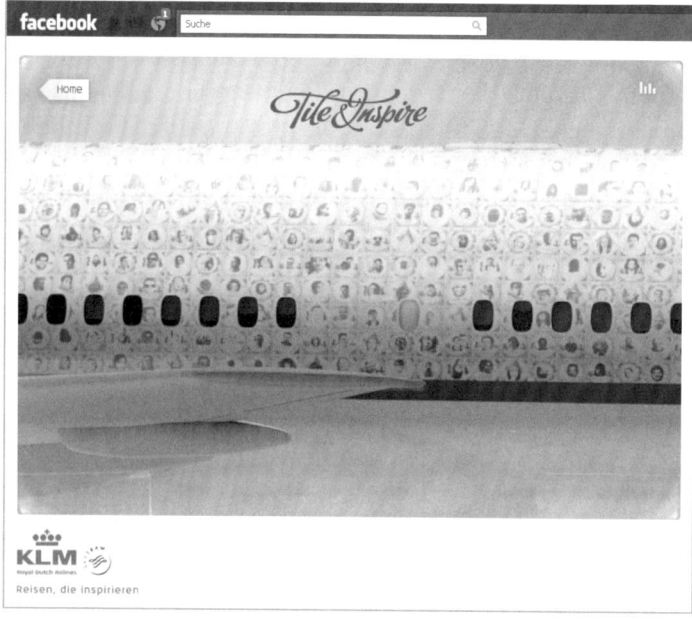

Die Boing 777-200 mit den Profilbildern von 4.000 Fans als Delfter Kachel.

Insgesamt wurden weltweit in 154 Ländern rund 120.000 Kacheln mit Profilbildern gestaltet, und die Facebook-Seite des Unternehmens *http://www.facebook.com/KLM* vergrößerte sich um 50.000 Fans. Ende Juni ging der Vogel erstmalig in die Luft.

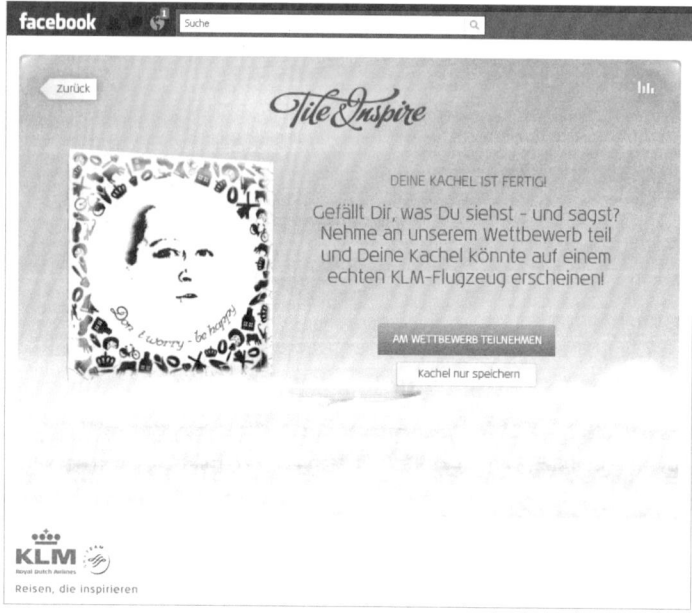

Zur weiteren viralen Verbreitung der Kampagne verschickte KLM ein persönliches Video an alle 4.000 Gewinner mit der Option, diesen Film auf Facebook, Twitter & Co. zu teilen. Hier eins dieser Videos als Beispiel: *http://tinyurl.com/3bdf98u*.

13.2 Einblick auf Augenhöhe: Facebook-Auftritte von Klein- und mittelständischen Unternehmen

Dass Facebook auch für kleinere und mittelständische Unternehmen ein lohnenswertes Instrument für die eigene Vermarktung ist, zeigen die nachfolgenden Praxisbeispiele.

Die Wurst macht's bei Reinert

Und wer kennt sich nicht, die Kinderwurst mit dem Gesicht darauf, die es kostenlos nicht nur bei Reinert gibt. Das Traditionsunternehmen in dritter Generation hatte seinerzeit auf seiner Facebook-Seite *http://www.face book.com/Reinert.Wurst* eine Applikation installiert, mit der Benutzer ihr Profilbild in eine Kinderwurst umwandeln konnten.

Die Wurstgesicht-Applikation von Reinert.

Das fertige Ergebnis wurde mit dem Hinweis „Benutzer XY sieht heute zum Anbeißen aus!" angezeigt. Entwickelt von der Agentur Scholz & Friends (*http://www.s-f.com*), gehörte die Reinert-Wurst-Gesicht-App zu den meist-geschauten Videos auf Facebook Studio (*http://www.facebook-studio.com/gallery/submission/473*).

Zusätzlich zur Unternehmensseite auf Facebook wird intensive Fanpflege über die Seite des hauseigenen Maskottchens *Reinert Bärchen* (*http://www.facebook.com/Baerchenwurst*) betrieben. Das Maskottchen stellt Nähe zu den Fans her und bedient die Zielgruppe mit kleinen Gewinnen.

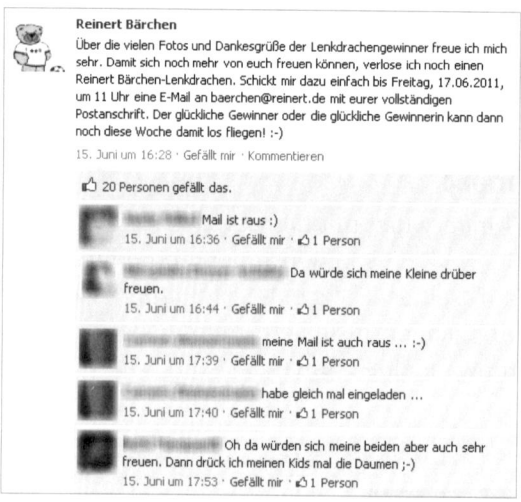

Gewinnaktion von Reinert Bärchen, dem Maskottchen von Reinert.

In der Kommunikation agieren beide Seiten untereinander, wodurch eine höhere Reichweite erzielt wird. So berichtet die Unternehmensseite von Rei-nert zum Beispiel über die Sommertour von *Reinert Bärchen* im nord- und süddeutschen Raum.

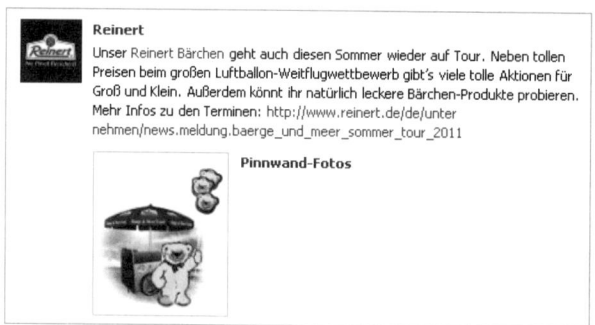

Beitrag der Unternehmensseite von Reinert mit Einsatz der @mention-Funktion für Reinert Bärchen.

OT pur lässt nicht nur die Puppen tanzen

Hinter der Facebook-Seite von OT pur, der Frankfurter Bauchtanzschule Nord-West, steckt Inhaberin Mellany Amar alias Melanie Meier.

Anfang 2011 begann sie mit ihren Aktivitäten auf Facebook, laut eigener Aussage zunächst eher passiv, bis sie feststellte, dass Fans nicht von allein auf ihre Seite kamen. So begann sie intensiv, ein Netzwerk aufzubauen mit dem Ziel, als Expertin für Bauchtanz wahrgenommen zu werden.

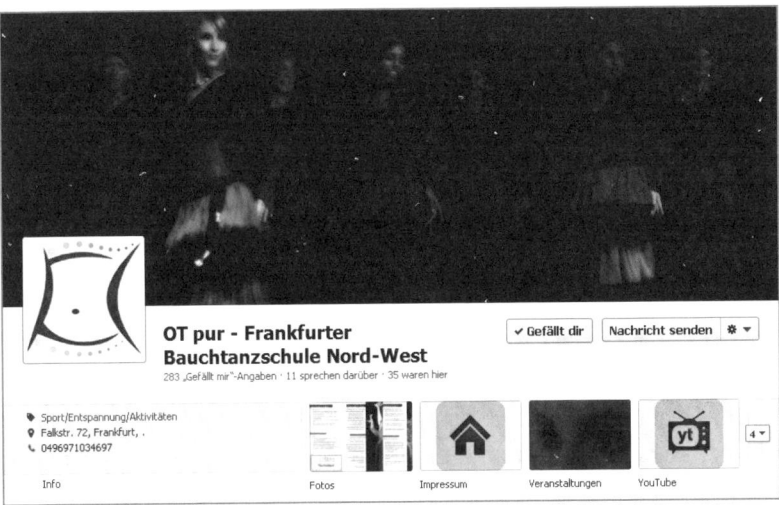

Die Startseite von OT pur auf Facebook.

Ihre Aktivitäten auf Facebook beruhen auf unterschiedlichen Bausteinen. Dies sind:

➢ Die Hauptseite OT pur (http://www.facebook.com/OTpur) mit laufend aktuellen Inhalten aus Kursen und Veranstaltungen, vor allem Bildmaterial und Videos.

➢ Die Projektseite Showprojekte OT pur in Kooperation mit zwei weiteren Mitveranstaltern (*http://www.facebook.com/Showprojekte.OTpur*).

➢ Platzierung tanzaffiner Inhalte im eigenen Profil.

➢ Leitung der bundesweit größten Gruppe zum Thema Bauchtanz.

➢ Platzierung eigener Termine auf Facebook-Seiten und Gruppen für Veranstaltungseinträge mit lokalem Bezug.

➢ Kommunikation der Aktivitäten als Beisitzerin im Vorstand und in der Pressestelle des Bundesverbands Orientalischer Tanz e. V.

➤ Anmeldeformular für den Newsletter über die Facebook-Präsenz.

➤ Regelmäßige Beiträge auf Seiten der Branche als Privatperson.

➤ Regelmäßige Kommentare in den Profilen ihrer Freunde auf Facebook.

➤ Hinweis auf Facebook im Newsletter, auf Briefpapier und in Flyern.

➤ Kontaktaufnahme zu jeder Neu- und Bestandskundin über Facebook mit Hinweis auf die eigene Facebook-Präsenz.

➤ Nutzung der @mention-Funktion in Beiträgen und Kommentaren.

Veranstaltungstermine von OT pur auf Facebook.

Inwiefern über Facebook neue Kundschaft generiert wird, kann Mellany Amar nicht genau sagen. Meist sind einer Buchung mehrere Kontakte zum Unternehmen vorausgegangen, beispielsweise durch Mitnahme eines Flyers, per Video bei YouTube oder über einen Veranstaltungseintrag bei Facebook.

Grundsätzlich wird Facebook als kostenlose Imagewerbung und Steigerung des Bekanntheitsgrads betrachtet sowie als Informationsquelle und Kontaktstelle zu Experten unterschiedlicher Branchen. Auch hat sich die interne Kommunikation mit den Mitarbeiterinnen durch die Integration von Facebook erheblich verbessert.

Bei CupCakes Wien avancieren Torten zufällig zu Kunstwerken

Auf der Facebook-Seite von CupCakes Wien (*http://www.facebook.com/Cup CakesWien*) dreht sich alles rund um sündhafte Kreationen für Liebhaber süßer Gaumenfreuden.

Die Seite selbst kommt schlank daher, es gibt keinerlei Anwendungen, sogar auf eine Landing-Page wird bewusst verzichtet. Braucht es auch nicht. Wer die Seite besucht, weiß sofort, worum es geht. Um CupCakes, Torten und mehr. Das Mehr wird getragen durch die laufenden Inhalte der Betreiberin Renate Gruber.

Der Header von CupCakes Wien.

Die Designerin hat sich ganz einfach die süße „Last" in all ihren Variationen als Tummelplatz für ihre Kreationen erkoren. So sind ihre Kunstwerke laut eigener Aussage ganz zufällig Torten. Das A und O für sie sind Transparenz, Offenheit und vor allem Ehrlichkeit und Authentizität. Wöchentlich verbringt sie rund 20 Stunden auf Facebook und publiziert die verschiedensten Inhalte rund um ihr Geschäft.

Kleine Geschichten rund um die süßen Verführungskünstler bei CupCakes Wien.

Dabei lesen sich ihre Beiträge oft wie kleine, in sich geschlossene Geschichten. So werden die neusten Kreationen vorgestellt, Events veranstaltet und Tipps gegeben. Renate Gruber stellt ihre Fans laut eigener Aussage an erste Stelle, denn schließlich sind sie ja nur Fans, weil sie Informationen haben möchten, und es ist ihre Pflicht, diese zu liefern. Die rund 10.000 Fans erzielte sie übrigens ohne jegliche Anzeigenschaltung.

Zugegeben, die Produkte selbst geben schon viel her, doch nutzt das alles nichts, wenn die kontinuierliche Ansprache fehlt. Dies wird belohnt mit zahlreichen Kommentaren von der Fangemeinde, zumal die Produkte nebst Service auch das halten, was sie versprechen.

Die Fangemeinde teilt ihre Leidenschaft auf der Facebook-Seite von CupCakes.

So sind die süßen Verführungskünstler nicht nur optisch ein Genuss, sondern bestehen auch in höchstem Maße den Geschmackstest verwöhnter Gaumen.

Das Ganze wird abgerundet durch Offlineerlebnisse, bei denen Kursteilnehmer/-innen sich selbst an die Herstellung anmutiger Kuchenkreationen wagen können. Selbstredend, dass auf dieser Facebook-Seite wirklich erfolgreiche Neukundengewinnung betrieben wird.

Bei Pulpmedia wird unnützes Wissen relevant

Dass auch Unternehmen, die nicht gerade über die Größe eines Konzerns verfügen, sehr erfolgreich auf Facebook sein können, zeigt Pulpmedia mit ihrer Seite „Unnützes Wissen" (*http://www.facebook.com/unnutzeswissen*).

Hier wird täglich unter der Prämisse, es sei völlig unnütz, den Fans dennoch Wissenswertes und Skurriles vermittelt. Die Fans, zurzeit über 700.000 an der Zahl, tragen aktiv dazu bei und können über ein Formular auch eigene Vorschläge einreichen. Ein tolles Konzept, das seinesgleichen sucht.

Relevantes unnützes Wissen von Pulpmedia.

Die Kommunikationsagentur Pulpmedia mit Sitz in Linz, Österreich, macht mit dieser und ihren weiteren Seiten „Rätsel des Tages" und „Ohrwurm des Tages" selbst vor, wie ausgeklügelte virale Konzepte funktionieren und hohe Reichweiten erzielt werden können.

13.3 Organisationen und Vereinen über die Schulter geschaut

Das Rote Kreuz in Deutschland und Österreich

Das Rote Kreuz ist gleich mit mehreren Seiten auf Facebook vertreten. Die beiden Hauptseiten des Roten Kreuzes in Deutschland (*http://www.face book.com/roteskreuz*) und Österreich (*http://www.facebook.com/roteskreuzat*) sind gesperrt für Pinnwandeinträge von Fans. Die Einstellung wurde nötig, weil die Seiten in der Vergangenheit sehr häufig von anderen Hilfsorganisationen dazu benutzt wurden, um auf ihre eigenen Projekte aufmerksam zu machen. Dieser Entschluss ist laut Aussage der Medienbeauftragten nicht leicht gefallen, weil dadurch der Austausch mit Fans nicht mehr in dem Maße gewährleistet sei, wie es vorher der Fall war. Doch an Fanzahlen mussten beide Seiten dennoch nichts einbüßen.

Das Deutsche Rote Kreuz wartet mit rund 36.000 Fans auf

Das Deutsche Rote Kreuz macht schon in seinem Titelbild auf seine internationalen Einsatzgebiete aufmerksam.

Das aktuelle Profilbild vom Deutschen Roten Kreuz .

Auf der Seite wird regelmäßig über die unterschiedlichen Projekte in aller Welt berichtet und auf Spendenmöglichkeiten hingewiesen. Der Reiter *Spenden* führt auf eine Seite mit verschiedenen Optionen, über die gespendet werden kann. Von dort aus gelangen Nutzer auf der Webseite des DRK zur Maske für Onlinespenden. Unter dem Reiter *Spendenaktionen* ist die Fundraising-Applikation eingebunden. Das Deutsche Rote Kreuz nutzt hier die Option, dass Fürsprecher eigene Spendenaktionsseiten erstellen können.

Spendenaktionen auf der Facebook-Seite vom Deutschen Roten Kreuz.

Zwischen Informationen zu den einzelnen Einsatzgebieten werden auch Aktionen eingestreut. So wurde zum Beispiel der Super-Rettungshund 2011 von den Fans gewählt.

Eine der Teilnehmerinnen am Wettbewerb zum Super-Rettungshund 2011.

Auch werden Fans immer wieder aktiv mit eingebunden. So startete das DRK Anfang Juni 2012 einen Aufruf anlässlich seines 150-jährigen Bestehens. Gesucht wurden neben Spenden auch Models für die Jubiläumskampagne. Fans konnten sich per Mail bewerben und wurden mit etwas Glück zu einem Shooting nach Berlin eingeladen.

Aus Liebe zum Menschen

Mit der Kernaussage *Aus Liebe zum Menschen* schafft das österreichische rote Kreuz einen direkten Bezug zu allen Menschen her. Auf der Pinnwand werden die einzelnen Hilfsprojekte aus der ganzen Welt vorgestellt und auch über die Aktionen der Unterseiten auf Facebook von den einzelnen Bundesländern berichtet. Auf die Möglichkeit zu spenden, wird auf der Pinnwand zwischendurch immer wieder hingewiesen.

Das Profilbild vom Österreichischen Roten Kreuz

Unter dem Reiter *Worst Case Hero* findet sich eine Applikation, mit der Fans spielerisch ihr Wissen testen können, um festzustellen, ob sie im Ernstfall bei Stromausfall und Hochwasser gerüstet wären.

Die Anwendung Worst Case Hero auf der Facebook-Seite vom Österreichischen Roten Kreuz.

Auch sonst fördert das Österreichische Rote Kreuz das Bewusstsein für mögliche Ereignisse, die unvorhergesehen sind. So wird zum Beispiel nach Tipps gefragt, um Unfälle zu vermeiden.

Das Deutsche und das Österreichische Rote Kreuz nutzen Facebook erfolgreich als weiteren Kommunikationskanal zu ihren Webseiten und Blogs. Und dies ohne spektakuläre Aktionen, sondern mit einer Fokussierung auf die Berichterstattung der einzelnen Aktivitäten. Vor allem regelmäßige Berichte über Menschen vor Ort, die sich einsetzen, schaffen Vertrauen in die Arbeit des Roten Kreuzes.

Fragen zum Thema Unfallvermeidung schärfen das Bewusstsein der Fans.

Fans werden über Fragen und Tipps einbezogen

Beide Seiten zeigen auf, dass es auch oder gerade für Hilfsorganisationen möglich ist, Fans mit regelmäßigen Inhalten und kleinen Aktionen zu binden und zum Spenden zu aktivieren. Zugegeben, bei Institutionen wie diesen mag es aufgrund des Bekanntheitsgrads vielleicht einfacher sein. Bei näherer Betrachtung der Seiten fällt aber auf, dass Fans mit einbezogen werden über Fragestellungen und Informationen zu gesundheitlichen Themen, die sie selbst betreffen. Auf diese Weise wird zu den Fans gekonnt ein Bogen gespannt.

Service bei Spendenaufrufen

Selbst in den Spendenaufrufen wird Service angeboten – zum Beispiel, dass je nach Anbieter bei SMS-Spenden Kosten hinzukommen können.

Informationen über Spendenoptionen.

Das Spenden selbst wird sachlich und als Selbstverständlichkeit kommuniziert. So finden sich auf den Seiten keine Aufforderungen wie *bitte spendet*,

307

bitte helft uns und dergleichen. Fans können auf verschiedene Arten spenden, wobei die Betonung auf dem Wort können liegt.

Hier noch einmal die Kategorien der Inhalte, die auf den Seiten veröffentlicht werden:

➢ Berichte über laufende Hilfsprojekte.

➢ Vorstellung einzelner Helfer vor Ort in den Hilfsprojekten mit Verweis zum Blog.

➢ Tipps für die Fans zu den Themen Gesundheit und Vorbeugung von Gefahren.

➢ Umfragen an Fans.

➢ Durchführung von Aktionen wie die Wahl des Super-Rettungshunds 2011.

➢ Vernetzung durch Kommunikation einzelner Inhalte von anderen DRK-Regionsseiten.

➢ Sachliche Spendenkommunikation.

Internationales Jahr der Freiwilligkeit

Eine größere Aktion führte das Rote Kreuz dennoch durch zum internationalen Jahr der Freiwilligkeit, und zwar in Form einer Hommage an die weltweit 100.000 ehrenamtlich tätigen Helfer. Komponiert von Peter Wolf, Los Angelos, und ohne Gage gesungen von Musikern wie Paul Young, Udo Lindenberg, Udo Jürgens u. v. a. m. ist der Titel „The Greatest Stories are never told" entstanden.

Hommage an 100.00 Helfer weltweit beim Roten Kreuz.

Kommuniziert vor allem über eine eigens eingerichtete Facebook-Seite (*http://www.facebook.com/greatest.stories*), ist der Titel seit Anfang 2011 käuflich zu erwerben.

WWF startete Petition auf Facebook zur Rettung des Tigers in freier Wildbahn

2010 war das Jahr des Tigers. Zum internationalen Tigergipfel in St. Petersburg vom 21. bis 24. November wollte der WWF Deutschland 32.000 Stimmen für die letzten 32.000 noch frei lebenden Tiger sammeln. Die Petition „Tu's für den Tiger" wurde unter anderem direkt auf der Facebook-Seite des WWF (*http://www.facebook.com/wwfde*) eingebunden.

Tu´s für den Tiger ist die erste deutsche Petition auf Facebook.

Als erste deutsche Facebook-Petition belegte sie 2010 den zweiten Platz bei der Vergabe des Preises „Deutscher Social Media Preis".

Begleitet wurde die Kampagne von der Running Tiger Tour 2010. Über eine 20 Meter große Projektionsfläche rannte der Tiger unter anderem durch sechs deutsche Städte. Man wollte, dass die Menschen den Tiger sehen, er brüllte sie an und bat um ihre Hilfe. Pünktlich zum Tigergipfel rannte der Tiger auch durch Moskau.

Der Tiger rannte auch durch Moskau.

Das Ergebnis der WWF-Petition mit 60.095 Stimmen übertraf bei Weitem die gewünschte Anzahl. Weltweit wurden mehr als 250.000 Stimmen für den Erhalt des Tigers in freier Wildbahn abgegeben. Die Videos von der Running Tiger Tour 2010 können auf YouTube unter *http://www.youtube.com/view_play_list?p=2189C13FC79A49D7* abgerufen werden.

14. Facebook aus Sicht von Experten und Machern

Ich hatte die Gelegenheit, mit Menschen aus den verschiedensten Bereichen Interviews zum Thema Facebook-Marketing zu führen. Sie alle nutzen Facebook beruflich, sei es als Berater für Unternehmen oder als Verantwortlicher für einen Unternehmensauftritt bei Facebook. Jeder von ihnen hat einen anderen Blickwinkel, von dem aus die Aktivitäten gesteuert werden.

14.1 Interview mit Thomas Hutter, Macher von thomashutter.com

Thomas Hutter (35) ist Inhaber und Geschäftsführer der Hutter Consult GmbH. Er berät Unternehmen, Organisationen und Agenturen in der Schweiz, Deutschland und Österreich in Strategie und Konzeption in Facebook-Marketing und Social Media. Neben seiner Beratertätigkeit organisiert er Inhouse-Workshops/-Seminare in Unternehmen und Agenturen und hält Vorträge. Er doziert am Medienausbildungszentrum (MAZ), an der Hochschule für Wirtschaft Zürich (HWZ), der Hochschule für Technik und Wirtschaft Chur (HTW) und unterrichtet als Seminarleiter bei news aktuell (SDA), der Migros Business Klubschulen und weiteren privaten Seminaranbietern in der Schweiz, Deutschland und Österreich. Thomas Hutter schreibt Fachartikel für namhafte Zeitungen und Fachzeitschriften. Sein Blog thomashutter.com gilt als eine der Ressourcen zu den aktuellen Entwicklungen im Bereich Facebook-Marketing und Social Media im deutschsprachigen Raum.

Thomas Hutter, Inhaber und Geschäftsführer der Hutter Consult GmbH.

Was sind Ihre vier wichtigsten Thesen für erfolgreiches Marketing auf Facebook?

These 1: Der Kunde steht im Mittelpunkt.

Maßnahmen sollen so sozial wie möglich gestaltet werden, nicht erst am Ende einer Kampagne oder nur am Rande. Facebook muss umfassend in den gesamten Marketingmix eingebunden werden – der Kunde sollte dabei immer im Mittelpunkt stehen. Bei einem isolierten Einsatz von Facebook wird sich mit großer Sicherheit kein Erfolg einstellen, nur wo Facebook crossmedial einbezogen wird, stellt sich schnell ein Erfolg ein.

These 2: Authentisch, offen und interaktiv!

Die Kommunikation auf Facebook muss klar und offen gestaltet werden, Facebook ist ein idealer Ort, um einer Marke durch eine authentische und konsequente Stimme Persönlichkeit zu verleihen. Aufgrund der Ausrichtung von Facebook muss immer eine Zweiwegekommunikation angestrebt werden. Bedenken Sie diesen Aspekt in Bezug auf Ihre Marke und erstellen Sie inhärent soziale Inhalte, die von Facebook-Nutzern begeistert weitergegeben werden können.

These 3: Kümmern Sie sich um die Beziehungen.

Wie in der realen Welt benötigt der Aufbau von Beziehungen zu Ihren Fans Zeit. Dieser Aufwand muss als langfristiges Investment betrachtet werden. Halten Sie Ihre Inhalte aktuell und einfach zu konsumieren. Betrachten Sie Ihre Facebook-Seite nicht als isolierten Raum, Interaktion mit Drittseiten und die Einbindung von Facebook Ads sind existenziell wichtig für das Aufrechterhalten von Verbindungen. Bauen Sie immer wieder belohnende Elemente für Ihre Fans ein – die Loyalität wird so wachsen.

These 4: Lernen Sie laufend dazu.

Das Engagement in Facebook erlaubt das Einholen von Feedback in Echtzeit. Nutzen Sie Reporting-Werkzeuge, lernen Sie über das Verhalten und die Interessen Ihrer Fans. Beobachten Sie laufend Facebook-Seiten Ihrer Mitanbieter und von Drittanbietern, lernen Sie aus Fehlern und Erfolgen der anderen und halten Sie Ihr Wissen in Bezug auf Facebook auf einem aktuellen Stand.

Sie beschäftigen sich aktiv mit Word of Mouth, der Königsdisziplin im Umgang mit Facebook. Welche Strategien führen zum erfolgreichen Word of Mouth?

Erfolgreiche Unternehmen haben erkannt, dass Word of Mouth der Schlüssel für erfolgreiches Social Media Marketing ist. Sie wissen, dass Viralität ein gutes Instrument zum Start in Social Media ist, um eine Fanschar aufzubauen. Sie wissen aber auch, dass man eine in Social Media begonnene Interaktion mit dem Konsumenten in einen dauerhaften Dialog überführen muss, da die sonst gewonnenen Konsumentenkontakte wertlos werden und keine nachhaltige Wirkung erreicht wird. Dies geht jedoch nur durch Word of Mouth, d. h., wenn Konsumenten ihre Meinungen zu Produkten, Services, Marken und Unternehmen mit anderen austauschen. Spätestens seit bekannt ist, dass Märkte Gespräche sind, steigt die Relevanz von Word of Mouth für das Marketing. Denn Marken haben einen sehr wichtigen sozialen Anteil an den täglichen Gesprächen von Konsumenten: In den USA werden rund 3,3 Mrd. „Brand Impressions" über Word of Mouth erzeugt – täglich!

Entscheidend für erfolgreiches Word of Mouth Marketing – und das gilt auch für Social Media – ist relevanter Inhalt im richtigen Kontext:

➢ **Storytelling**

Als Basis für ein gutes Word of- Mouth Marketing dient eine kurze, glaubwürdige und packende Story, die gern weitererzählt wird. Der Einsatz von kreativen Gesprächsstartern ist essenziell, um eine Produktstory erfolgreich und dauerhaft in die Breite weiterzutragen.

➢ **Aktive Produkterfahrung**

Die Produktbotschaft sollte erlebbar und für andere nachvollziehbar sein. Liveerlebnisse mit Produkten generieren authentische Weiterempfehlungen.

➢ **Wirkungsvolle Netzwerke und Weitererzähler**

Die meisten Gespräche finden mit dem Partner und der Familie am Küchentisch statt. Bestimmte Konsumenten sind dabei als glaubwürdige Experten für ein spezielles Thema oder Produkt anerkannt und können Word of Mouth nachhaltiger steigern.

Weitere interessante Informationen zu Word of Mouth Marketing sind in meinem Blog in den Gastbeiträgen von Mark Leinemann abrufbereit: *http://www.thomashutter.com/index.php/themen/word-of-mouth/.*

313

Welchen Stellenwert wird Facebook in Zukunft bei Kaufentscheidungen einnehmen?

Word of Mouth ist auch in Facebook ein wesentlicher Treiber, Weiterempfehlungen in welcher Form auch immer werden auch in Zukunft Kaufentscheidungen von Personen beeinflussen. Facebook ist mit der ausgeprägten Kommunikationsarchitektur prädestiniert für die Weitergabe von beeinflussenden Botschaften und wird darum auch einen wichtigen Stellenwert in Bezug auf Kaufentscheidungen einnehmen.

Wie schätzen Sie auf Dauer den aktuellen Boom von Applikationen, insbesondere Gewinnspielen, auf Facebook im Hinblick auf das Treueverhalten von Fans ein?

Da generell die Viralität auf Facebook relativ gering ist, bieten Applikationen verbesserte Möglichkeiten zur Verbreitung von Inhalten. Gewinnspiele und Belohnungen werden auch in Zukunft ein Instrument für die Steigerung der Loyalität darstellen, allerdings darf die Loyalitätsbildung und die Steigerung von Fanzahlen nicht auf Gewinnspiele reduziert werden.

Wie sehen Sie die Entwicklung von Facebook Places in Verbindung mit Deals im deutschsprachigen Raum?

Für die weitere Verbreitung und Akzeptanz von Facebook Places wäre der baldige großflächige Einsatz von Facebook Deals essenziell wichtig, leider ist bis heute nicht bekannt, wann Deals der Allgemeinheit zur Verfügung stehen. Für die weite Verbreitung von Places muss generell ein Umdenken rund um die eigene Privatsphäre stattfinden.

Wie schätzen Sie die Entwicklung von Social Media, insbesondere von Facebook, für die Zukunft ein?

Social Media ist definitiv kein Hype, sondern ein Paradigmenwechsel in der Kommunikation. Inwieweit Facebook eine wichtige Rolle spielt, ist im Moment nicht voraussehbar, allenfalls kommen andere Plattformen auf. Im Moment dürfte aber Facebook mit Sicherheit die Plattform mit den besten Zukunftsaussichten darstellen.

Gibt es noch etwas, das Sie den Lesern mitteilen möchten?

Vergessen Sie nie die Hauptgrundsätze in Social Media: „zuhören" und „engagieren". Stellen Sie immer Ihre Kunden ins Zentrum.

14.2 Interview mit Andreas Maurer, Leiter Social Media Communications bei 1&1

Andreas Maurer, Head of Social Media Communications bei 1&1,
http://www.facebook.com/1und1.

Andreas Maurer arbeitet seit 2003 in der PR-Abteilung des Internetanbieters 1&1. Seit 2009 leitet er das vierköpfige Social-Media-Team des Unternehmens, das die Firmenauftritte auf Twitter, Facebook & Co. betreut. Auf Facebook ist 1&1 derzeit mit eigenen Unternehmensseiten in Deutschland, Frankreich, Großbritannien, Polen, Spanien und den USA präsent. Daneben hat auch der aus der Fernsehwerbung bekannte Leiter Kundenzufriedenheit des Providers, Marcell D'Avis, seine eigene Facebook-Community mit fast 5.000 Fans.

Welche Faktoren sind laut Ihrer Einschätzung entscheidend für erfolgreiches Community-Management auf Facebook?

Voraussetzung für erfolgreiches Community-Management ist sicherlich, dass es erst einmal eine Community gibt. Sprich: Ich muss eine gewisse Grundmenge an Fans haben, damit es überhaupt zur vernünftigen Interaktion kommen kann. Dass die Gleichung „mehr Fans gleich bessere/erfolgreiche Seite" nicht aufgeht, hat sich inzwischen herumgesprochen. Nachdem diese Voraussetzung erfüllt ist, kommt es an erster Stelle auf Transparenz und Ehrlichkeit an. Etwas, das im Übrigen nicht nur für Facebook gilt: Im Web 2.0 kann ein Unternehmen seinen Kunden oder der Öffentlichkeit eben kein X mehr für ein U vormachen.

Was sind Ihre Ziele auf Facebook? Nennen und erläutern Sie bitte drei davon.

➢ Kunden- und Markenbindung

Das Hauptziel unserer Aktivitäten auf Facebook ist die Kunden- bzw. Markenbindung. Der große Charme von Facebook gegenüber anderen Plattformen ist, dass ich als Unternehmen die Chance habe, mich bei meinen Fans – also allen, die einmal auf Gefällt mir geklickt haben – regelmäßig ins Gedächtnis zu rufen und meine besten Seiten zu zeigen. Und das dazu noch mit einem echten und völlig freiwilligen Opt-in, etwas, worauf jeder E-Mail-Marketer wohl nur mit großem Neid blicken kann.

➢ Kundenservice und Support

Daneben spielt Facebook natürlich im Bereich Kundenservice und Support eine große Rolle: Viele unserer Kunden sind hier unterwegs, und wir haben die Chance, bei Problemen schnell zu helfen – und das auch den anderen Mitlesern zu zeigen.

➢ Vertriebsaktivitäten

Auch überlegen wir, wie wir Facebook für Vertriebsaktivitäten einsetzen können. Hier ist allerdings extrem viel Fingerspitzengefühl gefragt, und ein funktionierendes und anerkanntes Community-Management ist eine Grundvoraussetzung dafür. Auf jeden Fall sollte einem Unternehmen klar sein, dass Internetnutzer eine Facebook-Seite sicher nicht besuchen, um sich etwas verkaufen zu lassen.

Inwiefern hat Marcell D'Avis die Aktivitäten von 1&1 im Bereich Social Media, insbesondere Facebook, bereichert und gegebenenfalls auch verändert?

Im November 2009 haben wir bei 1&1 das neue Social-Media-Team gegründet, angesiedelt in der Pressestelle. In meiner ersten Woche im neuen Job habe ich dann von unserer Marketingabteilung erfahren, dass im Dezember eine große Werbekampagne zum Thema Kundenzufriedenheit beginnen sollte. Zunächst einmal habe ich damals geschluckt, denn es war klar, dass bei einer so offensiven Ansprache mit vielen Reaktionen zu rechnen war. Im Nachhinein war dieses – tatsächlich nicht geplante – zeitliche Zusammentreffen von Aufnahme der Social-Media-Aktivitäten und Start der neuen Werbekampagne aber ein großer Glücksfall. Zum einen hat die Kampagne rund um unseren neuen Leiter Kundenzufriedenheit Marcell D'Avis uns einige Türen im Unternehmen geöffnet – anders hätten wir es kaum geschafft, zum Beispiel in nur zehn Tagen ein Blog aus dem Boden zu stampfen, das eigentlich sechs Monate später geplant war. Zum anderen konnten wir über unsere Kommunikationswege die perfekten Rückkanäle zur Fernseh- und Printwerbung bieten. Und die haben unsere Kunden genutzt: In den ersten Wochen haben uns über Facebook, Twitter und das 1&1-Blog weit über 2.000 Kommentare erreicht.

Marcell D'Avis hat dann auch zweimal Blogger ins Unternehmen eingeladen, die sich überzeugen konnten, dass er kein Schauspieler, sondern tatsächlich einer unserer erfahrensten Mitarbeiter ist und dass er und 1&1 es mit dem Thema Kundenzufriedenheit ernst meinen. Und schließlich konnten wir Marcell überzeugen, dass er – neben dem „offiziellen" Unternehmensauftritt – eine eigene Fanseite auf Facebook braucht. Die übrigens eine ganze Weile lang mehr Fans hatte als die 1&1-Seite.

Welche Empfehlungen sprechen Sie aus für Unternehmen, die sich aktuell in der Planung befinden, ihren Kundenservice auch auf Facebook anzubieten?

Jedes Unternehmen, das Facebook nutzen möchte, sollte zunächst seine eigene Position überprüfen. Wir betreiben ein Massengeschäft mit über 10 Millionen Kunden und Niederlassungen in aktuell sechs Ländern, das sind andere Voraussetzungen als bei einem Anbieter von Nischenprodukten. Sprich: Ich muss über eine Infrastruktur und Organisation verfügen, die den Anforderungen gewachsen ist und mit ihnen wachsen kann. Hierbei hat sich bei uns bewährt, nicht alles neu aufzubauen, sondern auf bewährte Strukturen aufzusetzen – sprich: Wir greifen auf die vorhandenen Mitarbeiter und Arbeitsabläufe unserer Supportabteilung zurück.

Dann muss ich als Unternehmen wissen, was auf mich zukommt: Wenn ich einmal den Schritt in die Facebook-Öffentlichkeit wage, kann ich mich nicht mehr verstecken, wenn mir einmal ein harter Wind entgegenweht, sondern muss mich der Diskussion stellen. Und sollte dabei auch prinzipiell bereit sein, jahrelang gelebte Strukturen und Prozesse zu überdenken und infrage zu stellen, wenn das die Netzgemeinde einhellig tut.

Und schließlich sollte jedes Unternehmen transparent und vor allem authentisch sein. Denn jeder Facebook-Nutzer wird in kürzester Zeit merken, wenn ein Unternehmen auf Facebook oder anderswo im Web 2.0 etwas vorzuspielen versucht.

**Wie schätzen Sie die Relevanz von Social Media,
insbesondere Facebook, in Bezug auf Kaufentscheidungen
für die Zukunft ein?**

Zahlreiche Studien der letzten Jahre zeigen, dass Kaufempfehlungen von anderen Nutzern, vor allem von persönlichen Bekannten, immer wichtiger werden und deutlich mehr bewirken können als klassische Werbung. Soziale Netzwerke bieten nun jedem Konsumenten die Möglichkeit, solche Empfehlungen – im Positiven wie im Negativen – mit minimalem Aufwand maximal zu verbreiten. Über kurz oder lang wird aus meiner Sicht kaum ein Unternehmen darauf verzichten können, hier aktiv zu werden. Denn die Verbraucher reden so oder so über meine Marke; dem kann ich stumm zusehen oder aber mich aktiv in die Diskussion einmischen – anders als bei der klassischen Werbung aber auf Augenhöhe.

Wir sehen seit Anfang 2011 einen klaren Trend, dass sich Facebook langsam, aber sicher zur wichtigsten Dialogplattform mit unseren Kunden im Web 2.0 entwickelt hat. Bis dahin war die Zahl der Follower wie auch das monatliche Wachstum bei unserem Twitter-Account deutlich größer. Aber inzwischen ist klar, dass Facebook der Ort ist, an dem wir unsere Kunden wie auch Interessenten am wahrscheinlichsten treffen. Auch bei Google tauchen inzwischen einzelne Facebook-Postings als Ergebnis auf.

Gibt es sonst noch etwas, das Sie den Lesern mitteilen möchten?

Wir haben uns Mitte 2009 entschieden, das Thema Social Media in der Presseabteilung anzusiedeln. Das ist aber absolut kein Muss. Mein Team arbeitet sehr eng mit unserem Onlinemarketing und dem Kundenservice zusammen, daneben haben wir zu fast allen Abteilungen des Unternehmens Kontakt. Wichtig ist, dass die Social-Media-Kommunikation von Mitarbeitern gemacht wird, die Spaß an dieser Arbeit haben und die verstehen, wie die Web-2.0-Plattformen funktionieren. Letztlich sollte Ziel von erfolgreicher Social-Media-Arbeit sein, möglichst viele Mitarbeiter zum Mitmachen zu bewegen – denn jede Kollegin und jeder Kollege, die auf Facebook über ihre Arbeit sprechen, sind Botschafter der eigenen Marke.

14.3 Interview mit Michael Di Figlia und Nils Tychewicz, Macher von dto-consulting.de

Michael Di Figlia, Geschäftsführer der DTO Consulting GmbH.

Nils Tychewicz, Geschäftsführer der DTO Comsulting GmbH.

Michael Di Figlia und Nils Tychewicz sind die beiden Geschäftsführer der DTO Consulting GmbH, einer Managementberatung für Marketing, Marktforschung und Social Media Marketing. Das Unternehmen mit Sitz in Düsseldorf hat acht Mitarbeiter und unterstützt Kunden aus Industrie und Dienstleistung von der Marktdatengewinnung bis zur Implementierung der fertigen Marketingstrategien.

Was verstehen Sie unter der Definition Social-Media-Experte, insbesondere in Bezug auf Facebook?

Den klassischen Social-Media-Experten gibt es aus unserer Sicht nicht. Vielmehr ist eine funktionierende Nutzung von Social Media auf das Zusammenspiel verschiedener Faktoren und Einflussgruppen zurückzuführen. Fragen Sie z. B. einen Marketingfachmann zum Thema Social Media, bekommen Sie eine aus dessen Sicht plausible Antwort. Gleiches gilt, wenn Sie einen IT- oder PR-Experten befragen. Eigentlich müssten sich Experten aus diesen drei Bereichen zusammensetzen, um ein optimales Ergebnis erreichen zu können.

Welche prägnanten Ergebnisse resultieren aus Ihrer Studie? Nennen Sie vier Resultate, die sich auf Facebook ableiten lassen.

➢ Die Nutzung von Social Media ist bei vielen Unternehmen ein heiß diskutiertes Thema. Die meisten haben aber Schwierigkeiten, das Thema optimal in ihre Kommunikationsstrategie zu integrieren.

➢ In vielen Unternehmen hat das Thema eine sehr hohe Priorität, die Umsetzung ist aber in den wenigsten Fällen Chefsache.

➢ Im Bereich Marktforschung ist Social Media eine sehr gute Ergänzung, wird aber mittelfristig die klassischen Marktforschungsinstrumente nicht ersetzen können.

➢ Die größten Gefahren in der Social-Media-Nutzung werden im Datenschutz und der mangelnden Differenzierbarkeit zwischen privater und beruflicher Nutzung gesehen.

Wie sehen Sie das Spannungsfeld zwischen privater und beruflicher Nutzung?

Soziale Netzwerke bergen die Gefahr, dass die private und berufliche Nutzung nicht mehr klar voneinander getrennt werden kann. Einerseits ist es aus Sicht der Unternehmen wünschenswert, wenn sich Mitarbeiter in soziale Netzwerke einbringen, andererseits verliert ein Unternehmen die Kontrolle über Inhalte, wenn es keine klaren Richtlinien für die Nutzung von Social Media gibt.

Wie beurteilen Sie die Chancen und Risiken bei der Nutzung von Facebook für den Unternehmenserfolg?

Aktuell spielt Social Media noch keine große Rolle für den Unternehmenserfolg. Dies liegt vor allem daran, dass sich der erzielte Erfolg nur sehr schwer messen lässt. Ein einfacher Klick auf den Gefällt mir-Button ist leider kein eindeutiges Indiz für eine beabsichtigte Kaufentscheidung. Zukünftig wird Social Media insbesondere auf Facebook aber immer wichtiger für die Unternehmenskommunikation werden. Hierbei sind vor allem die sehr schnell steigenden Nutzerzahlen ein ausschlaggebendes Kriterium.

Wie beurteilen Sie aktuell die Integration von Social Media, insbesondere Facebook, in die Wertschöpfungskette von Unternehmen?

Facebook, wie auch andere soziale Netzwerke, können sowohl in der Geschäftsanbahnungsphase wie auch im After-Sales-Bereich eingesetzt werden. Letztendlich kommt es auch auf die jeweilige Social-Media-Strategie und die Einräumung der Priorität der Einbringung in Social Media für das Unternehmen an. Social Media kann nur einen Mehrwert stiftenden Beitrag leisten, wenn es konsequent genutzt wird und das Unternehmensportfolio auf die jeweilige Onlinecommunity abgestimmt ist.

Welche Attribute sollte ein Community-Manager auf jeden Fall mitbringen?

Es gibt wahrscheinlich nicht den „Community-Manager". Wichtig ist, dass die Social-Media-Aktivitäten einen hohen Stellenwert besitzen und dies auch entsprechend kommuniziert wird. Als Erstes muss ein Community-Manager also die entsprechenden Befugnisse, am besten von der Unternehmensführung, erhalten. Darüber hinaus ist es wichtig, dass dieser ein gewisses Standing bei den Mitarbeitern hat und diese für die Thematik Social Media begeistern kann. Ein Community-Manager steht also im ständigen Spannungsverhältnis zwischen interner und externer Kommunikation.

Welche Empfehlungen sprechen Sie für KMU (kleine und mittelständische Unternehmen) aus, die sich die Einstellung eines Social-Media-Managers nicht leisten können oder wollen?

Social Media ist nicht für jedes Unternehmen gleichermaßen geeignet. Als Erstes sollte geprüft werden, ob sich die Einbringung in Social Media für das Unternehmen überhaupt lohnt. Eine einfache Präsenz in den Netzwerken reicht in der Regel nicht aus, um hier Erfolge erzielen zu können. Für KMU, die sich für den Weg Social Media entschieden haben und selbst keine eigenen Ressourcen zur Verfügung stellen können, kann es durchaus eine Überlegung wert sein, eine externe Agentur hinzuzuziehen.

Gibt es sonst noch etwas, das Sie den Lesern mitteilen möchten?

Social Media ist kein Allheilmittel, und die Nutzung von sozialen Netzwerken sollte gut überlegt erfolgen. Entweder sollte dies richtig geplant und vorbereitet sein oder in den strategischen Marketing- und Kommunikationsüberlegungen eines Unternehmens zurückgestellt werden. Während die eigentliche Nutzung von Social Media im Tagesgeschäft nach Möglichkeit im Unternehmen verbleiben sollte, ist es für ein Unternehmen ratsam, in der Konzeptions- und Implementierungsphase auf externe Unterstützung zurückzugreifen.

14.4 Interview mit Thomas Schwenke und Sebastian Dramburg von der Kanzlei Schwenke & Dramburg

Rechtsanwälte Sebastian Dramburg und Thomas Schwenke
(http://www.facebook.com/schwenke.dramburg).

Die Berliner Kanzlei Schwenke & Dramburg wurde 2010 von den Rechtsanwälten Thomas Schwenke, Diplom-Finanzwirt (FH), LL. M., und Sebastian Dramburg, LL. M. gegründet und hat sich auf Social-Media-Recht und Facebook spezialisiert. Zu ihren Mandanten gehören Werbeagenturen und Unternehmen. Neben der Beratung sind beide Rechtsanwälte beliebte Redner zum Thema Social Media und Facebook und schulen Unternehmensmitarbeiter im rechtssicheren Umgang mit Social Media.

Was war für Ihre Kanzlei der entscheidende Impuls, sich auf die Rechtslage im geschäftlichen Umgang mit Facebook zu spezialisieren?

Zunächst gründeten wir unsere Kanzlei 2010 mit dem Schwerpunkt Social-Media-Recht. Zum einem entsprach dies unseren Fachgebieten als Rechtsanwälte, und zum anderen nutzten wir Social Media beruflich wie privat sehr intensiv und waren damit in der Materie bewandert. Da zeitgleich mit unserer Gründung Facebooks Mitgliederzahlen förmlich explodierten und wir zunehmend Fragen zu dieser Plattform erhielten, wurde Facebook auch bei uns parallel zum Schwerpunkt. Spätestens als unser E-Book zum rechtssicheren Umgang mit Facebook innerhalb von vier Tagen über 20.000 Mal heruntergeladen wurde, wussten wir, dass die Nachfrage und das Angebot perfekt passten.

Inwiefern verändert sich die Rechtsprechung durch Social Media, insbesondere Facebook?

Die Bedeutung der Rechtsprechung nimmt im Hinblick auf Facebook ab. Facebook bringt eine riesige Anzahl an eigenen Regelungen mit, die gut und gern als ein Gesetzeswerk durchgehen könnten. Wer gegen diese Regeln verstößt, kann von Facebook abgemahnt werden oder sein Facebook-Profil gänzlich verlieren. Mit zunehmender Bedeutung und Investition in Facebook-Auftritte sind diese Folgen weitaus empfindlicher als eine Abmahnung von Konkurrenten. Das bedeutet, es ist in vielen Fällen wichtiger, auf die Facebook-Regeln zu achten, als auf die Gesetze. Dabei ist dies nicht einfach, weil Facebook die Regeln oft ohne Vorankündigung ändert, schwammig formuliert oder mit Erklärungen geizt und so die Regelauslegung oft den Schwierigkeiten beim Lesen von Steuergesetzen gleichkommt.

Sie betreiben selbst eine Seite auf Facebook. Was ist Ihr Erfolgsrezept, Ihre Strategie?

Ich denke, unser Erfolgsrezept liegt darin, dass wir auf Facebook nicht so förmlich auftreten wie im täglichen Anwaltsleben und weniger von Anwalt zu potenziellen Mandanten als von Facebook-Mitglied zu Facebook-Mitglied kommunizieren. So berichten wir aus unserem Kanzleileben oder lassen uns bei der Krawattenwahl für den nächsten Gerichtstermin helfen. Gleichzeitig möchten wir eine verständliche Wissensquelle bieten, die Fans zur Wiederkehr einlädt. Daher bereiten wir Rechtsinfos zum Thema Social Media ohne juristische Fachbegriffe und verwirrende Einzelinformationen auf.

Wie beurteilen Sie unter rechtlichen Aspekten den Einsatz der Social Plugins?

Die Rechtslage lässt sich am besten mit „unklar, aber derzeit noch sicher" umschreiben.

Mit der Einbindung der Social Plugins in die eigene Website erlaubt man Facebook, auf die Nutzerdaten zuzugreifen, und haftet für Facebooks Datenschutzverstöße. Ein solcher Verstoß wird darin gesehen, dass Facebook mithilfe der Social Plugins wahrscheinlich (Facebook schweigt dazu) auch die IP-Adresse der Besucher erhebt, was insbesondere von Datenschutzbeauftragten als unerlaubt gewertet wird.

Jedoch sind uns bisher keine Fälle bekannt, in denen eine Datenschutzbehörde wegen der Social Plugins Bußgelder ausgesprochen hat. Auch Wettbewerber können ihre Konkurrenten nach der derzeitigen Rechtslage wegen dieser potenziellen Verstöße nicht abmahnen. Denn nach der gegenwärtigen Ansicht von Gerichten stellen Datenschutzverstöße keinen unlauteren Wettbewerb dar. Ob die Gerichte diese Ansicht weiter vertreten werden, ist unklar, da viele Juristen auch hier anderer Meinung sind. Daher sollte zumindest die Datenschutzerklärung bereits jetzt ergänzt werden (*http://spreerecht.de/fb-datenschutzmuster*).

Immer mehr Unternehmen setzen auf Promotion. Was ist in diesem Zusammenhang besonders zu beachten?

Bei Promotions, also Gewinnspielen und Wettbewerben, müssen zum einen die gesetzlichen Regeln beachtet werden. Dazu gehören klare Teilnahmeregeln, keine Täuschung bei Preisen und Hinweise zum Beginn und Ende des Gewinnspiels. Daneben hat Facebook eigene Promotion-Richtlinien. Diese beinhalten insbesondere das Verbot, Facebook-Funktionen für Gewinnspiele zu nutzen. Dadurch scheiden zum Beispiel folgende Gewinnspielbedingungen aus: „werde Fan", „schreib auf unsere Pinnwand", „markiere dich in einem Bild", „lade Freunde ein". Auch ist es nicht erlaubt, Gewinner über Facebook-Nachrichten oder auf der Pinnwand zu benachrichtigen. Erlaubt sind Gewinnspiele nur innerhalb von Gewinnspielapplikationen. Innerhalb dieser abgegrenzten Bereiche dürfen Fans sich auch in Bildern markieren oder ihre E-Mail-Adressen zwecks Gewinnbenachrichtigung eingeben. Insgesamt ist es ein umständliches Verfahren, mit dem Facebook die Haftung vermeiden möchte. Wer jedoch gegen diese Regeln verstößt, riskiert, dass sein Gewinnspiel gesperrt wird. Und das passiert immer häufiger.

Was sind die laut Ihren Beobachtungen vier häufigsten rechtlichen Fehler, die Unternehmen im Umgang mit Facebook begehen?

1. Ein fehlendes Impressum auf Seiten von Unternehmen.

2. Die Missachtung der Promotion-Richtlinien.

3. Verstoße gegen Urheberrechte.

4. Die Nutzung von persönlichen Profilen (erkennbar am FreundIn werden-Button) statt Seiten (erkennbar an Gefällt mir-Button) für kommerzielle Zwecke und die Unternehmensdarstellung.

Gibt es sonst noch etwas, das Sie den Lesern mitteilen möchten?

Facebook-Marketing wirkt einfach, birgt jedoch rechtlich viele Gefahren. Um diese zu vermeiden, ist ein Gefühl dafür, wo rechtliche Stolperfallen lauern, maßgeblich. Daher empfehle ich Unternehmen, Mitarbeiter im Umgang mit Social Media zu schulen. Das hilft, mindestens 90 % aller Abmahnungen sowie Facebook-Sanktionen zu vermeiden.

14.5 Interview mit Werner Deck, Franchisegeber von Opti-Maler-Partner

Malermeister Werner Deck (http://www.facebook.com/malerdeck).

Werner Deck, Jahrgang 1948, hat den Beruf des Malermeisters von der Pike auf gelernt. Er ist mit seinem Malerunternehmen malerdeck GmbH ausschließlich auf Privatkunden 60+ spezialisiert. 82 % von Decks Kunden sind über 60 Jahre alt.

Seit 1984 ist Werner Deck Initiator und Franchisegeber von Opti-Maler-Partner, dem ersten und erfolgreichsten Franchisesystem im Malerhandwerk. Opti-Maler-Partner gibt es in Deutschland, Österreich, Spanien und der Schweiz. Für sein vielfältiges soziales Engagement wurde Werner Deck 2011 das Bundesverdienstkreuz verliehen.

**Was war für Sie der Auslöser, sich als Handwerker mit
Social Media zu befassen, insbesondere mit Facebook?**

Im März 2010 hat mich eine liebenswerte Geschäftspartnerin, Frau Fatima
Vohs, auf die enormen Möglichkeiten von Social Media aufmerksam gemacht. Sie schaffte es, mich sofort dafür zu begeistern, und empfahl mir,
mich bei Facebook anzumelden. Danach surfte ich ein wenig auf Facebook
und machte mich dort schlau. Noch am gleichen Tag legte ich mir ein Facebook-Konto an.

**Können Sie Erfolge bedingt durch Ihre Präsenz auf Facebook definieren?
Wenn ja, welche?**

Der größte Erfolg ist die enorm gesteigerte Aufmerksamkeit und ein auffällig
zunehmender Bekanntheitsgrad für mich und mein Unternehmen malerdeck. Obwohl uns in Karlsruhe und Umgebung schon vorher „jeder
kannte". Aktuell habe ich auf meiner Facebook-Firmenseite 271 Fans. Das
empfinde ich, für einen lokalen Malerbetrieb, als sehr beachtlich.

Aufträge direkt diesen Facebook-Aktivitäten zuzuordnen, ist kaum möglich.
Eine Kundin habe ich gewonnen, die aufgrund meiner Social-Media-Aktivitäten auf uns aufmerksam wurde, wie sie sagte. Und auf meine ständige
Nachfrage, wie Kunden auf malerdeck aufmerksam werden, höre ich seit einem Jahr sehr oft die pauschale Antwort: „Über das Internet." Auch einen
sehr guten Lehrling konnte ich in diesem Jahr tatsächlich über Facebook gewinnen.

Wie ist Ihre Strategie, Ihr Erfolgsrezept auf Facebook?

Die Strategie ist relativ einfach und kann überschrieben werden mit dem Satz
„Live-Infos aus einem spannenden Maler-Unternehmeralltag". Auf meiner
Facebook-Firmenseite erzähle ich einfach die Geschichten, die mir und meinen Mitarbeitern so jeden Tag passieren. Dadurch kann der geneigte Leser
hautnah meinen Unternehmeralltag miterleben. Durch sehr viele Rückmeldungen weiß ich, dass diese Art von Social Media den Lesern sehr gut gefällt.

**Wie stellt sich die Entwicklung Ihrer Reichweite in Richtung Social Media,
insbesondere Facebook, statistisch dar?**

Meine Facebook-Firmenseite habe ich mit einem Blog gekoppelt. Durch Social Media bin ich, Feedback/Zitate mehrerer Facebook-Nutzer, zum „bekanntesten Malermeister Deutschlands" geworden. Genaue statistische Zahlen habe ich natürlich nicht. Aber durch mein Social Media auf Facebook
konnte ich die Klicks/Leserschaft auf meinem Blog auf aktuell ca. 55.000
pro Monat steigern. Eine ganz enorme Zahl, wie ich finde.

Welche Empfehlung sprechen Sie speziell für Handwerker aus?

Als Erstes bei Facebook ein Konto anlegen und sich den eigenen Firmennamen eintragen/schützen lassen. Die gleiche Empfehlung gilt auch für ein Twitter-Konto. Wie sehr Social Media beim einzelnen Handwerksunternehmer künftig eine Rolle spielen soll, muss der jeweilige Unternehmer selbst entscheiden. Auf jeden Fall sollte der Handwerksunternehmer Geschichten über sich, seine Tätigkeit, seine Mitarbeiter und sein Unternehmen erzählen (können). Wer das nicht kann oder will, braucht sich meines Erachtens nicht mit Social Media zu beschäftigen. Nur plumpe Werbung liest kein Mensch und ist eher abstoßend in diesem Bereich.

Gibt es sonst noch etwas, das Sie den Lesern mitteilen möchten?

Eine unabdingbare Angelegenheit bei Social Media ist der notwendige Zeitaufwand. Zeit muss dafür auf jeden Fall investiert werden. Je nachdem, wie intensiv man Social Media betreiben will, sind das zwischen ca. 30 und 90 Minuten am Tag. Das richtige Maß muss jeder für sich herausfinden. Eine Investition, die sich aber auf jeden Fall lohnt. Wie sagt der Volksmund so schön: „Von nichts kommt nichts!" Das gilt auch für Social Media und die Facebook-Aktivitäten.

Trotz Social Media kann auf traditionelle Werbung und traditionelles Marketing nicht verzichtet werden. Social Media ist, zumindest im Handwerksbereich, als sehr gute Ergänzung zu den traditionellen Möglichkeiten, wie Zeitungswerbung, Flyer, Direktwerbung etc., zu sehen. An dem dafür notwendigen Aufwand hat sich bei mir mit und durch Social Media absolut nichts geändert.

14.6 Interview mit Anja Barth von startnext.de

Anja Barth, Unternehmenskooperation & Sponsoring bei Startnet
(http://www.facebook.com/startnext).

Startnext ist eine Crowdfunding-Plattform zur Finanzierung kreativer und künstlerischer Projekte. Wir verstehen uns als Kulturförderer und Vermittler zwischen Projektunterstützern und Projektstartern. Künstler, Kreative und Erfinder erhalten auf Startnext die Möglichkeit und die Werkzeuge, ihre Projekte noch vor der Realisierung einem Publikum zu präsentieren, finanzielle Unterstützung von Fans, Freunden und Interessierten zu erhalten und diese schließlich aktiv am Umsetzungsprozess zu beteiligen. Im September 2010 startete Startnext als erste Crowdfunding-Plattform für Kreative in Deutschland. Im Juni 2011 haben wir startnext.at auch in Österreich gelauncht. Bislang wurden über 35 Projekte mit insgesamt über 130.500 Euro erfolgreich durch die Crowd finanziert.

Was sind die Ziele von Startnext auf Facebook?

➤ Unmittelbare Kommunikation mit Fans

Facebook ist unser Kanal, um unmittelbar mit unseren Fans zu kommunizieren. Fans, das sind auf der Startnext-Facebook-Seite zunächst unsere Communitymitglieder, Projektstarter und Unterstützer, aber auch Interessierte der Plattform sowie des Themas Crowdfunding.

➤ Vorstellung von Projekten

Viele unserer Projektstarter nutzen die Seite, um ihr Projekt an dieser Stelle kurz vorzustellen. Unsere Blogbeiträge und Twitter-Nachrichten sind auch auf Facebook abrufbar. Ebenso „teilen" wir Links zu interessanten Artikeln, Studien etc. rund um das Thema Startnext und Crowdfunding. Und natürlich laden wir auch unsere Videos und Fotos hoch.

➤ Ankündigungen und Aufrufe

Außerdem haben wir mit Facebook die Möglichkeit, schnell und unkompliziert Ankündigungen und Aufrufe zu posten, wie etwa einen Aufruf für unseren Startnext-Contest. Oder wir starten kleine Umfragen zu Funktionalitäten der Plattform und können so die Wünsche unserer Fans abbilden.

Welche Maßnahmen ergreifen Sie, insbesondere auf Facebook, um Projekte und Unternehmen zusammenzuführen?

Auf Facebook geben wir den Projekten die Möglichkeit, sich zu präsentieren. Über die *Gefällt mir*-Funktionen versuchen wir natürlich auch, zwischen den verschiedenen Akteuren zu verlinken. Dasselbe passiert auf Twitter via Hashtags.

In der Offlinewelt bemühen wir uns sehr, Kooperationen aufzubauen zu Vertretern aus Politik, Wirtschaft und Gesellschaft, um damit eine Vermittlerrolle zwischen Kultur und Förderern einzunehmen.

Welche Empfehlungen sprechen Sie aus, damit Projekte die bestmögliche Chance haben, finanziert zu werden? Nennen Sie bitte drei.

➤ Authentische und attraktive Projektdarstellung

Dazu gehören ein sympathisches Pitch-Video und einzigartige Dankeschöns sowie ein angemessenes Budgetziel und ein Zeitrahmen.

➤ Eigene Netzwerke aktivieren

Die Crowdfunding-Kampagne kontinuierlich in den sozialen Netzwerken (online und offline), bei Freunden und Bekannten kommunizieren und zur Unterstützung motivieren.

➤ Updates! In den Dialog treten und die Fans involvieren

Die Fans und Unterstützer direkt ansprechen, mit ihnen in den Dialog treten und sie sowohl bereits während als auch nach der Crowdfunding-Kampagne, also im Realisierungsprozess, beteiligen.

Es gibt bereits erfolgreich finanzierte Projekte über Startnext. Was zeichnet den Erfolg dieser Projekte aus?

Alle erfolgreich finanzierten Projekte haben die oben genannten Empfehlungen umgesetzt, jede auf eigene kreative Weise. Die Projektstarter haben das Crowdfunding als Marketingkampagne begriffen. Dementsprechend hatten alle ein Pitch-Video und Dankeschöns, die die Unterstützer angesprochen haben. Die Starter haben sowohl auf Startnext als auch in ihren eigenen Netzwerken aktiv ihre Projektideen kommuniziert und stehen mit ihren Fans kontinuierlich im Dialog. So haben sie im Projektblog immer wieder Updates gepostet und die Unterstützer am Entstehungsprozess teilhaben lassen.

Wie wird sich das Spendenverhalten und -aufkommen in der Zukunft verändern?

Die private Kulturfinanzierung in Deutschland wird bisher nur von wenigen Teilen der Bevölkerung (etwa 5 bis 10 %) eher mäzenatisch verfolgt. Mit Startnext wollen wir die private Kulturfinanzierung in Deutschland stärken und demokratische Strukturen in bestehende Finanzierungs- und Förderprozesse einweben. Dahinter steht die Überzeugung, dass Menschen Kultur durchaus zu schätzen wissen und sich zunehmend auch – ermöglicht durch neue Medien – an der Entstehung von kulturellen Inhalten beteiligen möchten. Es fehlte bisher nur an der transparenten und einfachen Möglichkeit, die Arbeit von Künstlern auch in der Produktionsphase zu unterstützen. Mit der Onlineplattform Startnext wird diese Lücke geschlossen und eine individualisierte Spendenform ermöglicht.

Wie wird sich Crowdfunding Ihrer Einschätzung nach in den nächsten Jahren entwickeln?

Crowdfunding vereinfacht die Finanzierungsprozesse vielfältigster Projekte. Den größten Vorteil sehen wir in der Partizipation der Unterstützer durch Dankeschöns und Gegenleistung. Dadurch wird eine neue Qualität der Beteiligung geschaffen, deren Motivation aus den Emotionen und der Bindung zum jeweiligen Projekt wächst.

So können auch Unternehmen Crowdfunding nutzen, um sich als Unterstützer zu beteiligen und im Rahmen ihrer gesellschaftlichen Verantwortung (CSR) zu positionieren. Gleichsam haben sie mit Crowdfunding ein neues Tool in der Hand, um eigene Kampagnen zu gestalten und mit neuen Anspruchsgruppen zu kommunizieren.

Crowdfunding bezieht neue Medien und Prinzipien von Social Media ein. Dadurch kann eine Crowdfunding-Kampagne flexibel, orts- und zeitunabhängig sowie multimedial und authentisch gestaltet werden. Kreative Konzepte sind gefragt, um potenzielle Unterstützer zu motivieren.

Und schließlich besitzt Crowdfunding transparente Strukturen und ein basisdemokratisches Prinzip: Jeder kann sich beteiligen. Crowdfunding wird auf lange Sicht das Spendenverhalten und das bürgerliche Engagement verändern.

Gibt es sonst noch etwas, das Sie den Lesern mitteilen möchten?

Wir möchten jeden einladen, selbst Crowdfunder zu werden, ob als Projektunterstützer und Kulturförderer oder als Projektinitiator. Das Startnext-Team möchte das Thema Crowdfunding und damit die private Kulturförderung voranbringen – für Fragen und Ideen sind wir jederzeit offen.

14.7 Interview mit Sonja Kittel, Onlinemarketing bei Galeria Kaufhof zur Facebook-Seite der Eigenmarke manguun

Sonja Kittel, Onlinemarketing bei Galeria Kaufhof
(http://www.facebook.com/manguun). Bildquelle: Frederic Lezmi.

manguun steht als Marke für jungen und dynamischen Lifestyle.
Mit welchen Maßnahmen erreichen Sie auf Facebook Ihre Zielgruppe?

Wir verfolgen verschiedene Aktionen. Eine große und übergreifende Maßnahme war der manguun-Modelcontest im Rahmen des zehnjährigen Bestehens der Marke manguun. Im April dieses Jahres riefen wir zum manguun-Modelcasting für das nächste Kampagnenshooting auf. Teilnehmen konnten alle Mädchen ab 18 Jahren. In relativ kurzer Zeit erhielten wir über unsere Internet- und Facebook-Seite sowie mit einer deutschlandweiten Castingtour über 1.300 Bewerberinnen. Über die Facebook-Seite haben wir die Aktion begleitet, über Entscheidungen und „behind the scenes" berichtet, Videos präsentiert und letztendlich die Gewinnerin bekannt gegeben.

Weiterhin planen wir in regelmäßigen Abständen Gewinnspiele und Verlosungen und berichten über aktuelle Fashiontrends rund um die Marke manguun. In Kürze werden wir mit einem neuen Kreativcontest starten, auch in Verbindung mit der Marke manguun, jedoch aus dem Uhren- und Schmuckbereich.

Unser Ziel ist es, eine dynamische und frische Kommunikation zwischen der Marke manguun und unseren Fans kontinuierlich aufrechtzuerhalten und mit ihnen in Interaktion zu treten.

Was sind Ihre Ziele auf Facebook? Nennen und erläutern Sie bitte drei davon.

Unser Ziele bei Facebook sind im Grunde recht einfach: Dialog, Dialog, Dialog.

Für uns ist Facebook ein Imagekanal, ein zusätzliches PR-Tool mit einer sehr transparenten Kommunikation. Wir wollen unseren Fans nichts verkaufen, sondern sie über Facebook für unsere Marke begeistern und sie über Neuigkeiten informieren.

Wichtig ist ja in erster Linie, dass man als Unternehmen an der Kommunikation, an dem Austausch der Community teilhaben kann. Denn eins darf nicht vergessen werden: Kommunikation zwischen den Usern über eine Marke oder ein Produkt findet so oder so statt. Dann lieber daran teilhaben und den Austausch konstruktiv mitgestalten, sich als Ansprechpartner für Lob und Kritik anbieten.

Wir wollen uns im Radius des Kunden bewegen, Fans gewinnen und die Marke kontinuierlich ausbauen.

Wie lautet Ihre persönliche Erfolgsstrategie im Austausch mit Ihren Fans?

Persönlich halte ich es bei Facebook wie im realen Leben: Ich pflege einen offenen und ehrlichen Dialog, gepaart mit Witz und einer Prise Humor. Mit überheblicher Angeberei kann man mich selbst auch nicht beeindrucken, das spüren auch die Fans bei Facebook. Am besten behandelt man seine Community so, wie man selbst von seinen Freunden behandelt werden möchte.

Welche Empfehlungen sprechen Sie aus für Unternehmen, die sich aktuell in der Planung befinden, einen Auftritt auf Facebook zu starten?

Wie bei vielen Dingen im Leben ist es wichtig, sich im Vorfeld ein paar grundlegende Gedanken zu machen und seine Ziele zu definieren. Wichtig ist hierbei auch die Überlegung, wer die Seite betreut. Ist der- oder diejenige im besten Fall selbst bei Facebook aktiv, hat er oder sie ein Gespür für Menschen, für Sprache und kann interagieren? Weiterhin ist es hilfreich, sich einen Fahrplan an Themen zurechtzulegen, in dessen Rahmen ich agieren kann. Last, but not least sollte man die Genehmigung der Geschäftsführung haben und sich an oberster Stelle, z. B. über Guidelines oder Sprachregelungen, absichern.

Dennoch ist bei aller Planung Spontaneität und Flexibilität gefragt. Nach meinem Dafürhalten sollte der Mut aufgebracht werden, Aktionen bei Facebook auch mal auszuprobieren, um die Reaktionen der Community zu erfahren. Da muss man sich langsam rantasten, das geht sicherlich nicht von heute auf morgen. Und, bei aller Schnelllebigkeit und Zielsetzung, darf der Spaß an der Sache nicht auf der Strecke bleiben. Eine entspannte Art wird von den Usern honoriert. Auch hier gilt wieder: sympathisch, offen und ehrlich sein.

Wie schätzen Sie die Relevanz von Social Media, insbesondere Facebook, in Bezug auf Kaufentscheidungen für die Zukunft ein?

Social Media bzw. Facebook wird sicherlich immer weiter an Relevanz gewinnen. Es ist erwiesen, dass sich heutzutage immer mehr Menschen, insbesondere junge Leute, bevor sie einen Kauf tätigen oder eine Kaufentscheidung treffen, im Internet oder über Social Media über Produkte informieren. Die Empfehlungen von Freunden und die Bedeutung von sozialen Netzwerken in Bezug auf Shoppingaktivitäten nimmt immer weiter zu. Unternehmen sollten in Zukunft sicherlich umdenken, wenn sie am Puls der Zeit bleiben wollen. Facebook ist in meinen Augen kein Allheilmittel, auf das Unternehmen ausschließlich setzen sollten, wenn sie ihre Umsätze steigern wollen. Aber es ist ein wichtiger und wenig kostenintensiver „Treffpunkt", über den ich Meinungen einholen und erfahren kann.

Gibt es sonst noch etwas, das Sie den Lesern mitteilen möchten?

Man sollte den Spaß an Social Media bzw. an Facebook nicht verlieren. Mit einer gewissen Leichtigkeit im Umgang entstehen die besten Ideen.

14.8 Interview mit Alexander Wunschel, Marketing-Club München e. V.

Alexander Wunschel ist Social-Media-Stratege und -Produzent, Speaker, Podcast-Pionier, Geschäftsführer der nextperts.net – Strategie- und Kommunikationsberatung für digitale Medien und geschäftsführender Vorstand des Marketing-Club München e. V. (*http://www.marketingclub-muenchen.de*). Er studierte Wirtschaftswissenschaften mit den Schwerpunkten Unternehmensführung, Wirtschaftsinformatik, Kommunikations- und Medienwissenschaften an der Friedrich-Alexander-Universität Erlangen-Nürnberg.

Mit seiner Strategie- und Kommunikationsberatung für digitale Medien nextperts.net berät er Unternehmen, Medien und Verlage (z. B. Gothaer, ARD, MSN Deutschland, Starbucks, HypoVereinsbank, Fujitsu, Datev, Swiss-Life) bei der Integration neuer Kommunikationskanäle in Marketing- und Media-Strategien.

Seine Produktionsgesellschaft markendreiklang produziert audiovisuelle Unternehmensmedien für DATEV, GAD, Fujitsu Siemens Computers, Starbucks, Hewlett-Packard u. v. m.

Er betreibt seit Anfang 2005 das Marketing-Weblog *http://www.pimpyour-brain.de* sowie die Business-Podcasts „Der Blick über den Tellerrand" mit dem Schwerpunkt auf Social-Media-Trends in Business, Marketing und Kommunikation sowie Brouhaha – Der Podcast rund um Social-Media-Aufreger in den digitalen Medien.

Was sind Ihre vier wichtigsten Thesen für erfolgreiches Marketing auf Facebook?

Marketing auf Facebook sollte die Nutzungsmotive der Zielgruppe zugrunde legen, wertvolle Inhalte – sowohl in hedonistischer als auch in funktionaler Sicht – liefern, auf Interaktion und Dialog basieren sowie auf Kampagnenmechaniken basieren, die das Weiterleiten und Teilen fördern. Das mag auf den ersten Blick recht plausibel erscheinen. Bei vielen Ansätzen scheitert es aber bereits an diesen Grundlagen. Zudem muss man auch klar unterscheiden zwischen Marketing und Kommunikation auf Facebook. Eine Marketingstrategie auf Facebook bedarf umfangreicher Vorüberlegungen, die sich durchaus an klassischen Marketingtheoremen orientieren können. Kampagnenmodelle und -mechaniken scheitern jedoch schnell, wenn sie zu sehr klassische Kommunikationsmodelle wie z. B. die AIDA-Formel (Attention, Interest, Desire, Action, siehe auch bei Wikipedia unter *http://de. wikipedia.org/wiki/AIDA-Modell*) zugrunde legen. Hiermit wird dann schnell das Potenzial verschenkt, fragmentierte Märkte anzusprechen und individuell zu motivieren.

Worauf sollten Unternehmen bei der Entwicklung ihrer Content-Strategie besonders achten?

Ein möglicher Redaktionsplan sollte definitiv auf Mehrwert angelegt werden. Der Facebook-Auftritt reiht sich trotz seiner Dynamik in die Kette Unternehmensziel – Marketingziele – Kommunikationsziele ein. Die dort kommunizierten Inhalte müssen also auch den Botschaften entsprechen, die aus den Markenwerten des Unternehmens abgeleitet wurden. Klingt schwierig, ist es leider auch. Denn nur wenige Unternehmen bringen die Voraussetzungen für kontinuierliche redaktionelle Inhalte bereits mit.

Aber es ist nicht aussichtslos: Eine große Chance besteht schon in dem Abgleich der Möglichkeiten auf den Social-Media-Plattformen mit der Wertschöpfungskette des Unternehmens. So sind neben der reinen Sende- oder Dialogfokussierung auch Customer-Service-Ansätze zu prüfen. Das heißt, die Content-Strategie kann sich schnell erfolgreich aus dem Leistungsversprechen von Unternehmen ableiten.

Wie schätzen Sie auf Dauer den aktuellen Boom von Applikationen, insbesondere Gewinnspielen, auf Facebook im Hinblick auf das Treueverhalten von Fans ein?

Mal ehrlich, das aktuell sichtbare inflationäre Gewinnspielangebot überfordert doch schon jetzt die aktiven Facebook-Nutzer. Der Anspruch an intelligente Mechanismen steigt und damit die Gefahr, mit einfachen Gewinnspielen als „Fansammler" entlarvt zu werden. Viele der Facebook-Nutzer haben schon lange keine Übersicht mehr über die Facebook-Seiten, auf denen sie Fans sind ...

Welche Kampagnen halten Sie persönlich für die erfolgreichsten? Nennen Sie bitte drei Beispiele und das Besondere daran.

Alles drei Facebook-Kampagnen:

Saturns Tara Technique mit „Spiel mit der geilsten Technik", weil sie die Zugangsbeschränkung zu Apps am intelligentesten genutzt haben.

Der Walmart Crowdsaver, weil er das virale Momentum in positive Customer-Experience gewandelt hat.

Starbucks „Share a Pint of New Starbucks Ice Cream", weil sie hervorragend über Verknappung funktionierte.

Welche Empfehlungen sprechen Sie aus für Unternehmen, die einen Auftritt auf Facebook planen?

Inzwischen ist genug Know-how verfügbar, um „Pre-Launch" grundlegende und fundierte strategische Überlegungen anzustellen. Mit welcher Botschaft sollen sich die Facebook-Aktivitäten in die Kommunikationsziele des Unternehmens integrieren? In welcher Frequenz und mit welchen Inhalten wird der Auftritt „lebendig" gehalten? Wie sieht das Redaktionsteam aus? Sind diese entsprechend geschult, und bringen sie die notwendige Empathie mit? Wie werden die Erfolge der Aktivitäten gemessen, und mit welchen bekannten Parametern werden sie verglichen?

Die „Roadmap" ist inzwischen hinlänglich definiert: Learn, Listen, Engage, Measure. Akzeptiert man diese, fällt es einem schwer, den Blinker falsch zu setzen.

Wie schätzen Sie die Relevanz von Social Media, insbesondere Facebook, in Bezug auf Kaufentscheidungen für die Zukunft ein?

Das findet doch bereits seit Jahren auf Amazon et al. statt. Facebook hat allerdings noch keinen akzeptierten „E-Commerce-Layer", und es bleibt fraglich, ob Konsumentenmeinungen auf dem „Social Layer" Facebook die Zuverlässigkeit und Glaubwürdigkeit mitbringen, die für eine Beeinflussung der Kaufentscheidung notwendig ist. Diese ist, zum Glück aller Marketers, immer noch von mehreren Determinanten abhängig.

Gibt es sonst noch etwas, das Sie den Lesern mitteilen möchten?

Sehr wichtig ist die kontinuierliche Weiterbildung rund um Social-Media-Angebote und technologische Entwicklungen im Internet. Oft genug macht sich bemerkbar, dass Produktverantwortliche in Unternehmen die „Boden-haftung" verlieren, den „Geruch der Straße" nicht mehr in der Nase haben und den Konsumenten und sein Kommunikationsverhalten aus den Augen verlieren. Mobile Marketing in Kombination mit dem „Social Layer", der „Gaming Layer" basierend auf den Freundeskreisen eines Individuums, die Verknüpfung virtueller mit realen Welten – all diese Entwicklungen fordern den klassischen Unternehmer, sind aber gleichzeitig auch ein hervorragender Quell für Innovationen und neue Ideen. Am Ball bleiben und Mut haben ist das Credo der Stunde. Aber auch kein wirklich neues.

15. Fazit und Ausblick

Seit Google mit seinem neuen Dienst Google+ auf den Markt gekommen ist, werden die Stimmen wieder lauter, dass sich Facebook auf Dauer in Deutschland nicht duchsetzen wird. Doch kann anhand der aktuellen Nutzerzahlen in Deutschland mit rund 22 Millionen von weltweit rund 900 Millionen Nutzern (Stand Mai 2012) sicherlich behauptet werden, dass die kritische Masse überschritten ist.

Und nicht nur das. Glaubt man Zukunftsforschern, wird das Internet bald nicht mehr das sein, das wir heute kennen. Sie gehen davon aus, dass in Zukunft sämtliche Informationen, Einkäufe etc. über Facebook abrufbar und zu tätigen sein werden.

Den Grundstein dafür hat Facebook mittels Open Graph gesetzt, der umfassendste unter den Social Graphs weltweit. Experten meinen, dass dies Veränderungen mit sich bringen wird, die weit über das Social Web hinausgehen und sogar Einfluss auf Wirtschaft und Währungen haben kann.

Zwar hat Facebook im Juni 2012 die Facebook-eigene Währung Credits gegen das Local-Currency-Pricing-Modell getauscht, doch wird das Netzwerk sicherlich mehr und mehr eine ernst zu nehmende Rolle innerhalb der Bezahlsysteme weltweit einnehmen. Schon jetzt kaufen sich Nutzer ein, um mit ihrer Facebook-Landeswährung an Spielen teilnehmen zu können. So werden Szenarien, wie diese Währungen an Kunden zu verschenken, die damit einkaufen können, in Zukunft zum Alltag gehören.

Facebook hat erst im Sommer 2011 verlauten lassen, dass die Basis nunmehr geschaffen sei und die Infrastruktur stehe. Diese, bestehend aus den Säulen soziales, News- und Payment-Netzwerk, liefert die Grundlage für weitere Entwicklungen. Und mit dem Börsengang im Mai 2012 hat Facebook die Karten noch einmal komplett neu gemischt.

Es bleibt also spannend!

16. Anhang: Nützliche Links & Co.

Applikation	Beschreibung
northsocial	Plattform mit verschiedenen Applikationen unter einem Dach. Die Preise richten sich nach der Anzahl der Fans. In allen Preisstufen können sämtliche Applikationen verwendet werden: *http://northsocial.com*
involver	Anbieter für kostenfreie und kostenpflichtige Applikationen für Foto- und Promotion-Galerie, Umfragen, Landing-Page und vieles andere mehr: *http://www.involver.com*
Promotions	Ein Angebot von Wildfire (*http://wildfireapp.com*) speziell für Promotion-Aktionen. Die Applikation kann für individuelle Laufzeiten bestellt werden: *http://www.facebook.com/apps/application.php?id=48008362724*

Blog	Beschreibung
allfacebook.de	Blog von Phillipp Roth und Jens Wiese mit täglichen Updates rund um Facebook, das sich mittlerweile zu einem der größten Nachschlagewerke entwickelt hat: *http://allfacebook.de*
Blog zu Social Media und Facebook-Marketing	Tägliche Updates rund um Facebook und Social Media gibt es auch bei Thomas Hutter. Umfangreiches Nachschlagewerk mit vielen hilfreichen Marketingtipps: *http://www.thomashutter.com*
Futurebiz	Blog der Agentur Berliner Brandung: *http://www.futurebiz.de*
Social Media Examiner	Englischsprachiges Blog von Michael Stelzner mit täglichen Updates rund um Social Media: *http://www.socialmediaexaminer.com*
Social Network Strategien	Matias Roskos stellt in seinem Blog zahlreiche Crowdsourcing-Kampagnen vor und gibt wertvolle Tipps zur Umsetzung: *http://www.socialnetworkstrategien.de*
Schwindt pr	Blog von Anette Schwindt mit vielen Tipps und Tricks rund um Facebook und Social Media: *http://www.schwindt-pr.com*
t3n Magazin	Unfassendes Nachschlagewerk nicht nur für Facebook: *http://www.t3n.de*

Blog	Beschreibung
Mashable	Das englischsprachige Pendant zu t3n: http://mashable.com/category/facebook
Social-Media-Book	Blog von Reto Stuber mit Infos rund um Social Media & Co. Autor des Bestsellers Erfolgreiches Social Media Marketing mit Facebook, Twitter, Xing & Co. *http://SocialMediaBuch.com* *http://socialmediabuch.com/blog/*

Diverse	Beschreibung
Facebook Studio	Ein Projekt von Facebook seit Anfang 2011, in dem tolle Kampagnen weltweit mit Angabe der durchführenden Agentur vorgestellt werden: *http://www.facebook-studio.com*
ROI Calculator	Berechnet den ROI für Facebook, Twitter, Blog, Foren und YouTube: *http://roi.ethority.de*
Pluragraph	Benchmarking von Facebook Seiten für gemeinnützige Einrichtungen *http://www.pluragraph.de*

Facebook-Service	Beschreibung
Seiten nach Branchen und Themen	Hier handelt es sich um Serviceseiten von Facebook mit zahlreichen Fallstudien und Tipps zur besseren Vermarktung. Die Hauptseite von Facebook: *http://www.facebook.com/facebook* Allgemeine Marketingtipps: *http://www.facebook.com/marketing* Für Shops: *http://www.facebook.com/commerce* Allgemeines zu Facebook-Seiten: *http://www.facebook.com/FacebookPages* Zum Thema Anzeigen: *http://www.facebook.com/FacebookAds* Für KMU: *http://www.facebook.com/smbmarketing* Für gemeinnützige Einrichtungen: *http://www.facebook.com/nonprofits*
Blog für Entwickler	Neuentwicklungen gibt Facebook im Blog bekannt. Das Blog kann auch als RSS-Feed oder per E-Mail abonniert werden: *https://developers.facebook.com/blog*

Facebook-Service	Beschreibung
Facebook App Center	Tutorial für Apps im Facebook App Center *https://developers.facebook.com/docs/guides/appcenter*
Policies	Die Facebook Policies *https://www.facebook.com/policies*
Facebook kontaktieren	Kontaktformular, um als Werbekunde Ansprechpartner bei Facebook zu bekommen *https://www.facebook.com/business/contact.php*
Facebook für Handys	Mobile App von Facebook für Smartphones *https://www.facebook.com/mobile*

Listen	Beschreibung
Applikationen	Die Seite bietet ein umfangreiches Angebot an unterschiedlichen kostenfreien und kostenpflichtigen Applikationen von verschiedenen Entwicklern, sortiert nach Verwendungszweck: *http://appbistro.com*
Crowdfunding-Plattformen	Liste auf dem Blog von Leander Wattig (*http://www.leanderwattig.de*) mit über 100 Crowdfunding-Plattformen aus der ganzen Welt, die laufend aktualisiert wird: *http://tinyurl.com/3mg4nan*
Webmonitoring	Liste mit Anbietern aus aller Welt für Webmonitoring: *http://wiki.kenburbary.com/social-meda-monitoring-wiki*
Bildbearbeitung	Auf *http://www.blogwiese.de* finden Sie eine Liste mit 14 verschiedenen Onlinebildbearbeitungsprogrammen: *http://tinyurl.com/dl3lxn*
Facebook Ranking Fußball Deutschland	Im Blog von Sportmarketing (*http://www.sportmarketing-sponsoring.biz*) gibt es laufend aktualisiert alle Fußballvereinsseiten auf Facebook: *http://tinyurl.com/3orb8sw*

Musik	Beschreibung
damntheradio	Applikation für die Erstellung einer Willkommensseite speziell für Musiker und Bands: *http://www.damntheradio.com*
Band Profile	Auch eine tolle Anwendung für die Landing-Page mit vielen Features: *http://www.facebook.com/rn.mybandapp*

Musik	Beschreibung
Venue Profile	Ideal für tolle Clubseiten, aus dem gleichen Haus wie Band Profile: *http://www.facebook.com/venueprofile*
Soundcloud	Hier können MP3-Dateien kostenlos hochgeladen und über die URL als Link mit dem Media Player abgespielt werden: *http://soundcloud.com*

Plattform	Beschreibung
trnd	Plattform für WOM-Kampagnen im deutschsprachigen Raum mit rund 500.000 Teilnehmern: *http://www.trnd.com*
BzzAgent	Bietet WOM-Kampagnen in den USA, Kanada und England, verfügt über rund 800.000 Teilnehmer und kooperiert mit trnd: *http://www.bzzagent.com*
Buzzador	Anbieter für WOM im skandinavischen Raum, der auch mit trnd kooperiert: *http://www.buzzador.com*
unserAller	Plattform und Facebook-Applikation für Crowd-sourcing-Kampagnen, die für gemeinnützige Einrichtungen kostenfrei angeboten wird (für Kleinunternehmen gibt es eine günstige Light Edition): *http://www.unserAller.de*
Startnext	Crowdfunding-Plattform für Kreative und Erfinder – mit vielen Features, um Unterstützer zu generieren: *http://www.startnext.de* Weitere deutschsprachige Crowdfunding-Anbieter: *http://www.mysherpas.com* *http://www.inkubato.de* *http://www. pling.de* *http://www.respekt.net* *http://www.visionbakery.de*

Shopapplikation	Beschreibung
Sellaround	Vorgefertigtes Widget zum Einfügen auf Facebook; Webseite und Blog. Für Käufer und Wiederverkäufer. Die Installation ist kostenfrei, es wird nur bei Bestellungen ein prozentualer Anteil in Rechnung gestellt: *http://www.sellaround.net*
DaWanda	Applikation zur Integration eines bestehenden DaWanda-Shops auf Facebook: *http://apps.facebook.com/dawanda*

Shopapplikation	Beschreibung
Payvment	Komplett kostenfreier Shop, der direkt auf Facebook konfiguriert wird. Es stehen verschiedene Währungen zur Auswahl, die Bezahlung erfolgt über PayPal: *https://www.facebook.com/mypayvment*

Studie	Beschreibung
W3B-Umfragen	Regelmäßige Erhebung über Internettrends und Onlinezielgruppenpotenziale, Websites und deren Nutzer. Die eigene Webseite kann für eine Gesamtstichprobe kostenlos für die Laufzeit angemeldet werden: *http://www.fittkaumaass.de*
Nielsen Global Online Consumer Survey 2009	Werbung – überall gesehen, überall gehört. Doch wie stark vertrauen die Konsumenten weltweit den einzelnen Werbeformen? *http://de.nielsen.com/pubs/documents/Nielsen TrustAdvertisingGlobalReportJuly09.pdf*
trnd Mundpropaganda Monitor 02	Buzz im Social Web ist (noch) relativ unwichtig. Konsumenten wollen persönliche Empfehlungen! *http://company.trnd.com/de/downloads/trnd_ wom_monitor_02.pdf*
Crowdfunding-Studie	Vollerhebung und Initiatorenbefragung im Umgang mit Crowdfunding Plattformen: *http://www.ikosom.de/publikationen/ crowdfunding*
2010 Conc Consumer New Media Study	Nutzerverhalten im Internet und in sozialen Medien: *http://www.conelnc.com/new-media-users-follow- an-average-of-only-5-brands*
Analyse der Beiträge auf deutschen Facebook-Seiten	Ergebnisse einer Studie an 2.500 Facebook-Seiten mit mindestens 500 Fans: *http://www.socialbench.de/infografik*
Social Media 2011	35 Entscheider von Großunternehmen geben Auskunft zur aktuellen Nutzung von Social Media: *http://tinyurl.com/3f2n3wn*

Stichwortverzeichnis

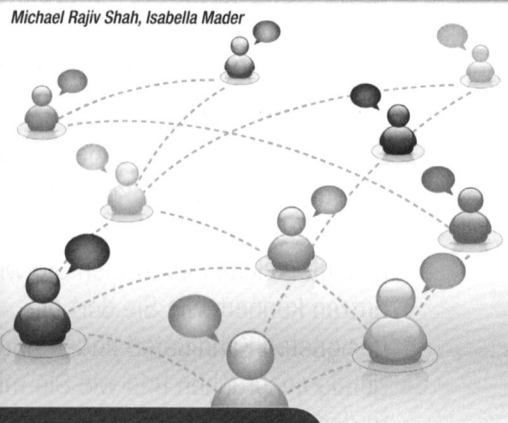